宁夏回族自治区科技厅重点研发项目"吴忠—灵武地区活动断裂及地热资源调查研究"资助
宁夏回族自治区创新团队项目"银川都市圈黄河断裂构造特征及其与地热资源关系研究"资助

吴忠—灵武地区构造体系特征及断裂活动性研究

WUZHONG—LINGWU DIQU GOUZAO TIXI TEZHENG
JI DUANLIE HUODONGXING YANJIU

虎新军　李宁生　陈晓晶　等著
杜　鹏　张世晖　白亚东

中国地质大学出版社
ZHONGGUO DIZHI DAXUE CHUBANSHE

图书在版编目(CIP)数据

吴忠—灵武地区构造体系特征及断裂活动性研究/虎新军等著.—武汉:中国地质大学出版社,2021.11
ISBN 978-7-5625-5115-7

Ⅰ.①吴…
Ⅱ.①虎…
Ⅲ.①地质构造-构造体系-研究-灵武 ②断层运动-研究-灵武
Ⅳ.①P552 ②P542

中国版本图书馆 CIP 数据核字(2021)第 237671 号

吴忠—灵武地区构造体系特征及断裂活动性研究	虎新军　李宁生　陈晓晶　杜　鹏　张世晖　白亚东	等著

责任编辑:王　敏	选题策划:王　敏	责任校对:李焕杰

出版发行:中国地质大学出版社(武汉市洪山区鲁磨路388号)	邮政编码:430074
电　　话:(027)67883511　　传　真:(027)67883580	E-mail:cbb@cug.edu.cn
经　　销:全国新华书店	http://cugp.cug.edu.cn
开本:787毫米×1092毫米 1/16	字数:404千字　印张:15.75
版次:2021年11月第1版	印次:2021年11月第1次印刷
印刷:武汉精一佳印刷有限公司	
ISBN 978-7-5625-5115-7	定价:168.00元

如有印装质量问题请与印刷厂联系调换

《吴忠—灵武地区构造体系特征及断裂活动性研究》

编著委员会

主　编：虎新军[1]　李宁生[1]　陈晓晶[1]　杜　鹏[2]
　　　　　张世晖[3]　白亚东[1]　安百州[1]　刘天佑[3]
副主编：张永宏[1]　仵　阳[1]　单志伟[1]　陈涛涛[1]
　　　　　赵福元[1]　闫照涛[1]　李昭民[1]　安　娜[4]
编　委：张　媛[1]　倪　萍[1]　刘　芳[4]　卜进兵[1]
　　　　　冯海涛[1]　田进珍[1]　胡学彤[1]　何　风[1]
　　　　　解韶祥[1]　杨　斌[1]　李树才[1]　曾宪伟[2]
　　　　　王　静[2]　刘　超[2]　罗　龙[2]

1. 宁夏回族自治区地球物理地球化学勘查院
2. 宁夏回族自治区地震局
3. 中国地质大学（武汉）
4. 宁夏回族自治区地质局

前　言

吴忠—灵武地区作为大银川都市圈的主要构成部分，其人口密集程度高，现代制造业园区广泛分布，既是宁夏中北部重要的工业、农业及商业集中区，也是宁夏沿黄河城市带核心区域，该区域的发展将助力宁夏更好地融入国家"一带一路"倡议。该地区在地质构造上隶属银川断陷盆地南部转折端，是阿拉善微陆块向鄂尔多斯地块挤压应力最强部位，断裂构造发育，展布特征复杂，活动性明显。地震监测数据表明，该地区地震多发，具有"频次较高、震级较大、分布较广"的特征，给人民生命财产安全及政府重大工程建设带来了严重的地震灾害威胁。因此，厘定该地区深部地质构造、分析断裂的活动性、厘清孕震构造及一般断裂的展布特征，无疑具有重要的现实意义。

为了发挥地质工作的专业优势，服务宁夏空间发展战略规划，在宁夏回族自治区地质局的支持下，由宁夏地质矿产资源勘查开发创新团队提供技术支撑，宁夏回族自治区地球物理地球化学勘查院联合中国地质大学（武汉）与宁夏回族自治区地震局共同完成《吴忠—灵武地区构造体系特征及断裂活动性研究》一书。全书以吴忠—灵武地区1∶5万重力数据为基础，综合地震、电法、钻孔等资料，运用新技术、新方法处理吴忠—灵武地区重、磁资料，解译吴忠—灵武地区深部断裂构造特征，精细划分吴忠—灵武地区断裂体系，分析其主要断裂的活动性，综合构建吴忠—灵武地区三维地质结构模型，为吴忠—灵武地区区域稳定性评价、重大基础工程建设及地震灾害防治等提供深部证据。

全书共分为5章，第一章介绍了区域地理、地质、地球物理概况；第二章在分析以往研究成果的基础上，运用多种边界识别技术对吴忠—灵武地区1∶5万重力资料进行了系统化、精细化处理，再以深部地球物理探测成果（深反射地震、大地电磁测深等）为佐证，结合地质、钻孔资料，分析了吴忠—灵武断裂构造展布特征，同时厘定了该区域断裂体系；第三章通过小波分析、帕克反演方法研究吴忠—灵武地区重力异常特征，并以此对吴忠—灵武地区Ⅵ级构造单元作进一步划分，重点分析了黄河断裂东侧陶乐-横山堡褶断带内地层顶界面局部构造特征，同时简要分析了吴忠—灵武地区局部构造与城镇的配置关系；第四章在厘定黄河断裂体系的基础上，开展了二维地质-地球物理反演研究，以钻孔数据为约束条件构建了黄河断裂系三维地质构造模型；第五章在吴忠—灵武断裂展布特征研究的基础上，通过浅层人工地震、钻孔联合地质剖面、探槽等勘探资料，对吴忠—灵武地区主要断裂系活动性进行了详细分析。

本书综合多种国内外先进的研究方法,对吴忠—灵武地区深部地质构造体系、局部构造特征及断裂(特别是隐伏断裂)活动性等进行了较为全面的研究,在黄河断裂展布特征、灵武凹陷展布形态及吴忠地区发震构造动力学研究方面取得了一些新认识,为吴忠—灵武地区地震灾害的防治、区域稳定性评价及地热资源的研究提供了地球物理依据,可供地球物理、区域地质、矿产地质等专业的技术人员阅读与参考。

著者

2021 年 6 月

目　录

第一章　地理、地质及地球物理概况 …………………………………… (1)

　　第一节　地理概况 ……………………………………………………… (1)

　　第二节　地质概况 ……………………………………………………… (2)

　　第三节　区域地球物理概况 …………………………………………… (20)

第二章　断裂体系特征研究 ……………………………………………… (27)

　　第一节　断裂特征解译 ………………………………………………… (27)

　　第二节　断裂纲要校正 ………………………………………………… (35)

　　第三节　断裂展布特征 ………………………………………………… (71)

　　第四节　断裂体系特征 ………………………………………………… (86)

第三章　局部构造特征研究 ……………………………………………… (93)

　　第一节　局部构造类型 ………………………………………………… (93)

　　第二节　局部构造反演 ………………………………………………… (94)

　　第三节　局部构造特征 ………………………………………………… (102)

第四章　黄河断裂系三维地质构造模型构建 …………………………… (114)

　　第一节　三维模型构建方法 …………………………………………… (114)

　　第二节　骨干剖面构造特征 …………………………………………… (115)

　　第三节　三维构造模型特征 …………………………………………… (135)

第五章　断裂活动性研究 …………………………………………………（143）

　　第一节　黄河断裂系活动性 …………………………………………（144）

　　第二节　银川断裂系活动性 …………………………………………（152）

　　第三节　宁东断裂系活动性 …………………………………………（161）

　　第四节　吴忠断裂系活动性 …………………………………………（176）

主要参考文献 ……………………………………………………………（202）

后　记 ……………………………………………………………………（207）

附　图　册 ………………………………………………………………（208）

第一章　地理、地质及地球物理概况

第一节　地理概况

吴忠—灵武地区位于银川平原南部,行政区划受吴忠市与银川市管辖,东至黄河东岸的月牙湖乡—黄草坡一带,南到牛首山附近,西界大致沿贺兰山东麓向北延伸至芦花镇附近,东西宽70km,南北长85km,面积7000余平方千米。滔滔黄河由西南向东北流经本区,流程116km,水面宽阔,水流平缓。早在2000多年以前,居住于此的先民们就凿渠引水,灌溉农田,著名的秦渠、汉渠、唐渠延名至今,流淌千年,灌溉形成了良田千顷。本区是水稻、小麦、玉米等主产区,养育了千万黄河儿女(图1-1)。

银川平原南部交通基础设施完备,人文、物产交流堪称便利。包(头)—兰(州)铁路,银(川)—西(安)高铁,太(原)—中(卫)—银(川)铁路干、支线互联互通,架起了本区交流大动脉;福(州)—银(川)高速(G70)纵贯南北,青(岛)—银(川)高速(G20)横穿东西,打通了外出宁夏的所有节点,另有国道G109(北京—拉萨)、G110(北京—银川)、G307(河北黄骅港—银川)和多条省道遍及本区,纵横交错,构成了发达的交通物流网络。

银川平原南部处于温带干旱地区,日照充足,年均日照时数3000h左右,无霜期约160d。热量资源较丰富,10℃以上活动积温约3300℃。气温日较差大,平均达13℃,有利于作物的生长发育和营养物质积累。虽干旱少雨(年降水量200mm左右),但黄河年均过境水量达300余亿立方米,便于引灌,光、热、水、土等农业自然资源配置较好,为发展农林牧业提供了极有利的条件。

20世纪50年代末建成的青铜峡水利枢纽使银川平原灌溉面积扩大为20余万公顷(1公顷=0.01km^2),比1949年增加近2倍。其中银南灌排条件较好,作物以稻麦为主,是宁夏的高产稳产地区。银北主要作物为小麦、杂粮、甜菜、大豆等,因地面坡降小,地下水水位高,土质黏重,排水不畅,土壤盐渍化较严重,但土地广阔,发展生产的潜力很大。银川附近湖沼棋布,为宁夏重要的水产基地。贺兰山山前洪积平原草场辽阔,是宁夏滩羊产区;随灌溉面积扩大,林木、瓜果、枸杞和畜牧业发展迅速。银川平原耕地仅占全自治区的20%,而粮食产量占67%,粮食商品率约大于30%。

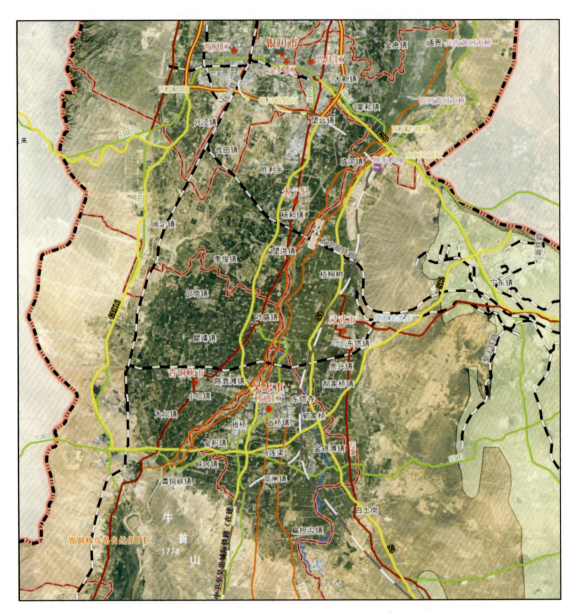

图 1-1　银川平原南部地理概况图[资料来源:宁夏回族自治区遥感测绘勘查院(高分宁夏中心)]

第二节　地质概况

一、地层

依据新编的《中国区域地质志·宁夏志》(宁夏回族自治区地质调查院,2017),银川平原南部地层属华北-柴达木地层大区(Ⅲ)、华北地层区($Ⅲ_4$)、鄂尔多斯西缘地层分区($Ⅲ_4^1$),横跨贺兰山地层小区($Ⅲ_4^{1-1}$)与桌子山-青龙山地层小区($Ⅲ_4^{1-2}$),出露地层类型较齐全,主要为寒武系、奥陶系、三叠系、侏罗系、白垩系、古近系、新近系和第四系。此外，据区域性深钻孔揭示，该区域有侏罗系、石炭系、二叠系赋存，是宁东煤田的两套主力富煤地层(图1-2，表1-1)。

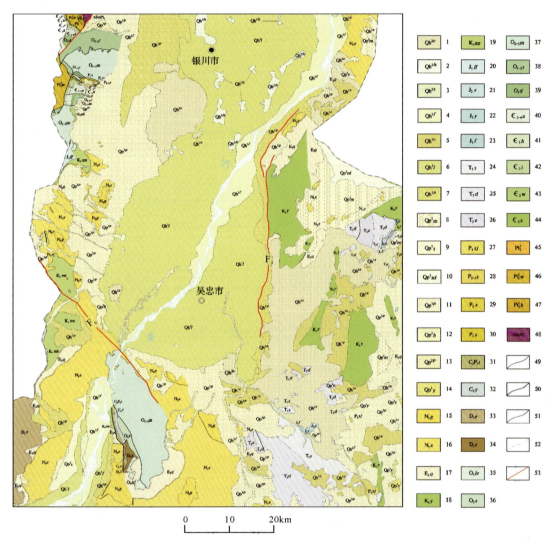

1.上部风积层；2.湖沼积层；3.沼积层；4.上部冲积层；5.下部风积层；6.灵武组；7.下部洪积层；8.马兰组；9.萨拉乌苏组；10.水洞沟组；11.上更新统洪积层；12.贺兰组；13.中更新统洪积层；14.玉门组；15.干河沟组；16.彰恩堡组；17.清水营组；18.宜君组；19.庙山湖组；20.芬芳河组；21.直罗组；22.延安组；23.富县组；24.上田组；25.大风沟组；26.二马营组；27.刘家沟组；28.上石盒子组；29.下石盒子组；30.山西组；31.太原组；32.羊虎沟组；33.中宁组；34.石峡沟组；35.狼嘴子组；36.徐家圈组；37.米钵山组；38.天景山组；39.大南池组；40.阿不切亥组；41.胡鲁斯台组；42.陶思沟组；43.五道淌组；44.苏峪口组；45.正目观组；46.王全口组；47.黄旗口组；48.英云闪长岩；49.地质界线；50.平行不整合面；51.不整合界面；52.岩相界线；53.活动断层。

图1-2 银川平原南部地质简图

表 1-1 银川平原南部岩石地层序列表

年代地层				华北-柴达木地层大区（III）			
				华北地层区（III$_4$）			
				鄂尔多斯西缘地层分区（III$_4^1$）			
				贺兰山地层小区（III$_4^{1-1}$）		桌子山-青龙山地层小区（III$_4^{1-2}$）	
新生界	第四系	全新统	上全新统	Qh^2f	Qh^{2ls} Qh^{2e}	Qh^2f Qh^{ls}	Qh^{2c} Qh^{2e}
			下全新统	Qh^1p	Qh^1l	Qh^1p Qh^1l	Qh^{1e}
		上更新统		Qp^3p	Qp^3s	Qp^3p Qp^3sd	Qp^3m
		中更新统		Qp^2p	Qp^2h	Qp^2l	
		下更新统		Qp^1y	Qp^1yc	Qp^1y	Qp^1w
	新近系	中新统		甘肃群	彰恩堡组 N$_1z$		
	古近系	渐新统		固原群	清水营组 E$_3q$		
中生界	白垩系	下白垩统		庙山湖组 K$_1ms$		宜君组 K$_1y$	
	侏罗系	上侏罗统		芬芳河组 J$_3ff$		芬芳河组 J$_3ff$	
				安定组 J$_3a$		安定组 J$_3a$	
		下侏罗统		直罗组 J$_2z$		直罗组 J$_2z$	
				延安组 J$_2y$		延安组 J$_2y$	
	三叠系	上三叠统		延长群	上田组 T$_3s$	延长群	上田组 T$_3s$
					大风沟组 T$_3d$		大风沟组 T$_3d$
		中三叠统		二马营组 T$_2e$		二马营组 T$_2e$	
		下三叠统		石千峰群	和尚沟组 T$_1h$	（未见出露）	
					刘家沟组 T$_1l$		
古生界	二叠系	上二叠统		孙家沟组 P$_3sj$		孙家沟组 P$_3sj$	
		中二叠统		上石盒子组 P$_{2-3}s$		上石盒子组 P$_{2-3}s$	
				下石盒子组 P$_2x$		下石盒子组 P$_2x$	
		下二叠统		山西组 P$_1s$		山西组 P$_1s$	
				太原组 C$_2$P$_1t$		太原组 C$_2$P$_1t$	
	石炭系	上石炭统		羊虎沟组 C$_2y$		羊虎沟组 C$_2y$	
				靖远组 C$_2j$		靖远组 C$_2j$	
	奥陶系	上奥陶统		米钵山组 O$_{2-3}m$		克里摩里组 O$_2k$	
		中奥陶统		天景山组 O$_{1-2}t$		天景山组 O$_{1-2}t$	
		下奥陶统					
	寒武系	中寒武统		胡鲁斯台组 $\in_3 h$		胡鲁斯台组 $\in_3 h$	

注：资料来源于《中国区域地质志·宁夏志》（宁夏回族自治区地质调查院，2017）。

(一)古生界

1. 寒武系

寒武系发育良好,出露于贺兰山地区,总体属陆表海沉积,由滨浅海相—浅海陆棚相碎屑岩、泥质岩和碳酸盐岩组成,产丰富的以三叶虫为主的浮游生物化石。上、中、下统连续沉积。岩石地层序列自下而上为苏峪口组、五道淌组、陶思沟组、胡鲁斯台组和阿不切亥组。

本区出露的胡鲁斯台组总体岩性为灰绿色、紫红色页岩与薄—中厚层灰岩,鲕粒灰岩,竹叶状灰岩,产丰富的三叶虫化石,页岩与灰岩呈不等厚互层。

2. 奥陶系

奥陶系主要分布于贺兰山中南段,由台地相碳酸盐岩、斜坡相碎屑岩和深海浊流相碎屑岩等组成。其岩石地层序列自下而上为天景山组和米钵山组。

天景山组为一套碳酸盐岩沉积,岩性以灰色厚层泥砂质网纹灰岩、含燧石结核和燧石条带白云质灰岩及厚层灰岩为主;米钵山组为一套具复理石建造特征的陆源碎屑岩沉积,主要由灰绿色浅变质砂岩、板岩组成。

3. 石炭系

石炭系赋存于灵盐台地深部,为滨海沼泽相—三角洲相含煤碎屑岩夹碳酸盐岩沉积,不整合于奥陶系之上。石炭系岩石地层序列自下而上为靖远组和羊虎沟组。

靖远组为一套滨岸沼泽相—三角洲相含煤碎屑岩沉积,中—下部由一套滨海相—浅海相石英砂岩、砾岩、黑色页岩和灰岩组成,上部为以黑色页岩为主的滨海沼泽相沉积。羊虎沟组为一套三角洲相含煤碎屑岩沉积,岩性以灰色、灰白色细—中粒石英砂岩,灰黑色页岩及砂质页岩为主。

4. 二叠系

二叠系与石炭系分布地区基本一致,下部为滨海沼泽相—三角洲相含煤碎屑岩建造,中—上部为河湖相红色碎屑岩建造。岩石地层序列自下而上为太原组、山西组、下石盒子组、上石盒子组和石千峰群孙家沟组。

太原组是宁夏主要产煤和耐火黏土地层之一,岩性以灰黑色页岩、砂质页岩、灰白色石英砂岩为主;山西组主要由灰白色石英砂岩、岩屑石英砂岩、灰黑色页岩、砂质页岩组成,是本区主要含煤地层之一;下石盒子组主要由黄绿色、灰白色石英砂岩,岩屑石英砂岩,黄绿色砂质页岩及粉砂质页岩组成;上石盒子组为一套温湿气候向干旱炎热气候过渡的河湖相碎屑岩沉积,含植物化石;孙家沟组为干旱气候的河湖相碎屑岩、火山碎屑岩沉积,整体以紫红色为主兼夹灰绿色。

(二) 中生界

1. 三叠系

三叠系大面积出露于横山堡地区,下、中、上统均有发育。岩石地层序列自下而上为刘家沟组、和尚沟组、二马营组、大风沟组和上田组。

刘家沟组与和尚沟组均为干旱气候条件下的河湖相红色碎屑岩沉积,前者岩性以紫红色、褐红色、灰白色长石石英砂岩,砾岩,砂砾岩为主,后者岩性以紫红色、灰绿色粉砂岩,泥岩为主。二马营组、大风沟组及上田组均为一套河湖相的碎屑岩沉积,其中二马营组主要由成熟度较低的岩屑长石砂岩、岩屑长石杂砂岩组成;大风沟组主要由灰绿色长石石英砂岩、岩屑砂岩组成;上田组主要由长石石英砂岩、泥岩及页岩组成。

2. 侏罗系

侏罗系零星出露于宁东磁窑堡地区,不整合于三叠系之上。下、中、上统发育齐全,其中下统与中统下部为河湖相含煤碎屑建造,含丰富的植物和双壳类化石;中统中部为河流相红色碎屑岩建造;上统为山麓相红色碎屑岩建造。岩石地层序列自下而上为延安组、直罗组、安定组和芬芳河组。

延安组为一套潮湿气候条件下的河流相—湖沼相碎屑岩沉积,主要由砂泥岩、页岩及煤层组成;直罗组为一套湿热气候条件下的河流相沉积,由长石石英砂岩、粉砂岩及泥岩等组成;安定组属于干旱气候条件下的河湖相沉积,岩性以紫红色砂岩、粉砂岩及泥岩为主;芬芳河组分布极为局限,见于贺兰山南段大柳木高—肩膀闸子一带,为一套山麓相—辫状河流相沉积,岩性以棕红色砾岩和砂岩为主。

3. 白垩系

贺兰山地层小区下白垩统为庙山湖组,主要分布于贺兰山中段西麓庙前梁子—塔塔水一带,为一套主要由粗碎屑岩(砾岩、砂砾岩)组成的山麓相—河湖相沉积,属山间盆地沉积。其下部为棕红色砾岩,向上则递变为棕红色、橘红色、灰绿色、灰白色砂岩,粉砂岩,泥质粉砂岩,泥灰岩等。

桌子山-青龙山地层小区下白垩统为宜君组,主要分布于横山堡地区的马鞍山一带,宜君组不整合于侏罗系或更老地层之上,与上覆洛河组整合接触,为一套干旱炎热气候条件下的山麓堆积相沉积,主要由粗碎屑岩(砾岩、砂砾岩)组成,分选、磨圆差,不显层理。

(三) 新生界

1. 古近系

贺兰山地层小区古近系仅发育渐新统清水营组,且出露较少,局部出露的清水营组分布于黄河以东的横山堡及灵盐台地灵武东山、清水营等地,直接不整合于下白垩统之上,为一套干旱气候条件下的河流相—湖泊相红色碎屑岩-膏岩沉积,主要由紫红色泥岩、砂岩和石膏组成。

2. 新近系

银川-固原地层小区的新近系统称为甘肃群,仅发育下部的彰恩堡组。彰恩堡组与下伏清水营组呈平行不整合接触,或直接不整合于下白垩统之上,为一套河湖相红色碎屑岩沉积,主要由橘红色、紫红色泥岩,粉砂质泥岩和砂岩组成。

3. 第四系

宁夏北部地层小区主要发育洪积、风积和冲积层。洪积层分布于贺兰山东麓山前地带,风积层主要分布于卫宁北山一带,冲积层主要分布于银川平原地带。第四系岩石地层序列自下而上为下更新统、中更新统、上更新统与全新统。

1)下更新统

下更新统包含玉门组和银川组。玉门组分布于贺兰山山麓地带,呈台状、屋檐状地貌出现,为一套洪积相固结较好的粗粒碎屑岩,产状近水平,厚度数米至数十米不等。银川组大面积分布于银川平原,地表未见出露,经钻孔银参 3 井揭示,该组未见底,为一套河湖相沉积,岩性主要为土黄色、棕红色、肉红色黏质砂土,砂质黏土,黏土及中细砂夹绿色砂砾石,厚度为 634m。

2)中更新统

中更新统包括洪积层与贺兰组,洪积层零星分布于贺兰山东麓大南池—大窑沟一带,构成Ⅱ级洪积台地,岩性为灰色半胶结砂砾岩,厚度为 10~130m。贺兰组主要分布于银川平原,为一套河湖相沉积,据银参 3 井揭示,该组厚度为 252m,岩性为浅灰色细砂夹黏土、砂质黏土。

3)上更新统

上更新统包括洪积层、萨拉乌苏组、水洞沟组和马兰组。洪积层主要分布于贺兰山山麓地带,东麓发育最好,构成山前洪积扇(倾斜平原),厚度大于 100m,岩性为灰黄色、灰褐色、灰色块石,碎石及砾石。萨拉乌苏组广泛分布于银川平原,据银参 3 井揭示,该组为一套由砂质黏土、黏质砂土、细砂及卵砾石组成的河湖相沉积。水洞沟组地表仅在灵武市水洞沟见有分布,上部为灰黄色粉砂岩,中部为黄绿色、蓝灰色黏质砂土,下部由中—细砂岩夹黑色透镜状泥质黏土构成。马兰组零星分布于灵盐台地任家庄、清水营等地,岩性单一,为土黄色黄土,一般厚度为 1~10m。

4)全新统

全新统包括下部洪积层、灵武组、下部风积层、上部冲积层、湖积层、沼积层、湖沼积层、化学沉积层和上部风积层。

下部洪积层分布于贺兰山东麓银川市西夏区一带,由灰色砾岩、砂砾石层和土黄色含砾粉砂质土层组成,其形成的洪积扇群叠覆于晚更新世洪积扇之上。

银川平原灵武组最为发育,构成黄河冲积平原Ⅱ级阶地。经钻孔揭示,本组分布于地表以下30m以内,由黄褐色、褐灰色黏土,粉砂质黏土及黏土质粉砂,以及灰色、灰绿色细砂组成,分选好,具水平层理。

下部风积层广泛分布于灵盐台地,地貌上为固定或半固定沙丘及沙滩地,岩性为灰黄色、土黄色黏土质细砂,粉砂,厚度为0.5~20m。

上部冲积层主要分布于黄河Ⅰ级阶地及河漫滩上,厚度为5~20m不等,沉积物主要为黄褐色、棕褐色、褐灰色、灰黄色、灰色黏质砂土、砂质黏土层,夹褐灰色卵砾石、含砂卵砾石层。

湖积层分布于灵盐台地现代湖泊、积水洼地及盐碱滩中,以惠安堡周围较发育,岩性为灰黑色、灰褐色黏土质细砂,粉砂质黏土及淤泥,含少量盐和芒硝,厚度为0.5~10m。

沼积层主要分布于灵盐台地现代湖泊边缘或低洼处,岩性为灰褐色黏土质细砂、砂质黏土,含少量盐、芒硝,其上多有白色卤盖,厚度为0.5~5m。

湖沼积层广泛分布于银川平原现代湖泊中,岩性为黄褐色、灰黑色黏土质细砂,粉砂,砂质黏土及淤泥,厚度为2~5m。

化学沉积层主要分布于惠安堡附近盐湖中,为灰白色盐、芒硝等化学沉积,湖水中卤水和卤盖均含盐较高。

上部风积层在银川平原及灵盐台地都有分布,岩性为浅棕黄色、红棕色、浅灰黄色粉砂,细砂。

二、构造

(一) 大地构造单元划分

研究区及外围区域大地构造位置属柴达木-华北板块Ⅰ级构造单元、华北陆块Ⅱ级构造单元、鄂尔多斯地块Ⅲ级构造单元、鄂尔多斯西缘中元古代—早古生代裂陷带Ⅳ级构造单元(图1-3)。

鄂尔多斯西缘中元古代—早古生代裂陷带西界为贺兰山西麓-土井子-青铜峡-新集断裂,东界为车道-阿色浪断裂。裂陷带包括贺兰山褶断带、银川断陷盆地、陶乐-彭阳冲断带。研究区西侧位于银川断陷盆地南端,东侧处于陶乐-彭阳冲断带北段的陶乐-横山堡褶断带(表1-2)。

1. 银川断陷盆地($Ⅲ_5^{1-1-2}$)

喜马拉雅期盆地东、西两侧北北东向断裂右行走滑拉分形成断陷盆地,可能萌生于始新世,在中新世末断陷沉降活动加剧,形成巨厚的古近系—新近系沉积,第四纪仍有活动。银川盆地可进一步划分为5个次级构造单元,分别为北部斜坡区、西部斜坡区、中央断陷区、东部斜坡区、南部斜坡区。盆地内新生界厚度变化受基底构造的控制,中部凹陷区是沉降最深的部位,盆地内一系列倾向相同的北北东向正断层,使地层逐级由两侧向中心错落,形成阶梯状地层结构。基底凹陷中心与沉降中心相吻合,总体上盆地内古近纪—新近纪沉降中心靠盆地西侧,且北部厚于南部。中部凹陷区内自北而南分布着平罗北、常信、银川北3个次级凹陷,盆地内沉降中心时代为古近纪到第四纪。

第一章 地理、地质及地球物理概况

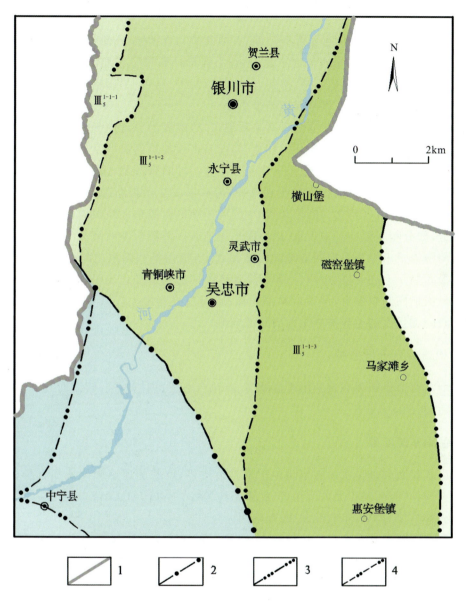

1. 省界；2. Ⅲ级构造单元分界；3. Ⅳ级构造单元分界；4. Ⅴ级构造单元。

图1-3 银川平原南部大地构造位置图

表1-2 银川平原南部构造单元划分表

Ⅰ级构造单元	Ⅱ级构造单元	Ⅲ级构造单元	Ⅳ级构造单元	Ⅴ级构造单元
柴达木-华北板块（Ⅲ）	华北陆块（Ⅲ$_5$）	鄂尔多斯地块（Ⅲ$_5^1$）	鄂尔多斯西缘中元古代—早古生代裂陷带（Ⅲ$_5^{1-1}$）	银川断陷盆地（Ⅲ$_5^{1-1-2}$）
				陶乐-彭阳冲断带（Ⅲ$_5^{1-1-3}$）

2. 陶乐-彭阳冲断带（Ⅲ$_5^{1-1-3}$）

该冲断带展布于车道-阿色浪断裂以西、黄河断裂与青铜峡-新集断裂以东地区，东接天环复向斜带，西邻银川断陷盆地与卫宁北山-香山弧形冲断带。自北向南可分为4段：桌子山褶断带、陶乐-横山堡陆缘褶断带、韦州-马家滩褶断带、车道-彭阳褶断带。本次研究区东部涉及部分主要为陶乐-横山堡陆缘褶断带南段。

陶乐-横山堡陆缘褶断带北界为正义关断裂东延，南界为灵武南到磁窑堡一带。东邻银川断陷盆地，由于周缘巨厚的新生代沉积覆盖，前新生代地层露头非常有限，仅在横山堡、灵武和磁窑堡之间有较大面积的三叠系—白垩系出露。冲断带分为3段：北段陶乐-铁克苏庙主体构造为西倾东冲断裂，前缘下盘出现反冲构造，形成三角带断裂，大多被古近系甚至白垩系覆盖，北段北延可与苛素乌断层相接；中段陶乐地区西倾东冲断裂被反冲的东倾西冲断裂强烈改造，部分断裂延伸到古近系；南段横山堡地区以东倾西冲断裂为主，在横山堡西北，下—中奥陶统天景山组灰岩向西逆冲到白垩系之上，横山堡和陶乐之间存在调整逆冲位移的右行走滑断层。上述北段、中段、南段3个地区不同的构造样式表明鄂尔多斯西缘北段的逆冲体系呈弧形向南东发育，北段最早停止活动，南段强度最大，活动时间最长。各地区向东推进的时间和强度的差异被近东西向断裂调整。

（二）构造单元分界断裂

区域内主要边界断裂有贺兰山东麓断裂、芦花台断裂、黄河断裂、银川断裂、三关口断裂与柳木高断裂（图1-4）。

1. 贺兰山东麓断裂

贺兰山东麓断裂是贺兰山与银川地堑的构造边界，地貌的遥感影像特征十分显著。断裂北起柳条沟，向西南经正义关沟沟口、红果子沟沟口、王泉沟沟口、大武口沟沟口、插旗口、苏峪口、紫花沟沟口到头关，走向北北东-南南西。

贺兰山东麓断裂具有多期性活动特点，一般认为它形成于早燕山期，属挤压逆冲推覆断裂；喜马拉雅期沿先存断裂继承性活动，但断裂性质已截然不同，形成左行走滑正断裂，其形成与银川地堑同步，属盆地同生断裂。断裂以西是高峻挺拔的贺兰山，以东为开阔的银川平原，两者地形高差达2200余米。新生代以来，该断裂活动强烈，垂直运动幅度近10km，显示贺兰山山体持续上升、银川盆地继续下陷的过程。

2. 芦花台断裂

该断裂隐伏在银川盆地内。南起银川，西南过西夏区西侧，向北北东延伸过暖泉农场、西轴西侧到简泉农场六队，长约80km，浅部由2条断裂组成，倾向东南。断裂上部较陡，向下变缓，剖面上呈铲形。它是西部斜坡区与中央断陷区的分界断裂，断裂西盘新近系直接覆盖在古生界之上，缺失渐新统，东盘则是渐新世沉积区，且厚度巨大。断裂的垂直断距在银川西为3km，呈自南向北增大之势。

第一章 地理、地质及地球物理概况

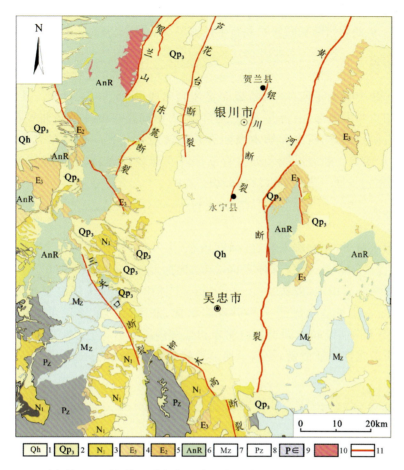

1.全新统;2.上更新统;3.中新统;4.渐新统;5.始新统;6.中生界—古生界;
7.中生界;8.古生界;9.前寒武系;10.花岗岩类;11.断层。

图1-4 银川平原南部断裂分布图(据雷启云,2016)

3. 银川断裂

该断裂是银川地堑内部的隐伏构造。该断裂北起姚伏,循南南西方向延伸,过贺兰县城东、兴庆区丽景街东、永宁纳家户和叶盛东,再南达吴忠市北东,为银川盆地内中央断陷区与东部斜坡区的分界断裂,延伸大于80km。作为新生代古近纪银川断陷盆地的东部边界和生长构造,该断裂两盘新生界断距甚大,一般为数百米。另外,断裂自第四纪晚期以来,南北活动差异显著,以兴庆区银古路为界,北侧断裂活动性较强,属于晚全新世活动断裂;南侧断裂活动性较弱,属于晚更新世末期活动断裂。

4. 黄河断裂

该断裂由黄河断裂和灵武断裂两段组成。黄河断裂是银川断陷盆地与东部的陶乐-彭阳褶冲带的分界构造,北起乌海一带,到石嘴山市东开始成为盆地东界断裂,南经陶乐西、月牙湖西、通贵到临河堡一线,长度160km。断裂的物探及线性遥感影像特征明显,总体呈北北东向延伸,断面西倾。该断裂错断基底岩系和新生代地层,并控制黄河河床的展布,断距近3km。

5. 三关口断裂

该断裂全长约20km,走向330°,断裂面整体倾向西南,倾角60°~80°,具右旋兼逆冲性质。该断裂斜切贺兰山南部,沿吉井子、三关口、高石墩和花布山一带延伸展布,向西北和贺兰山西麓断裂右阶斜列,向西南和柳木高断裂右阶错列。三关口断裂在卫星影像上线性特征清晰,地貌显示明显。断裂沿线多处发育断层陡坎地貌,天然露头也屡见不鲜,常见老地层逆冲于新地层之上,是一条全新世活动断裂。

6. 柳木高断裂

该断裂北起小口子,经大柳木高、红墩凹山东、大沙沟、沙石墩西侧,消失于青铜峡铝厂西附近,可见长度约25km。断裂总体走向330°,倾向北东,倾角60°~80°,具右旋兼正断性质。断裂南西盘为基岩山地,海拔1350~1500m,主体由中寒武统张夏组灰岩、上侏罗统芬芳河组砂砾岩、下白垩统庙山湖组下段砂砾岩组成;北东盘为第四纪洪积扇,海拔1270~1300m,零星出露下白垩统庙山湖组上段泥岩和红柳沟组泥岩,与上覆第四纪洪积物角度不整合接触。断裂的线性特征清楚,控制了地形地貌和地层岩性的分布,也是一条全新世活动断裂。

三、新构造运动特征

(一)新构造特征

研究区位于宁夏中部,处在宁、蒙交界位置,在新构造分区上,为青藏高原东北缘、阿拉善块体和鄂尔多斯块体的交会部位(邓起东等,2002;张培震等,2003),囊括了青藏高原东北缘弧束区东北部、阿拉善断块东南角,以及鄂尔多斯块体西缘的银川地堑南部(图1-5)。

青藏高原东北缘弧束区为渐新世初—上新世末印度板块向北剧烈俯冲,青藏高原隆起且持续向北东扩展过程中,受北部阿拉善块体和东部鄂尔多斯地块刚性体的阻挡,将阿拉善微陆块东南角,即牛首山至海原的宁南地区,卷入高原扩展区,使得宁南卫宁北山-香山晚古生代前陆-上叠盆地带复活造山,形成宁南一系列弧形构造,控制着宁南西部现代弧形盆山构造地貌。具体表现为印度-亚洲板块(简称印-亚板块)自50Ma碰撞以来(Rowley,1996),青藏高原持续隆起,在45~40Ma,于西秦岭造山带北缘形成大型前陆盆地(Wang et al.,2016),即早期的陇中盆地。至10~8Ma,高原进一步向北东扩展至东北缘地区(又称宁南盆地区)(Zheng et al.,2006;张培震等,2006;Lease,2011)。之后,该地区经历了4个主要阶段的演化后形成了现今的盆山地貌。第一阶段,发生在始新世末期—中新世晚期,宁南盆地作为陇中前陆盆地的一部分,盆地沉积范围从六盘山海原断裂以南,向北可扩展至银川盆地,该时期区内构造活动很弱;第二阶段,在中新世晚期,随着高原向北东扩展,陇中前陆盆地瓦解转为背驮式盆地,六盘山于约8Ma隆起,海原-六盘山断裂表现为北向逆冲,寺口子盆地

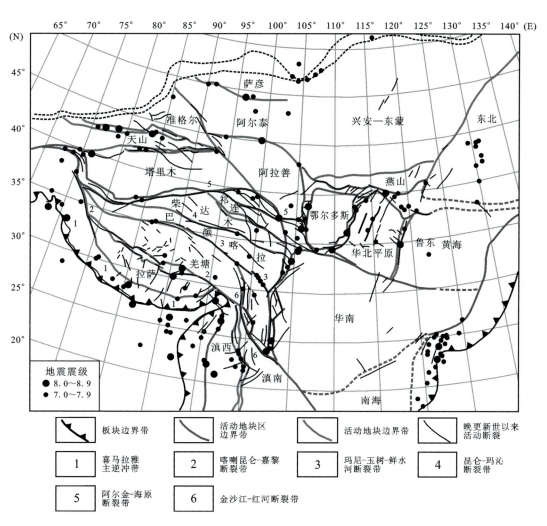

图1-5 研究区新构造分区图(据郑文俊等,2019)

物源增加,沉积速率从约9cm/ka发展到约13cm/ka;进入第三阶段,也就是中新世末期—上新世初期,在此期间,海原-六盘山断裂带活动方式发生转变,从逆冲转为左旋走滑运动,在断裂带西段的老虎山南缘断裂与哈斯山南缘断裂的左阶斜列部位形成了老龙湾拉分盆地(丁国瑜和申旭辉,2000),时间为距今约5.4Ma,这期间高原向北东扩展已经影响到天景山地区,寺口子盆地也开始瓦解,中卫-清水河盆地逐渐开始形成;第四阶段,进入第四纪早期,海原断裂继续继承早期的左旋走滑运动,形成了12~14.5km的左旋位错(邓起东等,1987;国家地震局地质研究所,1990;Burchfiel et al.,1990),而北侧的天桥沟-黄羊川-香山-天景山断裂也从早期的逆冲转为左旋走滑,时间为2.4~1.3Ma。之后高原继续向北东扩展,马家塘向斜强烈活动,南山台子褶皱隆起,中卫盆地分解成南、北两部分,以南为香山北麓洪积台地,以北为黄河冲积平原(丁国瑜和申旭辉,2000),烟筒山、罗山和牛首山相继隆起,之前的盆地进一步瓦解发展为背驮式盆地,红寺堡盆地和中宁-下马关盆地逐渐形成,现今区内盆山地貌已经基本成型(图 1-6),这种模型给我们提供了一个高原逐渐增厚且不断向北东扩展的前展模型。

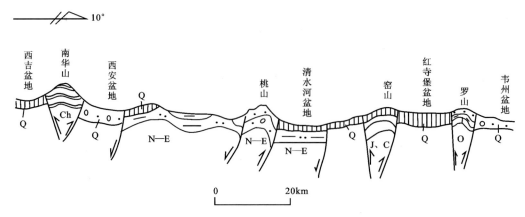

图 1-6 宁夏南部区域构造地质-地貌剖面示意图(据周特先,1994)

阿拉善断块作为一个稳定的地台,继承了阿拉善微陆块的主体部分,只是其南边界向北移至卫宁北山,基底由太古宙中、深变质岩组成,之后在中元古代开始接受盖层沉积。新生代以来块体内活动很弱,本次工作仅涉及该地台东南缘的巴彦浩特盆地,该盆地是一个中生代断陷盆地。盆地以南为查汗布勒格断裂(即以往的龙首山-青铜峡深断裂),断裂以北为稳定的地台(阿拉善块体),以南为青藏高原东北缘弧束区。盆地以东与贺兰山断块之间受贺兰山西麓断裂控制,东北部与吉兰泰凹陷存在一个潜伏的隆起。中生代晚期,作为断陷盆地补偿性沉积,沉积了下白垩统和第三系(古近系+新近系)。关于该盆地构造研究资料相对较少,已知盆地内主要发育 3 组断裂:北东向的巴彦乌拉山断裂、南北向的贺兰山西麓断裂与巴彦浩特断裂和东西向的查汗布勒格断裂(图 1-7)。

银川地堑形成于始新世,受太平洋板块向东俯冲的远程效应影响,燕山期形成银川隆起带沿鄂尔多斯西缘开始断陷,后期在印-亚板块碰撞作用下,青藏高原隆起持续向北东扩展,在北东挤压应力作用下,进一步加速了银川盆地的断陷活动(邓起东,1985;张岳桥等,2006)。地震及钻孔资料揭示,盆地的基底由前古近系不同岩系组成的复合基底组成,在断陷南端吴忠一带,古近系之下与古生界接触(银参 2 井);青铜峡以北至永宁一带估计有白垩系。盆地中部银川一带为新生代深凹部位,从盆地东、西两侧相邻的贺兰山、横山堡一带出露地层推断,基底为下古生界及前古生界;以此,前人认为盆地的形成大概经历了 4 个重要的发育阶段:在晚白垩世—古近纪初,断陷前的差异隆升剥蚀阶段;始新世的初始裂陷期;渐新世—中新世的裂陷扩张期;上新世—全新世的差异断拗期。盆地在不均匀断陷过程中形成了北部的银川坳陷、永宁隆起和灵武坳陷,其中银川坳陷又可细分为银川深凹陷和东部斜坡,灵武坳陷分为灵武凹陷和南部斜坡。银川坳陷作为银川断陷带活动最强烈断陷区,第三系沉降厚达 7000m,其中始新统厚 1500~2500m,渐新统厚 1000~1300m,中新统厚 840~1800m,上新统厚 200~1400m(银参 1 井、银参 2 井和银参 3 井),第四系厚约 1600m(银参 1 井)。

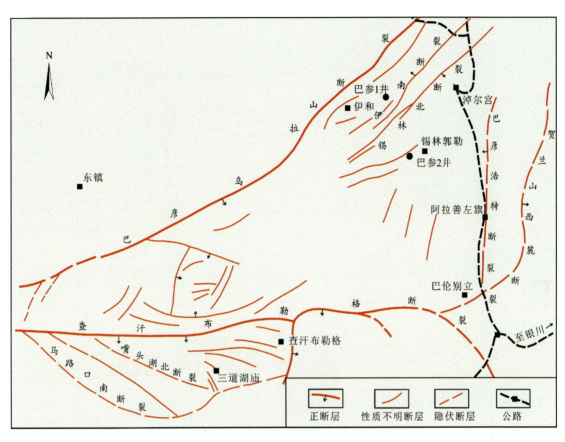

图 1-7 巴彦浩特盆地断裂分布图

(二)地形地貌

目标区及外围区处于青藏高原东北缘与华北断块区的交界部位,包含银川地堑南部及其外围区,东部为鄂尔多斯台地,西部及南部为贺兰山、卫宁北山和牛首山,目标区位于银川地堑南端。

地貌在一定程度上反映了新构造活动特征,目标区及外围区地貌受新构造运动的控制和影响,跨越了不同地貌单元,可分为基岩山地、洪积台地、风积台地、山前洪积倾斜平原、冲洪积及冲湖(沼)积平原 5 个地貌单元(图 1-8)。

(1)基岩山地:主要分布于图区西部,其次在南部和东部有少量分布,由贺兰山南段、卫宁北山东部、牛首山和马鞍山等构造隆起组成。地层主要由震旦系、古生界和新生界构成。海拔 1300~2100m,沟谷切割深,地形复杂。基岩山地与相邻的洪积台地或洪积倾斜平原之间或以断层分割、或为自然过渡。

(2)洪积台地:分布于图区东部、南部、西部。下伏古近系、新近系和中生界,在基岩山地与盆地之间以台地和洪积平原作为过渡,分布于银川盆地和中宁盆地与基岩山地的过渡地带,基座主要为古近系和新近系,部分地段分布有早更新世砾岩。地貌面略有波状起伏,相对高差 10~20m,海拔 1200~1400m。此外,山前洪积倾斜平原前缘和冲洪积及冲湖积平原

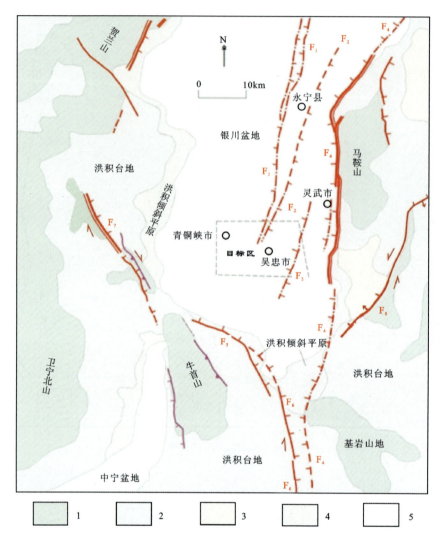

1.基岩山地;2.洪积台地;3.风积台地;4.洪积倾斜平原;5.第四纪盆地。

图 1-8 银川平原南部地貌分布图

内亦有零星分布。

(3)风积台地:零星分布于鄂尔多斯台地,表现为半荒漠景观,顶部多为风积砂。沙丘多呈固定和半固定,局部存在流动沙丘,以全新统风积粉细砂为主,下伏古近系、新近系和中生界。

(4)山前洪积倾斜平原:主要分布于贺兰山、马鞍山、牛首山山麓地带及台地前缘地带,多呈长条状沿山前分布,宽度一般为1~5km,西北侧与基岩山地大致以贺兰山东麓断裂为界。出露地层主要为第四系上更新统洪积砂砾石,通常由古洪积扇、老洪积扇和少量新洪积扇构成。海拔1100~1200m,地形坡度一般为1‰~5‰。

(5)冲湖积平原:分布于银川盆地和中宁盆地,地形平坦开阔。地表岩性多为全新统冲洪积、冲湖积亚砂土和亚黏土,下部为黄褐色、灰褐色中细砂及含砾细砂。地面高程一般为1107m左右,目标区即位于该地貌单元内。

(三)现今地壳形变

1. GPS 数据

GPS 速度场为由中国地震局地震研究所提供的欧亚基准速度场(图 1-9)。该数据利用 1998—2018 年"中国地壳运动观测网络"和"中国大陆构造环境观测网络"的连续观测站和非连续观测站的观测结果,采用 GAMIT/GLOBK 软件解算,再经欧拉变换获得。速度场结果扣除了 2011 年 3 月 11 日日本 9.0 级地震、2013 年 4 月 20 日四川芦山 7.0 级地震、2013 年甘肃岷县 6.6 级地震、2014 年 2 月 12 日新疆于田 7.3 级地震、2014 年云南景谷 6.6 级地震、2015 年 4 月 25 日尼泊尔 8.1 级地震、2015 年 5 月 12 日尼泊尔 7.5 级地震、2015 年 12 月 7 日塔吉克斯坦 7.4 级地震、2016 年 1 月 21 日青海门源 6.4 级地震、2016 年 11 月 25 日新疆阿克陶 6.7 级地震、2016 年 12 月 8 日新疆呼图壁 6.2 级地震、2017 年四川九寨沟 7.0 级地震、2017 年新疆精河 6.6 级地震的影响。

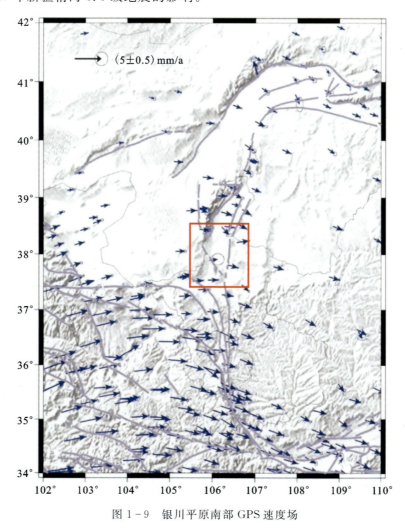

图 1-9 银川平原南部 GPS 速度场

由图1-9可知,贺兰山以西次级断块总体向东逃逸,贺兰山以东的次级断块总体向南东逃逸,那么在贺兰山东、西两侧就形成了右旋挤压特征,而银川盆地内总体表现为北至南东的拉张。

跨断层速度剖面结果(图1-10)显示,平行于断层方向,断层两侧均呈南东向运动。烟筒山断裂两侧,西侧运动大于东侧,呈左旋走滑运动;三关口-牛首山-罗山-云雾山断裂两侧,断层以东速率大于断层以西,断裂呈右旋走滑运动,随着断层距离的增加,断层以东平行于断层运动速率逐渐减小,右旋走滑运动逐渐减小,即近场断层运动速率较大而远场断层运动速率较小,处在应变积累过程中,现阶段不存在闭锁。

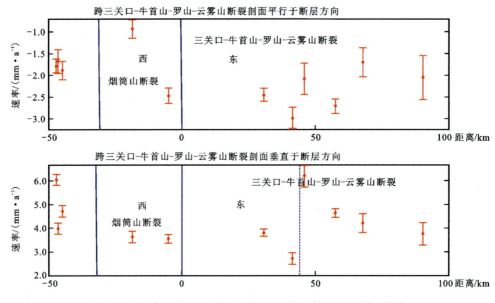

图1-10 跨三关口-牛首山-罗山-云雾山断裂速度剖面结果

垂直于断层方向,断层两侧均呈北东向运动。烟筒山断裂两侧存在差异性运动,西侧运动速率大于东侧,烟筒山断裂呈挤压运动。三关口-牛首山-罗山-云雾山断裂两侧不存在显著差异性运动,无挤压/拉张运动。距离断层41.6～46.1km之间,存在差异性运动,东侧运动速率大于西侧,呈拉张运动,可能存在未发现的断层。

(四)构造应力场分析

震源机制解是分析现今构造应力场的一个关键方法。1981年,李孟銮等利用1974—1978年地震台站记录到的地震P波初动符号,求出了以石嘴山等7个地震台为中心、一定距离为半径范围内的小地震综合断层面解(图1-11)。

其中X、Y分别代表节面A、B上盘错动方位,P、T、N分别相当于最大、最小和中等压应力轴,求得的结果见表1-3。

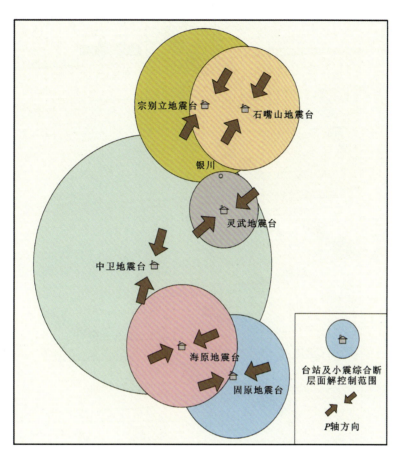

图 1-11　以地震台站为中心的小区域地震综合断层面解

表 1-3　以地震台站为中心的小区域地震综合断层面解

地点	节面 A			节面 B			X 轴		Y 轴		P 轴		T 轴		N 轴		符号数	控制半径
	走向	倾向	倾角	走向	倾向	倾角	方位	仰角	方位	仰角	方位	仰角	方位	仰角	方位	仰角		
石嘴山	77°	347°	78°	174°	84°	59°	84°	28°	347°	11°	31°	28°	128°	12°	238°	56°	172	80km
灵武	6°	96°	80°	91°	1°	62°	1°	28°	96°	10°	51°	27°	315°	12°	204°	60°	36	50km

从表 1-3 可知,银川盆地的主压应力方位为 31°～51°,平均为 41°,这与盆地两侧控盆边界断裂的走向基本一致。

此后,薛宏运等(1984)根据区域地震台网记录的 P 波初动方向观测资料,采用求多个小震综合节面解的办法得到了鄂尔多斯北缘、西缘和南缘 13 个分区的现代地壳应力场的结果(图 1-12)。现对工作区及相邻分区的具体结果叙述如下。

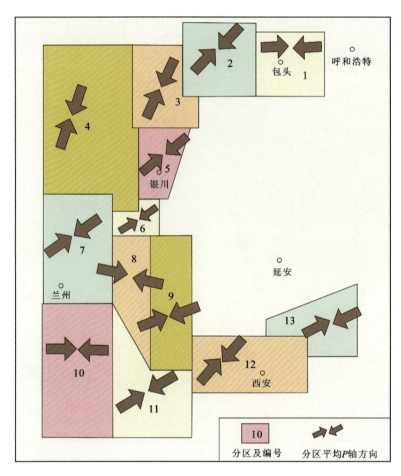

图 1-12 震源机制分区及 P 轴水平投影方向(据薛宏运等,1984 资料改编)

本次研究区为图中的分区 5,包括了整个银川盆地和贺兰山,计算时只用了盆地中地震的资料。区内主要构造线的走向为北北东或近南北,若走向 180° 的 A 节面对应地震断层的平均走向,断裂活动则为兼有正断层分量的右旋走滑。银川盆地的平均 P 轴方位为 48°,仰角为 20°;T 轴方位为 312°,仰角为 5°。与之前的结果基本一致。

第三节 区域地球物理概况

一、重力场特征

研究区横跨银川断陷盆地南部与陶乐-横山堡冲断带两个构造单元,整体上,布格重力场呈"两高夹一低"的分布特征,西南侧的吴忠-青铜峡区域重力场较为平缓,隐约可见一定幅值的高异常区,呈片状展布;中部为灵武地区重力低值区,较低的幅值体现了灵武凹陷基底深、覆盖层厚度大的特征；东部是陶乐-横山堡重力高值区，呈带状展布，规模较大。高、低值区间重力梯级带明显，反映了银川盆地南端两条控边断裂的展布特征。

根据剩余重力异常特征进一步将本区分为两个区（带），分别为中部银川断陷盆地南部剩余重力异常低值区和东部横山堡冲断带剩余重力异常高值带（图1-13）。

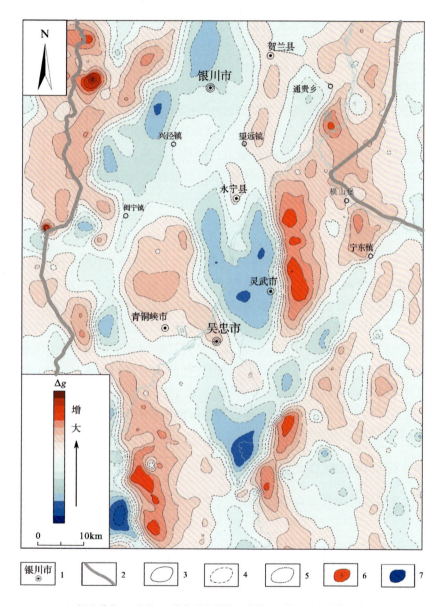

1.行政单位；2.省界；3.剩余重力异常正值线；4.剩余重力异常负值线；
5.剩余重力异常零值线；6.剩余重力异常极大值区；7.剩余重力异常极小值区。

图1-13 银川平原南部剩余重力异常图

银川断陷盆地南部夹持于西侧贺兰山褶断带与东侧横山堡冲断带之间，整体上表现为东西不对称的剩余重力异常低值区。东侧剩余重力异常变化相对较平缓,并显示出北北东向呈阶梯状排列特征;而西侧异常变化梯度大,其梯度带仅沿贺兰山东麓山前分布,线性特征明显。区内异常幅值低,多呈不规则椭圆状展布,形态完整,面积较大,由南至北,异常展布方向由近南北向转为北北东向。展布的局部异常主要包括银川剩余重力负异常、兴泾剩余重力负异常、灵武剩余重力负异常、金银滩北剩余重力负异常、金银滩东剩余重力负异常和扁担沟剩余重力负异常6处剩余重力负异常,掌镇剩余重力正异常、金贵剩余重力正异常、永宁剩余重力正异常、青铜峡剩余重力正异常和金银滩剩余重力正异常5处剩余重力正异常。上述剩余重力异常均被第四系覆盖,展布特征反映了银川断陷盆地南部整体形态及其内部的次一级新生界坳陷区的沉降特征。

横山堡冲断带剩余重力异常高值带位于银川断陷盆地南部东侧,二者以黄河断裂为分界,北北东向延展,呈带状展布,异常形态完整,呈片状展布,展布范围广。该高值带内主要分布灵武东剩余重力正异常和横山堡剩余重力正异常2处局部正异常。灵武东剩余重力正异常沿北北西向呈不规则片状展布,异常区内发育3个极值区域;横山堡剩余重力正异常,呈似圆状展布,西侧梯度变化较大。

二、航磁异常场特征

银川平原南部以平稳而略有起伏的负磁场为背景,在西南区域展布有3处特征各异的局部高磁异常,其中西北地区分布1处幅值较低、呈北北东向展布的高磁异常区,与贺兰山南段的古生界出露地层对应;中部青铜峡地区的高磁异常最为特殊,近似圆形分布的磁异常无明显走向,呈孤岛状展布于由叶盛镇、崇兴镇、金银滩镇、青铜峡镇所围限的区域,异常梯度变化均匀,极大值点位于青铜峡市区南,地表为第四纪的冲洪积砂砾、粉土沉积层覆盖;东南角暖泉以南区域展布1处北北西走向的出露不完整的局部航磁异常区,幅值较高,整体上与青铜峡航磁异常具有一定的区域关联性,推测它为银川地堑南部受青藏高原东北缘北东向挤压应力作用形成的逆掩隆升条带的反映,为在深部的磁性地质体整体抬升的背景下,局部隆起、聚集所引起的航磁异常(图1-14)。

三、岩(矿)石及地层物性特征

针对研究区及周缘的地层物性特征分析,主要有地层密度特征、地层电性特征及地层波速特征。

(一)密度特征

1. 地层密度特征

银川平原地层密度具备以下4点特征:①整体上,第四系下伏地层密度随地层年代由老至新而相应地由大变小,密度最大为古元古界贺兰山岩群变质岩,密度均值2.78g/cm³,密度最小的为新近系,密度为1.68g/cm³;②第四系密度整体较大,不同类型沉积层密度均值处于1.80~2.16g/cm³区间内,并且近物源沉积层密度大于远物源沉积层,洪积层>冲积层≥

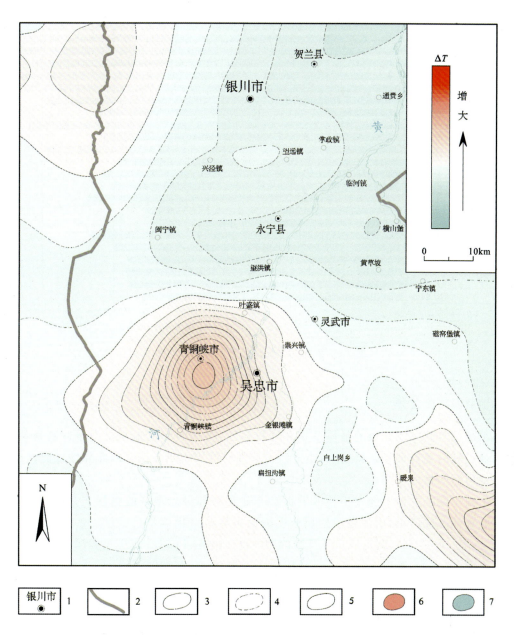

1.行政单位；2.省界；3.航磁异常正值线；4.航磁异常负值线；
5.航磁异常零值线；6.航磁异常极大值区；7.航磁异常极小值区。

图 1-14　研究区航磁 ΔT 等值线图

风积层＞湖积层；③银川平原东、西部区域同一地层显示明显的密度差异性，且西部贺兰山地区地层密度远高于宁东地区地层密度（图 1-15）。

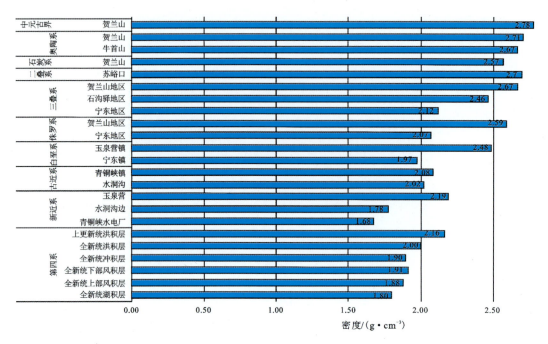

图 1-15 银川平原地层密度特征直方图

2. 地层间密度差异

银川平原与其周围区域的地质及钻孔资料揭示：银川断陷盆地与横山堡冲断带两个构造单元地层纵向叠置关系各具特点，由此所引起的密度层也具备明显的差异性特征。

1）银川断陷盆地

位于银川断陷盆地中部银川地区的银参3井及南部吴忠地区的银参2井揭示，盆地内部地层叠置情况较简单，由深及浅地层依次为元古界贺兰山岩群（$Pt_1HL.$）、古生界奥陶系（O）、新生界古近系（E）、新近系（N）及第四系（Q）。由此可以分析，从浅至深存在4个明显的密度界面，依次为：第四系与新近系之间的密度界面[第1密度界面（$\Delta\sigma_{1,2}$）]、新近系与古近系之间的密度界面[第2密度界面（$\Delta\sigma_{2,3}$）]、古近系与奥陶系之间的密度界面[第3密度界面（$\Delta\sigma_{3,4}$）]、奥陶系与古元古界之间的密度界面[第4密度界面（$\Delta\sigma_{4,5}$）]（表1-4）。

可以看出，新生界古近系与古生界奥陶系之间的第3密度界面（$\Delta\sigma_{3,4}$），密度差为0.67g/cm³，为银川断陷盆地内部主要的密度不连续界面，在一定条件下均能影响地面正常的重力分布，而形成局部重力异常。此外，新近系与古近系之间的第2密度界面（$\Delta\sigma_{2,3}$），密度差为0.17g/cm³，对局部重力异常的形成有一定的影响。

2）陶乐-横山堡冲断带

冲断带基本被第四系所覆盖，根据钻孔揭示情况及宁东地区地层出露情况分析，该带主要地层由深至浅依次是古生界寒武系—奥陶系（$\in$—O）、石炭系（C）、二叠系（P），中生界三叠系（T）、侏罗系（J）、白垩系（K）及新生界古近、新近系、第四系。依据各地层的密度特征可知，冲断带地层间存在8个密度界面,其中有3个密度差较大的密度界面,分别为新近系与古近系之间的密度界面[第2密度界面($\Delta\sigma_{2,3}$)]、二叠系与三叠系之间的密度界面[第6密度界面($\Delta\sigma_{6,7}$)]、石炭系与奥陶系之间的密度界面[第8密度界面($\Delta\sigma_{8,9}$)](表1-5)。

表1-4 银川地堑密度层划分表

地层代号	密度层代号	平均密度值/(g·cm^{-3})	密度界面	
			代号	密度差/(g·cm^{-3})
Q	σ_1	1.94	$\Delta\sigma_{1,2}$	0.06
N	σ_2	1.88	$\Delta\sigma_{2,3}$	0.17
E	σ_3	2.05	$\Delta\sigma_{3,4}$	0.67
O	σ_4	2.72	$\Delta\sigma_{4,5}$	0.06
Pt$_1$ HL.	σ_5	2.78		

表1-5 横山堡冲断带密度层划分表

地层代号	密度层代号	平均密度值/(g·cm^{-3})	密度界面	
			代号	密度差/(g·cm^{-3})
Q	σ_1	1.91	$\Delta\sigma_{1,2}$	0.13
N	σ_2	1.78	$\Delta\sigma_{2,3}$	0.24
E	σ_3	2.02	$\Delta\sigma_{3,4}$	0.05
K	σ_4	1.97	$\Delta\sigma_{4,5}$	0.10
J	σ_5	2.07	$\Delta\sigma_{5,6}$	0.05
T	σ_6	2.12	$\Delta\sigma_{6,7}$	0.55
P	σ_7	2.67	$\Delta\sigma_{7,8}$	0.10
C	σ_8	2.57	$\Delta\sigma_{8,9}$	0.14
O	σ_9	2.71		

依据表1-5可知,横山堡冲断带新近系密度较低,为1.78g/cm^3,与下伏的古近系形成密度差为0.24g/cm^{3}的密度界面;在宁东地区,中生界地层整体密度偏低,介于1.97～2.12g/cm^{3}之间,与古生界的二叠系形成较大的密度不连续界面,二者密度差为0.55g/cm^3;由于石炭系含厚度较大煤层,地层整体密度偏低,为2.57g/cm^3,与奥陶系形成0.14g/cm^{3}密度差。上述3个明显的密度界面直接影响了冲断带的局部重力异常,其余5个密度界面对其虽有影响,但影响力有限。

(二)电性特征

不同的地质构造单元,深部电性结构差别明显。鄂尔多斯地块电性层横向变化平缓,成层和整体性好,表明此地块较为完整,相对稳定,在很长的地质历史时期内较少受到形变破裂。上地幔第一高导层埋深较大,顶面埋深在110~130km范围,表明来自上地幔的垂直作用力较弱。而位于构造活动剧烈的银川断陷盆地,电性结构复杂,电性界面起伏大,并且壳内有几个低阻层分布,反映了剧烈的构造作用和深部物质运动的结果(表1-6)。

表1-6 宁夏北部壳幔电性结构分层表

层序	银川地堑			鄂尔多斯地块		
	电阻率/(Ω·m)	厚度/km	底面深/km	电阻率/(Ω·m)	厚度/km	底面深/km
1	5~50	2~5	2.4~5	50	1~2	1~2
2	600~1000	16~19	19~22	30	5~8	6~10
3	1~20	6~8	25~27	1000	20~25	30~32
4	1000~5000	60	85~89	10~12	7~8	36~39
5	0.2~12			$10^3~10^4$	87~92	123~131
6				10		

(三)地震反射层及弹性波速特征

银川盆地地震反射层弹性波速变化特征(表1-7):反射层 $T_0~T_1$ 对应地质层位Q弹性波速最低,为1966m/s,随着反射层深度增加,对应地质层位的弹性波速进一步增大,增大量约720m/s,T_g 以下反射层弹性波速突然增大,为强地震反射层。

表1-7 银川盆地地震反射层及弹性波速统计表

反射层	对应地质层位	弹性波速/(m·s^{-1})	
		变化范围	平均值
$T_0~T_1$	Q	1527~2347	1966
$T_1~T_3$	N_2	2129~3664	2699
$T_3~T_5$	N_1	2632~5621	3478
$T_5~T_g$	E	3182~7127	4126
T_g 以下		4656~9260	8006

第二章　断裂体系特征研究

第一节　断裂特征解译

一、解译方法选取

随着数据处理解译技术的发展与进步,利用重磁边界识别技术划定断裂构造、区分不同岩性界线等在位场理论中已起到越来越重要的作用。Thompson(1982)基于欧拉方程改进的边界识别方法推动了多源场物体边界问题向前发展;Hugh 等首次将斜导数的定义具体化,并指出斜导数相对于水平导数、垂向二阶导数和分析信号,能更好地探测出不同埋深的多个场源物体的边界(Miller and Singh,1994);王想等(2004)探讨了斜导数和水平导数的原理与性质,并通过模型试验验证了方法的有效性;刘金兰等(2007)讨论了斜导数法、斜导数水平梯度法和 θ 图法 3 种新技术的识别效果,认为其优于传统水平梯度法,能获得更丰富的地质信息;刘银萍等(2012)详细讨论了斜导数法、斜导数的水平导数法、总梯度法及总梯度的规则化方法在重磁数据边界识别中的探测效果及优缺点。

近年来,运用地球物理断裂识别技术对断裂的识别与解译越来越成熟,针对不同地质构造特征区域,选取不同识别技术是当下的通用做法。解译方法的选取主要基于方法的原理特点及应用的效果两个方面,各种断裂识别方法的技术原理侧重点不同,体现在解译断裂中的效果也有所差异。已有的研究成果(李宁生等,2019)体现出了能够对巨厚新生界覆盖的断陷盆地内,由拉张应力形成的各级别正断裂,尤其是小规模次级断裂解译识别的一整套技术方法组合。

首先,依据水平总梯度模与斜导数确定边界断裂的位置,垂向二阶导数刻画断裂整体展布关系;其次,依据归一化标准差厘定断裂局部细节特征;最后,以地震反射剖面为主、大地电磁测量剖面为辅,精细校正、完善断裂展布体系。

由于吴忠—灵武地区处于银川断陷盆地的南端,与盆地主体的沉积特征一脉相承,针对银川盆地的断裂解译基于 1∶20 万区域重力资料,解译精度较低,限制了对断裂局部细节的刻画。因此,本书在补充 1∶5 万重力资料的基础上,直接采用上述断裂解译的思路与方法完成本区断裂格架的划分。

二、解译成果分析

1. 水平总梯度模量

水平总梯度模量反映了地球物理异常场的变化率,在异常变化率较大的地方,如局部构造的边界处,必定存在异常变化率的极大值,利用其极大值能确定地质异常体边界断裂位置。

整体上,水平总梯度模量图清晰地反映出了吴忠—灵武地区的断裂分布面貌,特别是对灵武凹陷的边界识别得尤其明确,只是除边界断裂以外的小规模断裂无法准确定位(图2-1)。

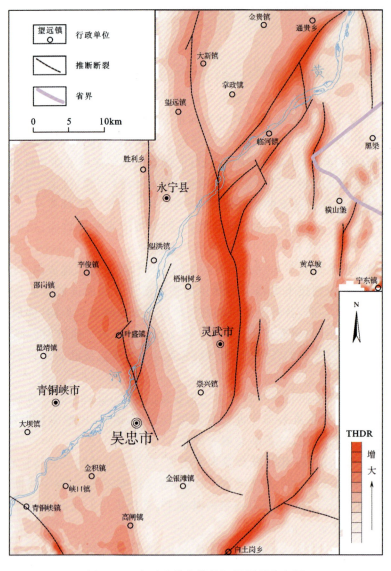

图 2-1 水平总梯度模量解译断裂分布图

细节上,在中部永宁县—灵武市一带分布着一条明显的极值异常带,此为黄河断裂的特征体现。以永宁县—横山堡一线为分界,该异常带南、北两段存在明显的差异,北段呈北北东向,经临河镇延伸至通贵乡,而后出本区,异常带细长而连续,局部极值点少而均匀,反映出黄河断裂断面光滑、连续且倾角较大;南段呈近南北走向,经梧桐树镇—灵武市一线东侧延伸,至崇兴镇东侧转为南西向逐渐消失于金银滩镇北部,与北段相比较,异常带宽泛、极值较高,且朝北东向有数个与其斜交、极值较低的异常带分布,向南极值逐渐减小,反映出黄河断裂断距较大,倾角由深至浅逐渐变缓,东北侧发育一系列小规模断裂与黄河断裂呈斜交关系,黄河断裂过灵武东侧一线后,断距逐渐变小,向南延伸至走向发生变化,并与北西向断裂归并一处。在黄河断裂北部分布一条近南北向弧形极值异常带,经望远镇、大兴镇一带向北延伸,异常带宽缓,极值相对较低,反映出断裂断距应该较小,且倾角由浅至深逐渐变缓,此断裂应为银川隐伏断裂的南段。在西部吴忠地区分布一条北北西向极值异常带,线性特征明显,由吴忠市南出现,斜跨黄河至叶盛镇附近出现北东向的扭断,继续延伸至李俊镇西北部逐渐发散为宽缓高值区(带),线性特征消失,此为吴忠断裂的反映。在南部白土岗乡,一条规模不大、有一定延伸长度的极值异常带以北东走向展布,异常带两侧斜交多条低极值、短距离分布的极值条带,应是白土岗断裂及其次级断裂的反映。除上述4条规模性极值异常带以外,还有多条极值较低但线性特征明显的异常带展布,特别是沿望洪乡—胜利乡延伸的异常带,与吴忠断裂呈斜交之势,却没有明确的归并关系;此外,在临河镇东部,与黄河断裂平行展布的一条异常带线性特征清晰,应该是与黄河断裂同期发育的次级断裂。

此次,利用水平总梯度模量在工作区共识别各级别断裂20条,其中青固断裂、黄河断裂、吴忠断裂、白土岗断裂为已知规模较大的断裂,其余均是覆盖区的小规模隐伏断裂。

2. 斜导数

斜导数是求取重磁场垂向导数(VDR)与总水平导数(THDR)之比值的反正切。一般地,在构造边界处斜导数值为0,在构造体上方为正值,构造体外侧为负值。那么,当斜导数为零值的时候,就能够识别出构造体的边界。由于斜导数是对垂向一阶导数与总水平导数之比的反正切,其结果输出起伏小,从而使得弱异常被提取,进而识别边界。

与水平总梯度模量对断裂的识别效果相比较,斜导数好于前者,优势体现在两点:一是对规模较大断裂的相互交切关系反映更清楚;二是对局部小规模断裂细节厘定更准确,但不得不说,斜导数对于凹陷内部的隐伏断裂基本没有明显的识别能力。

吴忠—灵武地区整体为"两高夹一低"的构造特征,其中的"两高"分别为银川断陷盆地南部斜坡区与横山堡冲断带,"一低"则是灵武凹陷,分割上述3个局部构造单元的边界断裂即为吴忠断裂与黄河断裂(图2-2)。

斜导数图上,黄河断裂表现出明显的零值线特征,呈线性延伸,以永宁县东部为分界,南亚段为近南北向分布,南段尾部向西南向收敛与北西向断裂相交、归并,这种迹象的反映补充了水平总梯度模量对于黄河断裂南段尾部的定位缺失,北亚段北北东走向,轨迹近直线延伸,南、北亚段整体平面上为似"S"形分布。断裂两侧正、负异常值线密集,体现出黄河断裂产状较陡倾的特征。在黄河断裂南、北亚段的转折部位东侧,展布数条北东向零值线条带,此为黄河断

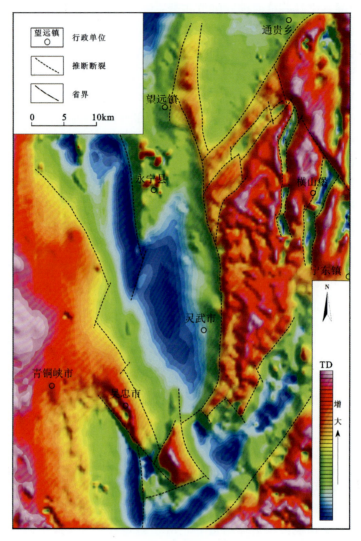

图 2-2 斜导数解译断裂分布图

裂附属断裂的反映,其展布方向与黄河断裂一致,发育规模较小,分析应是黄河断裂在向西下掉过程中,其上升盘一侧在沉积层中的同期次小规模断裂,并且在深部应该归并于黄河断裂之上。应该注意的是,在通贵乡南部,分布一条南东向断裂,将黄河次级断裂右行错断。

吴忠断裂在斜导数图上得到了清晰的体现,整体呈北北西向延伸,细节上,局部发育的北东向断裂将其进行了不同程度的错断,吴忠断裂的西南侧,为一片状展布的高异常区,无法有效识别其中的断裂迹象。值得一提的是,斜导数准确定位了白土岗断裂的展布形态与延伸长度,为水平总梯度模量的识别成果做了很好的补充。此外,在望远镇东侧,可见微弱的断裂展布迹象,断续地呈近南北向延伸,从其位置及特征分析,应该是银川隐伏断裂的南部倾末段,由于该段断裂已接近消失,断距逐渐变小,且断裂两侧地层发育几乎一致,因此断裂在斜导数上反映较为模糊。

此次，利用斜导数在工作区共识别各级别断裂 19 条，其中黄河断裂、吴忠断裂、白土岗断裂为已知规模较大的断裂，其余均是覆盖区的小规模隐伏断裂。

3. 垂向二阶导数

垂向二阶导数利用零值线的位置来判断和确定异常地质体的边界位置，它能够抑制深部区域性的地质因素所引起的异常影响，从而突出小和浅的构造的异常特征，因此能够区分不同大小、深度的异常体所造成的叠加异常。

以水平总梯度模量与斜导数解译的断裂格架为基础，垂向二阶导数图清晰反映出吴忠—灵武地区断裂分布细节特征及断裂的分布规律，展现了吴忠、灵武地区断裂体系特征。根据断裂分布特征，整体上可以划分为 3 个断裂体系，即西南部吴忠断裂系、中部银川隐伏断裂系和东部黄河断裂系(图 2-3)。

西南部吴忠断裂系主要分布于吴忠、青铜峡地区，零值线断续延伸，向北东凸出呈弧形展布，李俊镇—叶盛镇—吴忠市段为弧形凸出部分，且以吴忠断裂为主，其余断裂由北西向南东收敛至吴忠市附近。西南角青铜峡镇及以南地区展布一条明显的零值线条带，与其东北部的低异常区呈线性分界，此为青固断裂斜穿此区的反映，断裂亦呈现微弧形特征，与其东北侧的吴忠断裂类似。此外，在大坝镇、峡口镇、金积镇、高闸镇地区北北西向展布 3 条近直线延伸的断裂，零值线特征不甚清楚，可能为小规模断裂的体现。

中部银川隐伏断裂系主要是指分布于银川断陷盆地内靠近中央坳陷区，与银川隐伏断裂同时期形成，且具有相类似特征的断裂，此类断裂平面上零值线特征显示微弱，但线性特征明显，反映断裂主要为新生界内发育，断距较小，两盘地层物性差异不大，断裂均呈近南北走向，各条断裂平行分布，且具有右阶排列特征。

东部黄河断裂系为与黄河主断裂具有类似展布特征的一系列断裂的总称。作为灵武凹陷与横山堡隆起区的分界，黄河主断裂零值线特征异常明显，呈线性延伸，南起于金银滩镇北，以南北向经灵武市东，至永宁县正东向跨黄河，转向北北东向，过临河镇止于通贵乡，后延出本区，平面上，整体呈"S"形展布。与黄河主断裂形态类似，在其东侧分布数个高、低异常条带，均具有"S"形分布特征，异常条带的边界零值处即为黄河断裂系次级断裂的展布位置，而且从展布特征上分析，上述次级断裂有 3 种类型，即南北—北北东向断裂、南北向断裂和北北西向断裂。异常平面特征显示，南北—北北东向断裂于临河镇—横山堡附近区域归并于南北向断裂，后延伸至黑梁南侧又被北北西向断裂错断，呈左旋走滑特征。

除此之外，斜穿白土岗乡呈北东走向的零值线为白土岗断裂的反映，线性特征清晰，说明断裂北侧的衡山堡隆起区与南侧的马家滩隆褶带在地层沉积规律上具有较大的差异，经地层对比发现，与南侧相比较，北侧缺失三叠系、侏罗系沉积，且侏罗系沉积厚度较小，为宜君组砾岩沉积。

此次，利用垂向二阶导数在工作区共识别各级别断裂 40 条，其中青固断裂、黄河断裂、吴忠断裂、白土岗断裂为已知规模较大的断裂，其余均是覆盖区的小规模隐伏断裂。

4. 归一化标准差

归一化标准差是计算一个滑动窗口内垂向坐标方向一阶导数的标准差与 3 个坐标方向

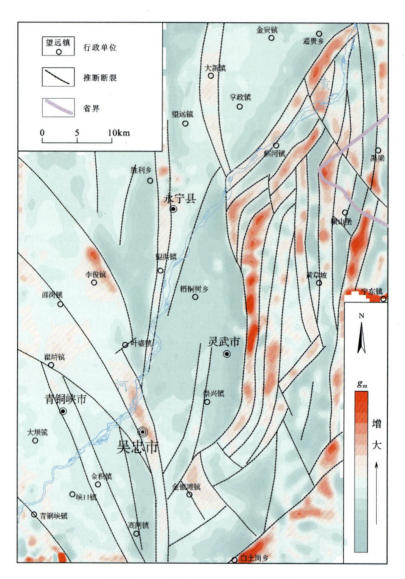

图 2-3 垂向二阶导数断裂分布图

一阶导数标准差之和的比值,将该比值记为滑动窗口中心点的归一化标准差值,并利用极大值位置来识别地质体的边缘位置。

归一化标准差的方法优势是对断裂的细节进行详细识别,进而补充垂向二阶导数在断裂识别、划定过程中存在的局部缺失。从解译的效果分析,优势显著,体现在对银川盆地中部坳陷区内小规模隐伏断裂的识别与定位:第一,明确了银川隐伏断裂南段与黄河主断裂之间的归并关系,二者并非简单的相交,而是中间由另一条隐伏断裂从中承接,调谐了银川隐伏断裂由北北东向转为近南北向微弧形凸出变形的应力,银川隐伏断裂与该断裂为同期次发育,可以作为银川隐伏断裂的最南段分支。第二,印证了永宁凸起东南侧边界断裂的存在，并确定了位置，此断裂作为一条具有一定延伸长度的坳陷内隐伏断裂，控制了永宁凸起的展布范围，是灵武凹陷内部关键断裂之一，在地震活动研究及寻找"盆地型"地热资源有利区工作中具有重要意义。水平总梯度模量与斜导没有能够对此断裂进行有效识别，垂向二阶导数仅有模糊的线性特征，无法进行准确定位，归一化标准差则做了有效的补充。第三，细化了吴忠、青铜峡地区小规模断裂的展布形态，此区域地质因素决定了断裂具有延伸距离短、线性特征不清晰、相互关系不明确等特征，对其识别难度较大，垂向二阶导数整体呈片状低异常区内的模糊线状展布，解译断裂有所牵强，归一化标准差则进行了良好的细节信息显示，直接进行断裂定位可靠程度更高，断裂与吴忠断裂具有类似展布特征，但规模更小（图2-4）。

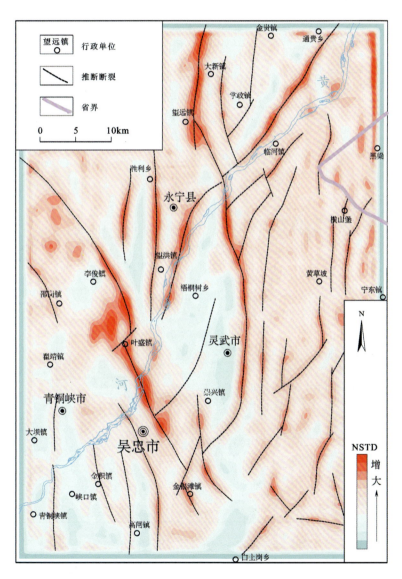

图2-4　归一化标准差解译断裂分布图

单独运用一种边界识别方法解译断裂、解译平面特征均存在一定局限性及不足之处,尤其吴忠、灵武地区处于银川断陷盆地的南端,断裂两盘的物性差异较小,针对此类小规模断裂识别难度较大。因此,采用上述 4 种主要方法单独解译的断裂展布成果,相互对比,联合印证,共同确立了本区的断裂展布特征。

根据断裂综合推断图,吴忠—灵武地区断裂展布整体具有"东密西疏、东长西短、东齐西乱"的特征,也就是东部、中部、西部断裂展布各有特点(图 2-5)。

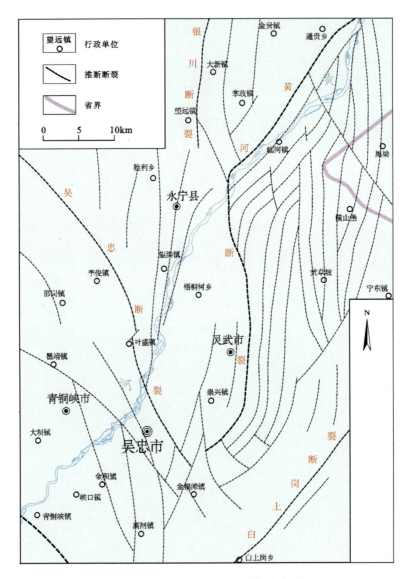

图 2-5　吴忠—灵武地区综合推断断裂图

东部临河镇、横山堡、黄草坡一带地区,以黄河主断裂为主,断裂平面上呈"S"形展布,以永宁县—横山堡一线为分界,以北地区与黄河主断裂平行,依次展布 4 条断裂,大致沿黄河延伸,断裂平均分布,间隔距离约1.7km,走向约45°,在通贵镇附近呈收敛状逐次斜交于黄河主断裂,于黑梁、临河之间被北北西向发育的一条较大规模断裂进行右行走滑错断,走滑距离平均约0.7km,往西南亦有局部错断现象,应该与上述北北西向断裂为同系列。以南地区,黄河主断裂走向转为近南北向,平面呈"弓"形分布特征,灵武市附近为向东微凸段,主断裂以东基本平行发育4条次级断裂,断裂间隔距离为1.3~2.0km,延伸长度平均为39.7km,有一定规模,南端以南西向逐渐消减于金银滩以北地区。整体上,东部断裂密集分布,延伸距离比较长,且平行于黄河主断裂,展布特征与主断裂保持高度一致,应该是与主断裂同时期发育的次级小规模断裂,因此,将该系列断裂统称为"黄河断裂系"。

中部永宁、灵武地区,断裂分布虽然比较稀疏,但展布规律性强,整体上可以分为北区、南区。北区,是指大兴镇、望远镇、掌政镇、金贵镇一带,断裂发育较少,紧邻望远镇,走向约185°,呈微弧形延伸,为银川隐伏断裂南段,消失于望远镇以南3.5km处,在其东侧呈平行分布的另外两条断裂与银川隐伏断裂具有类似展布特征,且规模较小。所以,北区断裂为银川断陷盆地东部斜坡区内部小规模断裂;南区是指胜利乡、永宁县、望洪镇、灵武市及崇兴镇一片宽泛的区域,主要为银川断陷盆地中央坳陷区的南端,其内发育的断裂具有典型的坳陷区断裂特征,即断裂规模小,且相互之间独立发育,没有明显的交切关系,整体北北东向延伸,走向约10°,断裂长11~31km。除此之外,该区域断裂呈显著的右阶斜列式展布特征,并与两侧的边界断裂呈约30°的夹角,体现了该区域断裂形成时复杂的区域地质应力环境。

西区青铜峡、吴忠地区,断裂展布稍显零乱,却具有特殊的分布规律,整体上,以吴忠断裂为主体,集中分布于叶盛镇—瞿靖镇以南。叶盛镇附近发育一条北东向局部小断裂将吴忠断裂一分为二,西北段长30km,走向146°,呈北东向微弧形分布,东南段长19.5km,走向154°,以南西向微弧形延伸,至金银滩镇北,与黄河主断裂相互交切,封闭了银川断陷盆地南端。吴忠断裂西南侧分布的4条断裂均呈北东向凸出的弧形展布特征,最大凸出量位于青铜峡镇—金积镇一线,断裂于瞿靖镇一带走向约146°,延伸至高闸镇附近转为177°,断裂之间相互斜交、切割、归并,形成了复杂的吴忠断裂系。

第二节 断裂纲要校正

平面上,综合利用水平总梯度模量、斜导数、垂向二阶导数与归一化标准差4种边界识别技术解译断裂成果,厘定了吴忠—灵武地区的断裂构造格架纲要,并在此基础上初步理清了断裂平面展布特征及相互交切关系,但断裂空间展布形态分析仍存在3个主要问题,需要进行补充、完善。一是黄河断裂以西的银川断陷盆地南端处于第四系覆盖区,地面断裂出露迹象极少,断裂的识别仅依靠1:5万区域重力资料,位置精度相对不高;二是黄河断裂以东的横山堡冲断带大部分解译断裂均由垂向二阶导数一种方法划定,是否真实存在,确定性较低;三是边界识别技术仅刻画了断裂的平面展布特征,断裂的空间属性(倾向、倾角、断距等)的确定,需要利用其他资料进行补充。

针对上述问题,在平面断裂展布特征厘定的基础上,本次充分利用大地电磁测量剖面与深地震反射剖面对断裂平面解译成果进行印证、校验。

一、校正剖面的特征

梳理前人在吴忠—灵武地区针对构造的研究发现,工作频次不高,但成果颇丰,主要的两项工作成果为本次研究的开展奠定了基础。此外,本次补充完成的 7 条可控源大地电磁测量剖面为断裂构造的空间形态厘定提供了有力支撑(图 2-6)。

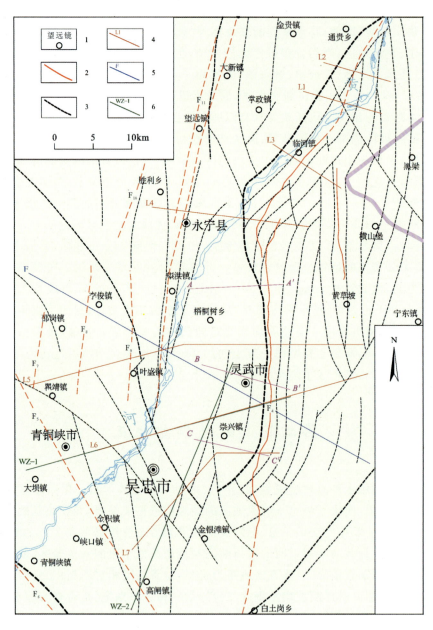

1.行政单位;2.地质断裂;3.物探推断断裂;4.CSAMT 剖面;5.MT 剖面;6.地震剖面。

图 2-6 吴忠—灵武地区物探剖面位置图

(一)大地电磁(MT)测量剖面

2011—2013年,为了查明宁夏主要边界断裂的深部构造样式及地块交接带的盆山耦合关系,分析走廊构造带与阿拉善地块、北祁连碰撞造山带及鄂尔多斯西缘的深部接触关系,探讨宁夏和周缘地区中上地壳变形机制及其地质涵义,宁夏回族自治区地质调查院开展了垂直于宁夏主构造走向的7条宽频大地电磁测量及重点区段的3条音频大地电磁(AMT)测量,获取了宁南弧形构造带及周缘地区中上地壳精细电性结构,并查明了宁夏及周缘地区大地构造格架与主要边界断裂的空间展布特征,分析了中上地壳的变形特征及其地质意义。其中,F—F′宽频大地电磁测量剖面斜穿银川盆地南部,不仅查明了吴忠—灵武地区规模较大的吴忠断裂、黄河断裂及白土岗断裂的空间展布形态,而且分析了除上述4条主要断裂之外的其他次级小规模断裂的剖面展布特征,对该区断裂展布纲要校验提供了关键性的资料(图2-7)。

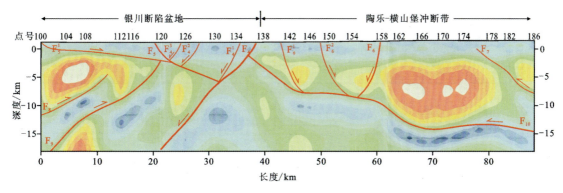

图2-7　F—F′剖面中上地壳电性结构及断裂解析剖面图

F—F′剖面直观反映了吴忠—灵武地区的断裂的纵向特征。根据剖面上断裂的展布形态及发育特征,可以将断裂进一步分为深、浅部两个发育期次,发育期次不同,断裂的性质与特征也有较大差异。受区域性挤压应力的作用,深部发育由东、西两侧向中心地带低角度延伸的逆冲断裂系,东侧以F_{10}为典型,断裂呈中高阻向低阻陡变的梯度带特征,断裂倾角约25°,为陶乐-横山堡冲断带形成的主要断裂因素;西侧以F_8、F_9为代表,呈簇状发育,断裂倾向西南,倾角40°~45°,断裂上盘为面积较大的团块状高阻体,为受青藏高原逆冲推覆作用而隆升的基底的反映,下盘则呈条带状低阻特征,体现了逆推断层破碎带的展布特征。浅部则主要发育正断裂,但黄河断裂(F_4)最为特殊,它是银川断陷盆地东侧边界,倾向向西,倾角52°,切割深部超过20km,贯穿浅部与深层。以黄河断裂为分界,西部为银川断陷盆地南端的南部斜坡区及中央坳陷区,吴忠断裂(F_5)为二者的分界断裂,断裂均表现为低阻带内部局部错断,断裂规模较小;东部断裂发育较少,倾向正东,倾角约65°,断裂表现为高阻块体内的正向错断。

(二)深地震反射剖面

2016年,为研究宁夏吴忠(银川盆地南部)的地壳精细结构和断裂的深浅构造特征,在我国地震重点监视防御区活断层探测项目支持下,中国地震局地球物理勘探中心在宁夏吴忠市设计完成了WZ-1、WZ-2两条总长度126km的深地震反射探测剖面。它的结果为分析研究该区的深浅构造关系、深部孕震构造、地震危险性分析和评价及地球动力学研究提供了地震学证据,同时为厘定吴忠—灵武地区深部地质构造的准确位置及剖面特征奠定了基础(图2-8)。

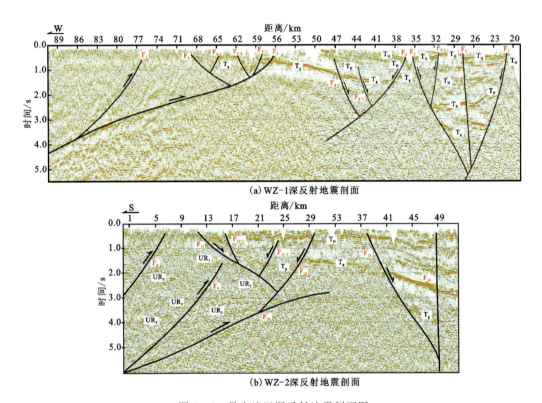

图2-8 吴忠地区深反射地震剖面图

WZ-1与WZ-2两条剖面平面呈北东向"X"形布设,剖面特征具有一定的相似性,同时差异性也比较明显。综观剖面,地震波波形呈现两种截然不同的特点,剖面左下(西南侧)图幅波形杂乱,基本无连续同向轴,但整体又具有向右上(东北侧)图幅断续延展的趋势,反映了深部贺兰山岩群变质岩基底在青藏高原北东向挤压应力作用下,逐渐向浅部推覆进而形成基底整体隆升的形态,在杂乱反射波形内部显现线性、斜向波形带,是青固断裂逆冲系前缘的断裂特征;剖面右上(东北侧)图幅波形成层性非常强,是银川断陷盆地内沉积地层的典型特征,层理同向轴清晰,且波形振幅强弱规律分布,由浅至深,层状波形从1套逐渐演化出4套,体现了沉积地层由中部吴忠凸起向东部灵武凹陷依次增厚的韵律变化,在同向轴明显向下错断的位置,是银川盆地南部逐级向凹陷内发育的正断层,断层规模小,产状较陡立。

(三)可控源音频大地电磁(CSAMT)测量剖面

2019年,随着吴忠—灵武地区断裂展布纲要的确定,断裂空间特征研究随即展开。在"吴忠—灵武地区深部地质构造研究"课题的支持下,宁夏回族自治区地球物理地球化学勘查院在本地区部署完成了7条共122km的可控源音频大地电磁测量剖面。剖面部署基本覆盖了研究区,其结果较好地反映了3km深度以浅断裂的分布性状,为精准确定平面上各条断裂的展布位置提供了有力的电性资料。

1. WL-01剖面

WL-01剖面整体上反映了清晰的深部构造发育关系(图2-9)。

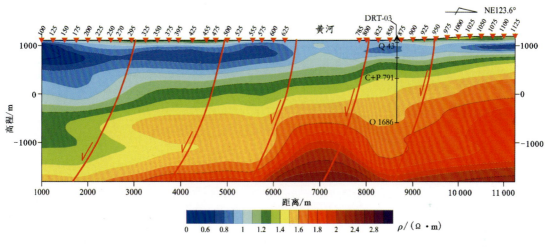

图2-9　WL-01剖面反演图

纵向上,可以将剖面由浅至深分为4个电阻率层,依次为低阻层(1~10Ω·m)、中低阻层(10~25Ω·m)、中高阻层(25~100Ω·m)与高阻层(大于100Ω·m)。经钻孔DRT-03揭示,低阻层对应古近系清水营组(E_3q)红色亚砂土、亚黏土沉积层,泥质成分含量高,局部砂岩夹层中富含高矿化度水(矿化度大于6.0g/L),且沉积环境为湖盆收缩期的氧化环境,岩层中浓缩大量的盐类离子成分(Cl^-、SO_4^{2-}、HCO_3^-等),导致清水营组(E_3q)表现出明显的低阻特征;中低阻层与石炭系—二叠系羊虎沟组(C_2y)、太原组(C_2P_1t)、山西组(P_1s)、石盒子组(P_2sh)与孙家沟组(P_3sj)对应,为一套泥岩、泥质粉砂岩、砂岩互层夹煤5~7层,为河湖相沉积地层,其间局部砂岩赋存的水质较好,矿化度一般为3.0g/L,电阻率相对较低;中高阻层则是奥陶系米钵山组($O_{2-3}m$)的反映,为一套陆表海相沉积的灰岩,含有一定的泥质成分,呈脉状充填于灰岩裂隙中,灰岩裂隙分段发育,富含水,水质较好(矿化度为1.0g/L);高阻层无钻孔直接钻遇,根据区域地质特征,推测它为贺兰山岩群的变质岩系,变质程度高。

横向上,从东(1125号点)至西(100号点)剖面呈现明显的逐级下掉"阶梯状"展布结构特征,在中低阻层(石炭系—二叠系)体现得最为明显,共可划分为5个断阶,100号点~295号点为第1断阶,以低阻、中低阻层为主,反映了银川断陷盆地东部斜坡区局部沉积凹陷的地层特征,据剖面西侧掌政镇Y6地热井揭示,该凹陷2400m深仍为新近系,推测此断阶东侧边界为黄河主断裂;黄河主断裂以东剖面电性特征相似,差异近体现于中浅部的中低阻、低阻层的分布范围,第2断阶(295号点~500号点)、第3断阶(500号点~800号点)、第4断阶(800号点~950号点)纵向地层分布基本一致,呈"西厚东薄"的展布特征,之间均以小规模西倾正断层为分界,与黄河主断裂性质基本相同,推断为黄河主断裂的附属次级断裂。

2. WL-02剖面

根据剖面电性特征分析,WL-02剖面反映的深部构造特征与南侧WL-01剖面类似(图2-10)。

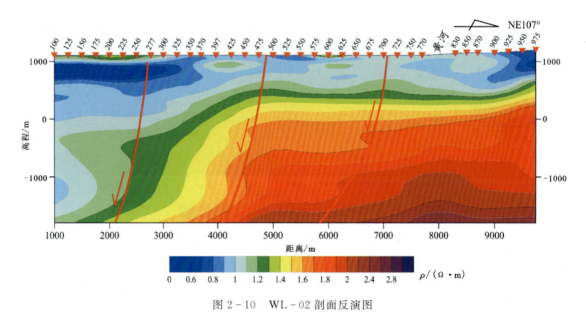

图2-10 WL-02剖面反演图

与WL-01剖面相比,WL-02剖面电性特征更为简单。以277号点为界,东侧剖面呈现典型的"二元"电性结构,即高程约0m以上,为低阻、中低阻层,反映出该区以古近系清水营组(E_3q)为主的新生代地层厚度相对较大,约900m,它下伏的石炭系—二叠系砂岩、泥岩地层厚度相对较薄,约200m;高程在0m以下为中高阻、高阻层,且纵向分布范围宽缓,是浅海相沉积的奥陶系含泥灰岩,地层沉积厚度大,底部的高阻层推测为贺兰山岩群变质岩系所引起。277号点以西,剖面由浅至深均呈现出低阻、中低阻的电性特征,反映了局部凹陷大厚度的新生代泥岩沉积地层。277号点两侧高阻向低阻的过渡区(带),则是规模较大的西倾正断层的清晰例证,从它所处位置、断面属性推断为黄河主断裂,且浅部为连续性好、近水平分布的中低阻层,说明该断裂没有切穿浅部的第四纪河流相沉积地层,在地表呈隐伏状。此外,在500号点、700号点附近,电性断面从浅至深有较为明显的错位、下掉迹象,为小规模断裂的反映,它与黄河主断裂性状基本一致,推测为黄河主断裂的附属次级断裂。

3. WL-03 剖面

经梳理可以发现，WL-03 剖面大体继承了 WL-01 剖面电性结构，均呈"西低东高、逐级下掉"的特征，但差异性也较为明显（图 2-11）。

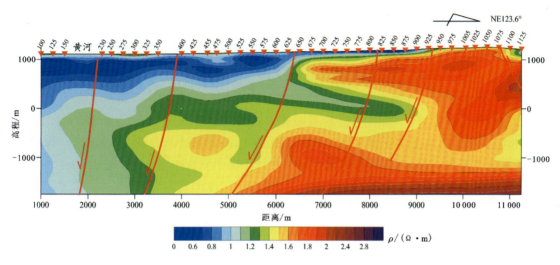

图 2-11　WL-03 剖面反演图

具体地，以 650 号点为分界，它的西侧主要呈低阻、中低阻层，且电性纵向分布成层性不强，尤其在高程 0m 以下的深部，电性表现出明显的过渡带特征，反映出浅部地层为分布较为连续、横向展布较为稳定、沉积厚度相对较大的古近系清水营组（E_3q），浅表覆盖厚度较小（<50m）的第四系沙土层；深部地层可能为石炭系—二叠系砂岩、含砾砂岩等，经后期构造改造，地层水沿断裂沟通融合，造成了电性分布的变化。深部奥陶系灰岩地层也受到构造应力的挤压、揉搓作用，层内裂隙进一步发育、连通后，充填上部地层水及泥质成分，引起电阻值的大幅度降低；650 号点以东，基本以高阻层为主，仅有 550 号点～950 号点与 1075 号点～1125 号点之间范围，浅部分布极小厚度的低阻层，反映道坡沟以东区域深部的奥陶系灰岩隆起较高，其上沉积的石炭系—二叠系砂岩层随之隆起，且沉积厚度较小，顶部白垩系砾岩为主要的覆盖层，950 号点～1075 点号之间区段已出露地表，两侧则覆盖厚度较小的古近系清水营组（E_3q）红色泥岩层与地表第四系风积砂层、冲洪积砂砾石层。

剖面电性特征反映了地层纵向叠置状态，地层的横向变化则是构造作用的直接结果。通过 WL-03 剖面，由西至东共刻画了 6 条断裂构造。在 230 号点处，断裂呈低阻带与中低阻带的过渡，对比 WL-01 剖面，推断应为黄河主断裂；于 650 号点处，为东西两侧高、低阻区明显的分界，以此刻画出的断裂产状上陡下缓，基本与地质刻画的灵武断裂对应；此外在 400 号点、825 号点、950 号点 3 处，均有断裂发育的电性特征，推断是黄河主断裂的同系列小规模断裂的体现。需要指出的是，在 1075 号点以东区域，高阻区浅部分布中低阻层，与它西侧电性明显不连续，由此刻画出东倾正断层的存在。

4. WL-04 剖面

根据电性特征分析，WL-04 剖面清晰反映了永宁县一带银川断陷盆地内部构造的发育状况，灵武东山断裂相互交切关系及黄河东、西两侧的构造演变过程(图 2-12)。

综观剖面，以 1300 号点为界，东、西两侧呈现完全不同的电性结构特征。东侧延续了 WL-03 剖面的电性特征，呈"西低东高、逐级下掉"的特征，低阻区(带)为沉积厚度相对较大的古近系清水营组(E_3q)，浅表覆盖厚度较小的第四系沙土层；中低阻区(带)反映了石炭系—二叠系砂岩、含砾砂岩层经后期构造改造赋水后的电性分布变化；下部高阻区则可能为深部奥陶系灰岩地层受到构造应力的挤压、揉搓作用，层内裂隙进一步发育、连通后呈现的阻值特征。此段整体 4 个电性台阶分别对应不同的构造条带，以不同规模的断裂为分界，断裂体现为电性层位的断错，1375 号点附近断裂以归并的趋势与 1300 号点断裂相交，其余 3 条断裂均基本平行，呈上陡下缓之势向深部切割延伸，特别需要指出的是，1600 号点附近发育 1 条东倾正断层，它与西倾断层组成了经典的"Y"字形断裂组合；1300 号点以西区域，电性特征呈明显的分段性，即电阻值以低阻、中低阻为主，纵向贯穿剖面，基本不具备层状结构。具体地，100 号点~475 号点之间，剖面电性为大范围分布的低阻区，浅部局部段展布中低阻区，此为典型的湖相沉积环境的新生界局部凹陷反映，浅部沉积有第四纪河流相河道砂(古河道)，呈中低阻特征。475 号点~850 号点之间，剖面呈区域性中高阻展布，且具有由深至浅贯穿分布的趋势，反映该地区较薄新生界沉积层下分布较大范围的高阻地层，可能为古地形局部凸起，两侧以正断层为边界。850 号点~1300 号点之间，低阻区范围宽泛而简单，体现出湖泊相沉积地层的电性特征，即包含新近系干河沟组(N_1g)、古近系清水营组(E_3q)两套泥岩的大厚度沉积地层低阻层，为深度较大的局部凹陷的最好表征。

WL-04 剖面电性特征刻画出的构造形迹也比较清晰，于 450 号点附近存在一条西倾正断层，呈低阻区与中低阻区的过渡，反映了局部凹陷与局部凸起的明显分界；在 850 号点处发育一条东倾正断层，断面呈上陡下缓的铲形特征，表现为中低阻区向低阻区的过渡；1300 号点处的西倾正断层迹象最为明显，是西侧中低阻区与东侧高阻区的分界，说明该断裂发育规模大，两盘地层沉积特征截然不同，引起电性特征风格迥异的面貌，推断该断裂为黄河主断裂；黄河主断裂以东区段，在 1350 号点、1550 号点、1775 号点、2050 号点处亦有明显的断裂发育迹象，由东向西呈逐级下掉的趋势依次展布，并有逐步向黄河主断裂靠拢、归并的态势。

5. WL-05 剖面

WL-05 剖面横跨银川断陷盆地南部斜坡区、中央坳陷区两个构造带及陶乐-横山堡冲断带，呈现出的剖面电性特征也具有明显的分段性，反映出深部构造亦较为复杂(图 2-13)。

剖面西段主体位于银川断陷盆地南部斜坡区，整体呈中高阻、高阻电性，且"西高东低"，纵向具有一定的层状电性分布特征，局部(1225 号点~1825 号点)范围呈中低阻区(带)，反映了此区段整体受青藏高原块体北东向挤压应力的作用，深部的贺兰山岩群变质岩系受力抬升，导致其上覆的奥陶系米钵山组($O_{2-3}m$)灰岩地层被动隆升，层位埋深变浅，决定了该

第二章 断裂体系特征研究

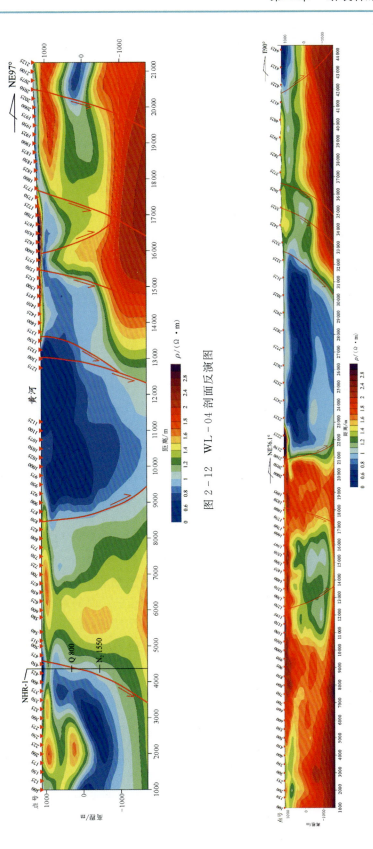

图 2-12 WL-04 剖面反演图

图 2-13 WL-05 剖面反演图

段剖面电性高阻的基本特征,南部斜坡区位于贺兰山南段东麓及牛首山的东北麓,丰富的粗粒物质在进行短距离运移后快速沉积,浅部形成了以砾石层为主、砂泥层为辅的第四系沉积层,也表现为高阻特征,局部的中低阻区则是北部局部凹陷消失的特殊表征。除此之外,剖面整体高阻的电性特征也反映了基底隆升较高的南部斜坡区,深部断裂构造并不发育,仅在1225号点、1800号点与2075号点附近有断裂发育的迹象,即存在较为明显的电性变化带,其中1225号点与1800号点处为中高阻区(带)与中低阻区(带)的过渡,反映了断裂规模较小且下切深度较浅,结合区域石油钻孔YC-2揭示,区域上奥陶系顶面埋深小于3000m,大多数小规模断裂均向下错断至奥陶系泥灰岩层中消失。与前述两处不同,2075号点处则是中高阻区与低阻区快速过渡的梯度带,说明此处发育一条规模较大的北东倾向的正断层,断层西侧的高阻区为局部凸起的体现,断层东侧的低阻区则是深度较大的局部凹陷的反映。

剖面东段横跨银川断陷盆地中央坳陷区、陶乐-横山堡冲断带两个局部构造单元,呈现出与剖面西段截然不同的电性特征。具体地,以3275号点为明显的电性分界,其西侧为分布范围宽缓、阻值纵向成层、电性结构单一的低阻异常区,反映银川断陷盆地南部灵武地区局部凹陷的发育情况,可以看出,局部坳陷内地层以新生界泥岩沉积为主,厚度比较大(>3000m),纵向上分为明显的3个电阻层,依次为浅部中低阻层(0~200m)、中部低阻层(200~1500m)、深部中低阻层(1500~3000m),依据区域地层电阻率值特征分析,由浅至深依次沉积第四纪河流相冲积(湖积)地层、新近纪河流相砂泥岩地层与古近纪湖相粉砂质泥岩地层。3275号点以东为典型的隆起区二元层状电性结构,除局部存在一些薄层(<50m)中高阻层以外,浅部(0~1300m)整体呈现中阻层特征,深部(1300~3000m)则为明显的高阻层,反映出该区段地层纵向展布具有明显的不连续性,近地表局部的中高阻层为风积砂及以白垩系宜君组(K_1y)为母岩,风化、剥蚀、再堆积的第四系沉积层,分布范围局限,堆积厚度不大,浅部中阻层则可能为白垩系宜君组(K_1y)与石炭系—二叠系的砂岩地层共同的电性体现,深部高阻层则是古生界奥陶系含泥灰岩的反映。深部高阻层的顶界面见逐级下掉(由东西向)的电性"台阶",最后一级"台阶"位于3275号点,说明了该区断裂构造较为发育,且均呈西倾正断层的特征,电性"台阶"的落差高低反映了断裂规模的大小,规模最大的断裂位于3275点号处,根据区域构造发育展布特征,推断它为黄河主断裂,其余西倾断裂为黄河断裂带的次级断裂。需要指出的是,除了西倾正断层发育之外,在剖面的最东端(4175号点),浅层分布约500m的低阻层,是典型的新生界泥岩地层的电性特征,深部为中阻、高阻区,与其余区段一致,但明显低于其西侧,反映了黄河断裂带东部边界断裂的存在,为一条东倾正断层,相比较,断距小于500m。

6. WL-06剖面

与WL-05剖面类似,在银川断陷盆地南部斜坡区、中央坳陷区及陶乐-横山堡冲断带的深部构造特征分析中,WL-06剖面呈现出极具代表性的电性特征,反映出了该区域深部构造的空间分布性状。为了便于描述剖面特征,以地质构造单元为据,将WL-05剖面分为西段(100号点~1100号点)、中段(1100号点~2700号点)与东段(2700号点~3675号点)(图2-14)。

剖面东段位于银川断陷盆地南部斜坡区的吴忠地区,剖面电性呈现明显的纵向分层性,且由浅至深具有"高—低—高"的分布规律。0~150m埋深,分布中阻薄层,且横向连续性不强,厚度变化较快,应该为第四纪冲洪积砂砾石层的电性响应,南部斜坡区紧邻贺兰山南段及牛首山等近距离物源区,母岩经分化、短距离搬运,在季节性洪水的作用下,于吴忠、青铜峡一带以洪积扇形式数次重复沉积,形成了呈北西向分布的、横向不连续的砂砾石层;150~900m埋深,展布厚层的高阻层,范围宽缓,厚度稳定,为新近系干河沟组(N_1g)地层的反映,为一套砂砾岩、粉砂岩、砂质泥岩组成的河流相—山麓相碎屑岩沉积层;900~2100m埋深,剖面电阻值快速变化,由高阻带急剧过渡至中低阻区,且横向展布较为稳定,是区域性沉积的古近系清水营组(E_3q)地层的电性特征,为一套湖相沉积的棕灰—棕红色砂岩及泥岩;2100m以深区域,为区域性高阻层段,反映了奥陶系米钵山组($O_{1-2}m$)含泥灰岩的沉积特征,作为银川断陷盆地南部斜坡区的褶皱基底,在青藏块体北东向的推挤作用下持续隆升,致使上覆的新生界地层厚度变薄。545~850号点范围内,由深至浅均呈局部上凸的电性异常,表征着该处深部基底存在局部凸起,凸起两侧(575号点、805号点)受两条反向断裂控制,其中805号点处电性层下错位移明显,反映出断裂规模相对较大。

剖面中段处于银川断陷盆地中央坳陷区灵武地区,剖面呈现典型的"二元"电性结构,以800m埋深为界,以浅层段的电性特征与剖面西段浅层一致,即局部薄层、不连续中阻层与宽缓、稳定的高阻层的组合特征,反映了浅表第四纪砂砾夹粉土沉积层的厚度较小,而新近纪河流相碎屑岩沉积层厚度较大,且横向连续展布。800m以深区域以低阻区为主要背景,局部呈现斜向刺穿式分布的中阻条带,此为古近纪湖相砂泥岩沉积的局部凹陷的电性特征,说明中央坳陷区南部新生界沉积厚度比较大(>3000m),奥陶纪基底受断层作用,下错深度较大,为南部的一处具有代表性的盆地沉积中心。

剖面东段斜穿陶乐-横山堡冲断带南段,呈"中部高、两侧低"的形态,中部的高阻异常区为灵武东山地区白垩系宜君组(K_1y)的体现,厚度约200m,为一套干旱气候条件下的山麓相堆积,主要由砾岩组成,厚度横向变化快;高阻层之下的中阻层则为石炭系—二叠系的电性反映,该地层段岩性以石英砂岩为主,富含煤系地层,砂岩赋水性强,呈低矿化度,是区域性的低阻电性层段;底部为高阻区,与剖面西段的吴忠地区具有类似的特征,推断该高阻区亦是奥陶系泥质灰岩层的反映,灰岩泥质含量较高,孔隙裂隙发育,是深部地热赋存的主力地层。两侧的低阻区特征有所差异,西侧主要为低阻、中低阻区,说明新近系沉积厚度较大,受断层破碎带的影响,地表水向深部补给,破坏了原有地层水化学性质,呈现的地层电性特征稍显紊乱,但它仍是新生界沉积地层,与西侧的中央坳陷区相比较,深部的奥陶纪基底埋深更浅,东侧浅层为第四系风积砂层下伏古近系清水营组砂泥岩,电性表现为低阻特征,深部电阻值急剧升高,反映沉积地层特征变化较快,分析应是中生界的三叠系、侏罗系展布,深部的高阻区则是奥陶系沉积。该段剖面电性刻画的深部构造相对清楚,褶断带整体被两条规模较大的反向断层所夹持,其中西侧2300号点处的断裂规模较大,呈隐伏状,未切穿浅部的低阻层,推断应该为黄河主断裂。3275号点处断层产状陡立,控制了褶断带东侧边界。此外,2650号点、2950号点附近发育两条西倾断层,形迹清晰,与黄河主断裂展布特征类似。

7. WL-07 剖面

WL-07 剖面电性结构相对较为简单,整体反映了银川断陷盆地南端"收敛状"的深部构造特征。为了分析之便,将剖面划分为东、西两段,西段(100号点~1200号点)主体位于南部斜坡区金积至利通区一线,东段(1200号点~2525号点)则横穿中央坳陷区的崇兴南部,最东端对灵武东山深部构造也有所揭示(图2-15)。

剖面西段电性呈现明显的"分段式"特征,反映了不同区段不同深部的构造面貌。100~475号点范围,剖面纵向表现出"深浅均高、中部低"的电性特征,0~30m 埋深,为均匀分布的中阻薄层,为第四系砂砾层的反映;30~900m 埋深,电性陡然升高,且横向分布连续,是新近系干河沟组(N_1g)泥岩沉积的体现;900~2200m 埋深,电性为明显的低阻分布,宽缓、稳定的特征反映了古近系清水营组(E_3q)砂泥岩的分布形态,厚度较大、侧向分布连续;2200m 以深,电性由低阻逐渐过渡为中阻、高阻,依据高阻区的分布特征及银参2井钻遇地层情况推断,它为深部奥陶系米钵山组($O_{1-2}m$)泥质灰岩层沉积特征的实际写照。475号点~1035号点范围,剖面电性结构单一,除了在浅表层有中阻薄层分布外,大范围以中低阻区为主,纵向变化小,分布宽缓,深部电阻值微升,整体反映了该区段地层沉积层序简单,浅表应为第四纪河流相沉积,下伏较大厚度的新近系、古近系,以湖相沉积环境为主。

剖面东段电性特征更为独特,主要由浅表层横向变化较快的高阻电性层与中深部的低阻电性区构成,且在局部有低阻区明显下错现象,剖面底部的局部区域存在中高阻异常,剖面最东端,电性陡然升高,除浅部分布的中低阻层以外,中深部均为中高阻区。综合分析,1300号点~1875号点范围,浅层的为第四纪河流相、山麓相砂砾石层沉积,电性较高,但横向不连续,1925号点~2175号点及2225号点~2525号点,地表为第四系风成砂堆积沙丘,其内赋水性差,表现为高电阻率;1050号点~2275号点范围中深部,以新近系干河沟组(N_1g)河流相沉积的夹砂层泥岩及古近系清水营组(E_3q)湖泊相氧化环境沉积的粉砂质泥岩为主,电性为典型的低阻,大厚度的低阻区表征了此区域局部凹陷的构造形态,底层局部范围(1600号点~1925号点),推测可能有奥陶系米钵山组($O_{1-2}m$)微幅度隆升;2275号点~2525号点范围,随着剖面切入灵武东山,电阻值急剧升高,反映了在该区域基底隆升的具体形态。

综观整条剖面,深部构造的特征也反映得较为清楚,主要表现为电性层位的变形,错断和扭曲反映了不同规模的断裂构造,界面的下坳或上隆则是局部凹陷及局部凸起的体现。475号点、1035号点、1725号点附近,深部电性特征表明存在3条东倾正断层,2275号点、2425号点附近,则反映出两条西倾正断层的存在,1035号点、2275号点断裂规模较大,控制了其间局部凹陷区的形成发育,综合分析2275号点处为黄河主断裂,浅部呈隐伏状,深部为隆起区与凹陷区的分界。

(四)浅层地震剖面

浅层地震剖面是探测活动断层的必要手段,尤其是对延伸至浅表的小规模断裂,探测效果甚佳。本次收集的唐家庄、西平路、崇兴南3条浅层地震剖面主要部署于银川断陷盆地南部的灵武凹陷东部,目的是探测隐伏于灵武凹陷内的断层的展布状态及其活动性(图2-16)。

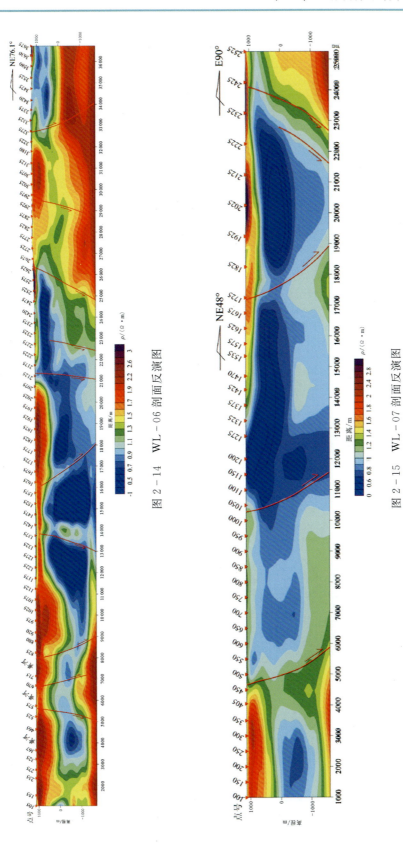

图 2-14 WL-06 剖面反演图

图 2-15 WL-07 剖面反演图

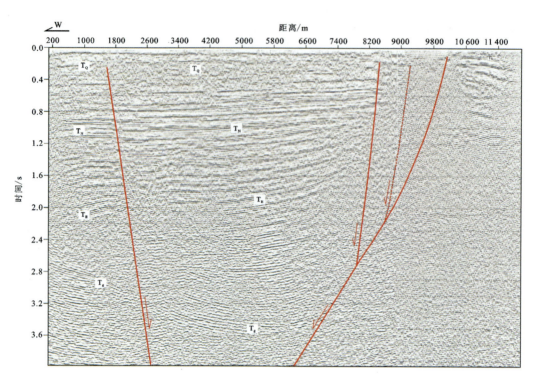

(a) 唐家庄测线（A—A'）

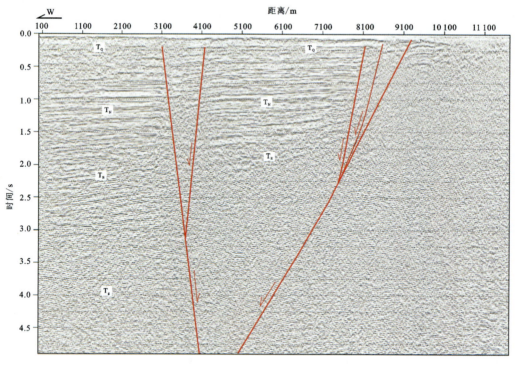

(b) 西平路测线（B—B'）

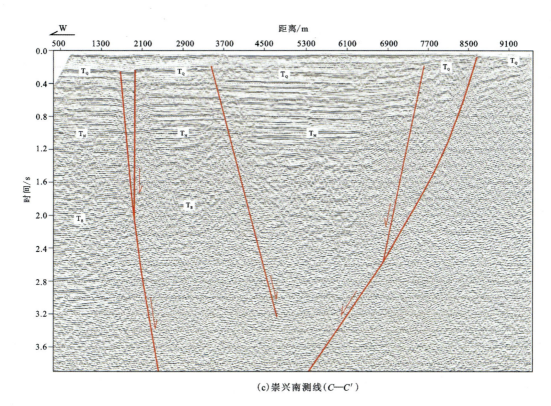

(c)崇兴南测线（C—C'）

图 2-16　灵武凹陷浅层地震测线反射波叠加时间剖面图

3 条测线的反射波叠加时间剖面显示类似的地震波形特征，反映出灵武凹陷典型的断裂构造纵向发育状况。整体上，以 1.8s 为大概界限，以上地震波形具有清晰的波组，根据钻孔揭示的区地层沉积特点，为新生代具有明显沉积旋回的砂泥岩地层，厚度约 3000m，除此之外，局部还残留寒武系—奥陶系灰岩沉积，地层在中生代时呈隆起构造形态（"银川古隆起"）存在，不同构造部位，风化剥蚀程度有所差异，残留的地层厚度一般小于 1000m；以下地震波杂乱无序，基本无连续的地震波同向轴存在，推测为古元古代华北克拉通基底的整体体现。

根据剖面中浅部地震波波组特征的错断情况，初步可以对灵武凹陷的隐伏断裂进行准确的解释，通观唐家庄测线（A—A'）、西平路测线（B—B'）与崇兴南测线（C—C'）时间叠加剖面，均显示有两簇明显的断层，东部断层呈明显西倾特征，由一条主要的且具有一定规模的断裂所主导，另外发育两条同系列的附属次级断裂相配套，组成凹陷东部的西倾断裂系。西部断层规模相对较小，为东倾正断层，倾角较大，断面较陡，规模较小，且相对独立发育。

二、断裂平面、剖面对比

（一）MT 剖面的应用

大地电磁测深剖面资料的主要优势在于它对深部构造格架的真实反映，即不仅对局部构造深部展布形态能够清晰地体现,还能够对深部断裂的分布性状与发育规律进行细致的刻画,所以说 F—F′剖面对吴忠—灵武地区深部构造的修正尤其重要。

F—F′剖面位于银川断陷盆地南部,呈北西西走向(299°),西起永宁县闽宁镇,东至灵武市张家圈以东 7.5km 处,全长 88km。剖面横跨断陷盆地南部斜坡区、中央坳陷区与陶乐-横山堡冲断带。出于与平面断裂纲要比对的便利,本次截取了剖面 109 号点(X:594727/Y:4228829)至 152 号点(X:632359/Y:4207999)之间的部分,从区域地质构造分析,自西向东,该段剖面依次横跨的主要断裂为吴忠断裂与黄河断裂(图 2-17)。

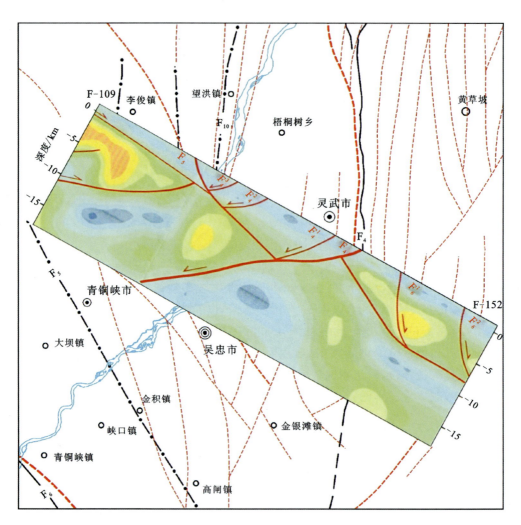

图 2-17　F—F′大地电磁测量剖面与断裂平面展布叠合图

由图中断裂的对比情况可知,F—F′大地电磁测量剖面反映的断裂与 1∶5 万重力解译的断裂在吴忠—灵武地区整体具有良好的对应关系,能够互相印证,仅在盆地内部有小规模的隐伏断裂,二者资料均反映模糊,难以清晰识别,精准定位。

具体地,剖面厘定的 F_5 断裂,呈东倾之势,产状上陡下缓,为典型的受拉张应力而产生滑脱正断层的特征,与平面上的吴忠断裂相对应,为银川断陷盆地南部斜坡区的西北边界断裂。断裂上升盘的高阻特征反映了南部斜坡区基底隆升的形态,断裂下降盘则为明显的低阻区,为中央坳陷区大厚度新生界覆盖层的表现。由剖面刻画的 F_4 断裂,为明显西倾正断层,断裂由浅至深倾角均比较大,与地质划定的黄河断裂(灵武段)位置高度对应,由重力资料解译的断裂位置则相对偏西 800m。断裂东盘为陶乐-横山堡冲断带灵武东山局部隆起区,代表褶皱基底奥陶系及其下伏古元古界贺兰山岩群变质岩系基底的高阻层明显抬升,断裂西盘为银川断陷盆地南部的灵武凹陷,为典型的低阻区块,断裂两侧的电性差异反映出黄河断裂规模宏伟,它不仅控制了浅层银川断陷盆地的东部边界,将它与东侧的冲断带进行了明显的界定,更为重要的是,在 5km 以深区域,该断裂仍然具有明显的发育、延伸迹象,说明黄河断裂为区域性的深大断裂,可能为银川断陷盆地形成、演化的主控断裂。介于吴忠断裂(F_5)与黄河断裂(F_4)之间的 3 条小规模断裂,其电性特征不明显,仅表现为浅部低阻层的逐级微错,局部凹陷区巨厚新生界内发育的小规模断裂错动造成两侧地层密度值的差异很小,由其引起的重力异常也较轻微,因此,利用重力资料对此类断裂进行准确解译尚有难度。相比较,靠近黄河断裂(F_4)一侧的 F_4^1 断裂对应性比较好,位置也基本一致,其余的 F_4^2、F_4^3 两条断裂倾向正西,应该是黄河断裂下错时,它前缘的局部凹陷内随之发育的同沉积断层。黄河断裂(F_4)东侧的冲断带内,剖面上断裂形迹不清晰,基本无法与平面解译的断裂进行比对,两条东倾断裂 F_6^1、F_6^2 呈上陡下缓的铲状延伸,基本于 8km 处交于深部的近似平面延展的滑脱断裂(表 2-1)。

表 2-1 F—F' 大地电磁测量剖面与平面断裂对应关系特征一览表

断裂代号	断裂名称	断裂级别	断裂规模	断裂走向	断裂倾向	断裂倾角	断裂性质
F_5	吴忠断裂	Ⅳ 级	分带断裂	北北西 341°	北东东 71°	27°	正断层
F_4^3	—	Ⅴ 级	带内断裂			55°	正断层
F_4^2	—	Ⅴ 级	带内断裂			52°	正断层
F_4^1	—	Ⅴ 级	带内断裂	近南北 6°	近西 276°	65°	正断层
F_4	黄河断裂	Ⅲ 级	分区断裂	近南北 1°	近西 271°	46°	正断层
F_6^1	—	Ⅴ 级	带内断裂	近南北 7°	近西 97°	74°	正断层
F_6^2	—	Ⅴ 级	带内断裂			72°	正断层

(二)深反射地震剖面的应用

深反射地震剖面能够精细划分深部地壳结构与深、浅部断裂构造关系,为地球动力学的研究提供深部地球物理证据。此次,应用布设于吴忠—灵武地区的 WZ-1、WZ-2 两条深反射地震剖面对平面解译的断裂纲要进行整体的对比与约束,在进一步认识断裂深部展布性状的基础上,修正断裂展布纲要的合理性。

1. WZ-1 剖面

WZ-1 剖面呈近东西向布设,东起灵武市以东的台地上(桩号 17.16km),西至阿拉善盟孛井滩生态移民示范区北面的山沟里(桩号 90.40km),全长 73.24km,沿途经过了吴忠市和青铜峡市,穿过的主要构造有青铜峡-固原断裂、吴忠断裂和黄河断裂。为了便于与断裂平面展布图对比,本次截取了 17.16km(X:622301/Y:4216490)至 72.5km(X:588397/Y:4207172)部分(图 2-18)。

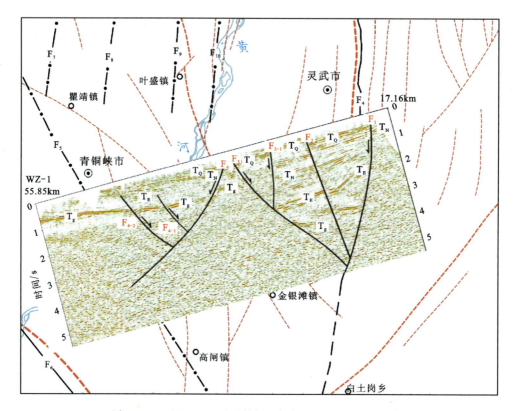

图 2-18 WZ-1 地震反射剖面与断裂平面展布叠合图

从叠合图断裂对比情况可知,WZ-1 深地震反射剖面解释的断裂与区域 1:5 万重力资料解译的断裂具有较强的吻合度,二者对于构造架构的揭示划分基本趋于一致,仅在局部凹陷内发育的小规模断裂位置偏差较大。

整体上,WZ-1 剖面波组特征清楚,于剖面中部揭示了一条明显的断裂 F_3,呈东倾特征,倾角约 65°,且具有明显的"上陡下缓"的趋势,断裂上升盘明显为杂乱波组,无明显连续的阻抗同向轴,说明该盘深部为非沉积岩地层,根据区域地层出露及深孔钻遇地层推断,为贺兰山岩群的变质岩系,受青藏高原北东向逆冲推覆的作用而隆升。断裂下降盘则是电性的层状地层的波组特征的体现,由浅至深共有 4 组明显的地震波组,依次代表了 T_Q、T_N、

T_E、T_g 4 层的顶面形态,反映了该区域主要为沉积岩地层的发育区,由此可推断该规模相对比较大,是银川断陷盆地南部基底隆升带与沉陷带的分界,与平面上的吴忠断裂相对应,是南部斜坡区的边界断裂。剖面东端的 F_1 断裂,规模相对 F_3 更加宏伟,表现为一条西倾高角度断裂,倾角约 67°,根据现有深地震反射资料推断为切穿上地壳的深大断裂。断裂上升盘为陶乐-横山堡冲断带,据冲断带中部临河天山海世界附近的地热钻孔 DRT-03 揭示,400m 以浅为新生界的砂泥岩沉积层段,它与下伏 400～800m 的石炭系—二叠系煤系地层及奥陶系灰岩沉积层具有显著的波阻抗差异,在剖面上表现为一组明显的地震波组,2000m 以深则为元古宙的变质系,没有明显的地震波组特征,呈杂乱反射特征,断裂下降盘为银川断陷盆地南部的灵武凹陷,其内主要沉积新生代河湖相砂泥岩地层,据 NHR-1 钻孔钻遇的地层厚度推测,该凹陷新生界厚度大于 3500m,沉积地层韵律的变化体现在地层阻抗系数的差异,进而呈现于深反射地震剖面的 4 组地震波组。该断裂平面上与黄河断裂(灵武段)相对应,为银川断陷盆地与东侧横山堡冲断带的分界断裂,也是银川断陷盆地的主控断裂,银川新生代断陷盆地的形成、演化与该断裂具有密切的关系。平面资料解译的断裂位置与剖面划定的断裂位置不能高度吻合,利用 1∶5 万区域重力解译的断裂及地质实地踏勘界定的断裂位置相对均偏西(1.45km、0.75km),原因在于 3 种资料对断裂的确定原理及解译精度,重力资料基于断裂两侧密度差异性识别断裂构造,断裂两侧地层密度最大处的垂直地面投影位置即为断裂的准确位置,灵武地区黄河断裂两侧地层密度差异最大的部位应是顺断面下沿 2000m 深度左右,该处的垂直投影点必然偏向西侧,偏离的距离取决于密度差异点的深度及断裂面的倾斜程度;地质实勘确定的断裂位置则为黄河断裂在地表的出露点的位置,相对更加准确;深反射地震剖面资料划定的断裂主要依据剖面的波组特征的差异,由点连线刻画出断裂的深部形态,在取得高品质深地震反射剖面资料的前提下,针对断裂的纵向展布特征的确定尤为准确,但是,决定地震剖面断裂解释方案合理性、准确性最重要的一点在于解释人员的综合地质认识。因此,黄河断裂在点出的准确地表位置应以地质实勘为准。

除此之外,在吴忠断裂(F_3)以西展布了 2 条东倾正断层(F_{4-1}、F_{4-2})及 1 条西倾正断层(F_4),均为南部斜坡区内局部断裂,规模比较小,主要切穿基底上覆的新生界,但未出露地表,深部消失于变质岩系中。在吴忠断裂(F_3)与黄河断裂(F_1)所夹持的灵武凹陷,内部存在 2 条高角度断裂,切割深部贯穿新生界,但断距较小,表现为左行走滑特征,在平面断裂解译过程中难以定位(表 2-2)。

2. WZ-2 剖面

WZ-2 剖面呈北东-南西向布设,西南起吴忠市微波站南(桩号 0km),东北至灵武市区西北角(桩号 52.76km),全长 52.76km。该剖面在桩号为 45.64km 处与 WZ-1 剖面交叉(桩号 28.12km),穿过的主要构造有青铜峡-固原断裂和吴忠断裂。剖面西段(0～25.5km)处于研究工作区之外,故本次仅对剖面中东段(25.5～52.76km)与断裂平面展布图进行了对比(图 2-19)。

表 2-2　WZ-1 深反射地震剖面与平面断裂对应关系特征一览表

断裂代号	断裂名称	断裂级别	断裂规模	断裂走向	断裂倾向	断裂倾角	断裂性质
F_{4-1}	——	Ⅴ级	带内断裂	北北西 343°	北东东 73°	68°	正断层
F_{4-2}	——	Ⅴ级	带内断裂	北西 314°	北东 44°	70°	正断层
F_4	——	Ⅴ级	带内断裂	——	——	45°	正断层
F_3	吴忠断裂	Ⅳ级	分带断裂	北北西 336°	北东东 66°	63°	正断层
F_{3-1}	——	Ⅴ级	带内断裂	北北东 18°	北西西 288°	75°	正断层
F_2	——	Ⅴ级	带内断裂	——	——	90°	走滑断层
F_1	黄河断裂	Ⅲ级	分区断裂	近南北 3°	近东西 273°	66°	正断层

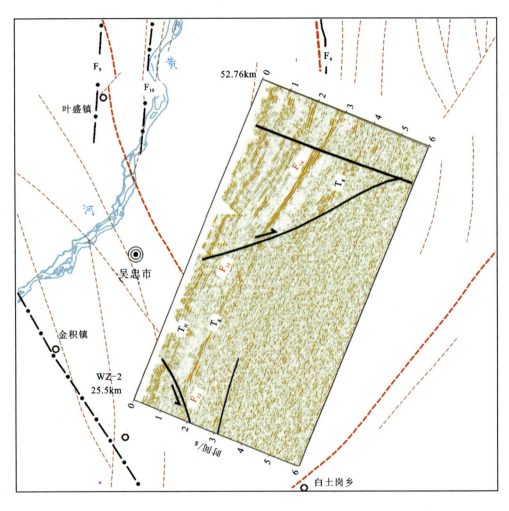

图 2-19　WZ-2 地震反射剖面与断裂平面展布叠合图

叠合图反映了 WZ-2 深地震反射剖面解释的断裂与区域 1∶5 万重力资料解译的断裂对应性良好。体现在揭示断裂的数量方面,二者均为 3 条;体现在断裂具体位置方面,对应性很高,偏差率低于 1km。

与 WZ-1 剖面相比,WZ-2 剖面地震波组特征更为清晰、典型,以 F_{13} 断裂为分界,其两侧地震波组风格迥异。断裂西侧深浅部差异明显,2800m 以深区域,杂乱的地震波形占主体,说明深部基底为大厚度变质岩系,基本不发育较大规模的断裂构造;2800m 以浅区域,上下叠置两组明显地震波,地震波波形规整、平滑,上部为新生代湖相砂泥岩交互沉积地层的反映,下部则是早古生代大套海相灰岩沉积地层的代表。断裂东侧深浅部均为成套的地震波组呈纵向叠置形态,推断该处为银川断陷盆地南端的局部凹陷,其内均为新生代沉积层,受湖泊水退水进的周期性影响,呈现具有明显沉积旋回特征的地层,各层之间阻抗差异大,形成连续性较强的地震波。基于上述 F_{13} 断裂两侧剖面特征的巨大差异,推断该断裂为断陷盆地南部斜坡区与中央坳陷区的分界断裂,为倾向北东的正断层,倾角约 55.8°,平面上与吴忠断裂相对应。吴忠断裂(F_{13})以西剖面见有一条西南倾向的小规模断裂(F_{12}),从断裂两侧的波组特征分析,断裂仅错断了浅层的沉积地层,消失于深部基底变质岩层。吴忠断裂(F_{13})东侧的局部凹陷中,发育一条产状直立断裂(F_{14}),断裂两盘的波组基本无错断,但波组特征具有明显差异,与 WZ-1 剖面中 F_2 断裂应为同一断裂,具走滑性质(表 2-3)。

表 2-3 WZ-2 深反射地震剖面与平面断裂对应关系特征一览表

断裂代号	断裂名称	断裂级别	断裂规模	断裂走向	断裂倾向	断裂倾角	断裂性质
F_{12}	—	Ⅴ级	带内断裂	北北西 348°	南西西 258°	56°	正断层
F_{13}	—	Ⅳ级	分带断裂	北北西 329°	北东 44°	59°	正断层
F_{14}	—	Ⅴ级	带内断裂	北北东 11°	南东东 101°	90°	走滑断层

(三)可控源音频大地电磁测量剖面的应用

可控源音频大地电磁测量剖面不同于大地电磁测深剖面,相比较而言,前者对断裂在中浅部地层中展布形态的刻画更为清晰、准确。基于此,为了使研究区断裂纲要更加合理,在运用大地电磁测深剖面(F—F')与深地震反射剖面(WZ-1、WZ-2)对断裂平面展布特征进行校正,构建吴忠—灵武地区构造格架的基础上,以 7 条可控源音频大地电磁测量剖面(WL-01、WL-02、WL-03、WL-04、WL-05、WL-06、WL-07)为依据,对重点区域(活动构造发育区、地热资源富集区、构造体系转折区)的构造进行了详细的梳理,进一步完善了本地区的断裂体系。

1. WL-01 剖面

剖面西起永固乡永固村(X:623941/Y:4255081),呈南东东 123.6°走向,于 5.25～

6.85km处斜跨黄河,东至滨河新区产旺南街与京河大道交会处(X:633803/Y:4252288),全长10.25km,天山海世界地热钻孔DRT-03位于剖面7.65km处,根据电性特征分析,WL-01剖面反映了清晰的深部构造发育关系(图2-20)。

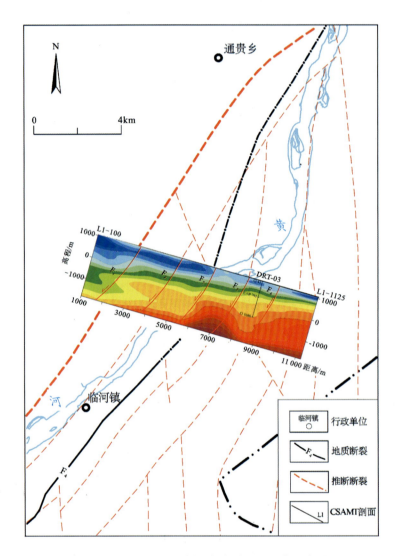

图2-20　WL-01剖面与断裂平面展布叠合图

整体上,WL-01剖面由东向西呈现明显的逐级下掉"阶梯状"构造展布形态,断裂为各级"台阶"的分界,以5级台阶特征为依据,于WL-01剖面划定断裂5条(F_1、F_2、F_3、F_4、F_7),断面"上陡下缓"的铲形特征较为明显,且断裂间呈相互平行状向深部延伸。

与区域1:5万重力资料解译的断裂对比,二者之间的断裂解译方案吻合度高。体现在断裂数量方面,1:5万重力资料于剖面布置区段共解译4条断裂,WL-01剖面则划定断裂5条,吻合度为80%,多划定的一条为剖面东端控制DRT-03地热田的边界断裂。体现在断裂位置方面,除 F_4 断裂无对应平面断裂之外,其余的 4 条断裂对平面解译的断裂位置基本一致,F_1 偏东 130m,F_2 偏东 45m,F_8 偏东 392m,F_3 偏东 25m。

分析叠合图平面剖面断裂展布特征的对比情况可以看出,F_1 断裂规模最大,其上升盘为高电阻特征的基底隆升区,下降盘深部均为中低阻的新生界,未见高阻特征的基底,说明 F_1 断裂为区域性的分区断裂,应与平面的黄河主断裂相对应;F_8 断裂深部发育规模也比较宏伟,其两盘的基底隆升高度差异明显,东侧的上升盘基底埋深约 1600m,西侧的下降盘基底埋深陡然降为 2800m,反映了 F_8 断裂的分块作用,对应于平面北北西向展布的断裂,它对北北东向展布的断裂均有平错作用;F_2、F_3、F_4 三条断裂规模相对较小,为各局部构造单元内部的同系列附属断裂,应该与黄河主断裂(F_1)同期产生、同期发育、同类性质,可将它与 F_1 统称为黄河断裂带(表 2-4)。

表 2-4　WL-01 剖面与平面断裂对应关系特征一览表

断裂代号	断裂名称	断裂级别	断裂规模	断裂走向	断裂倾向	断裂倾角	断裂性质
F_1	黄河断裂	Ⅲ级	分区断裂	北北东 33°	北西西 303°	67°	正断层
F_2	—	Ⅴ级	带内断裂	北北东 29°	北西西 299°	69°	正断层
F_3	—	Ⅴ级	带内断裂	北北东 14°	北西西 284°	71°	正断层
F_4	—	Ⅴ级	带内断裂	—	—	75°	正断层
F_7	—	Ⅳ级	分块断裂	北北西 336°	南西西 246°	73°	右行走滑兼正断层

2. WL-02 剖面

WL-02 剖面西起掌政镇通南村(X:626509/Y:4258743),呈南东东 107°走向,于 6.7～7.3km 处斜跨黄河,东至军博园(X:634914/Y:4256311),全长 8.75km,位于 WL-01 剖面北东向 4.2km 处(图 2-21)。

WL-02 剖面反映的整体构造结构与 WL-01 剖面类似,依据剖面中深部反映奥陶系灰岩沉积地层的中高阻层顶面逐级下错的特征,共划定断裂 3 条,均为西倾正断层性质(F_1、F_2、F_4)。与区域 1∶5 万重力资料解译的断裂对比,二者反映的断裂特征一致,主要断裂具有良好的对应性,其中 F_1 断裂位置笃定,它表现为高阻向低阻的过渡区(带),上下盘电性特征的差异反映出该断裂发育规模巨大,具有明显的分区性,与平面上黄河主断裂对应,二者位置一致;F_2 与 F_4 断裂相对规模较小,为黄河断裂东侧隆起区局部构造单元内部的同系列附属断裂,与黄河主断裂(F_1)性质一致,称为黄河断裂带次级断裂,不同的是,F_2 断裂平面特征明显,F_4 断裂与平面断裂位置偏差较大,应以剖面断裂位置为准(表 2-5)。

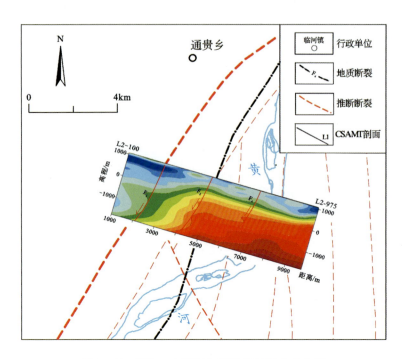

图 2-21 WL-02 剖面与断裂平面展布叠合图

表 2-5 WL-02 剖面与平面断裂对应关系特征一览表

断裂代号	断裂名称	断裂级别	断裂规模	断裂走向	断裂倾向	断裂倾角	断裂性质
F_1	黄河断裂	Ⅲ级	分区断裂	北北东 32°	北西西 302°	76°	正断层
F_2	—	Ⅴ级	带内断裂	北北东 32°	北西西 302°	74°	正断层
F_4	—	Ⅴ级	带内断裂	南北 3°	东西 273°	69°	正断层

3. WL-03 剖面

剖面西起永固乡永南村(X:620028/Y:4248397),呈南东东 123.6°走向,分别于 0.5~1.3km、2.5~4.0km 两处横跨黄河,经临河至道坡沟以东(X:628662/Y:4242877),全长 10.25km。根据电性特征分析,WL-03 剖面继承性地刻画了临河一线深部构造展布性状(图 2-22)。

WL-03 剖面继承了北部的 WL-01、WL-02 两条剖面反映的断裂展布特征,从东向西呈现明显的逐级下掉"阶梯状"构造展布形态,断裂为各级"台阶"的分界,并以此为依据,WL-03 剖面划定西倾正断层共 5 条(F_1、F_2、F_3、F_4、F_5),此外在剖面东端的高阻区浅部分布中低阻层,与其西侧电性明显不连续,由此划定东倾正断层 1 条(F_8)。

与区域 1:5 万重力资料解译的断裂对比,WL-03 剖面划定的断裂与之吻合度比较高,尤其是西侧的 4 条西倾正断层(F_1、F_2、F_3、F_4),剖面位置与平面位置高度一致,F_1 断裂对应黄河主断裂,F_2、F_3 与 F_4 以此对应黄河次级断裂,反映出越靠近冲断带西侧,黄河主断裂

（F_1）及其附属次级断裂（F_2、F_3、F_4）发育的规模相对越大，引起的断裂两侧地层密度差也越大，因此容易利用地球物理资料进行识别；而 F_5 断裂的剖面划定依据为由东向西浅表低阻层的出现，中深部断裂两侧电性特征差异较小，分析认为该断裂虽然与其余西倾断裂性质一致，但远离黄河主断裂（F_1），发育规模相对最小，难以引起明显的地球物理异常，利用 1∶5 万重力资料难以定位。F_8 断裂为明显的东倾正断层，与地质勘定的马鞍山断裂对应，为冲断带的东侧边界（表 2-6）。

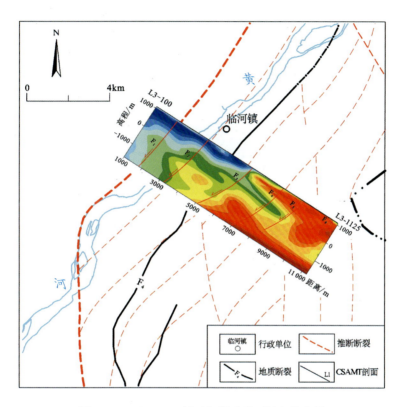

图 2-22　WL-03 剖面与断裂平面展布叠合图

表 2-6　WL-03 剖面与平面断裂对应关系特征一览表

断裂代号	断裂名称	断裂级别	断裂规模	断裂走向	断裂倾向	断裂倾角	断裂性质
F_1	黄河断裂	Ⅲ级	分区断裂	北北东 40°	北西西 310°	82°	正断层
F_2	—	Ⅴ级	带内断裂	北北东 41°	北西西 311°	76°	正断层
F_3	—	Ⅴ级	带内断裂	北北东 36°	北西西 306°	69°	正断层
F_4	—	Ⅴ级	带内断裂	北北东 39°	北西西 309°	69°	正断层
F_5	—	Ⅴ级	带内断裂	—	—	69°	正断层
F_8	马鞍山断裂	Ⅳ级	分带断裂	南北 357°	正东 87°	79°	正断层

4. WL-04 剖面

剖面西起永宁县胜利乡张家庄(X:604735/Y:4240440),呈南东东 97°走向,经中华回乡文化园,于 10.25～11.75km 处横跨黄河,至红柳湾二队达灵武东山(X:624596/Y:4237954),全长 20.25km。中华风情文化园地热钻孔 NHR-1 位于剖面 3.29km 处(图 2-23)。

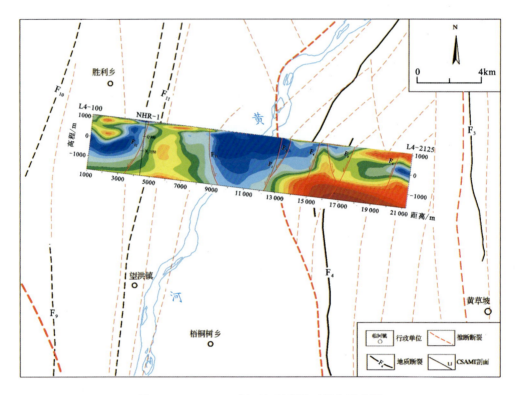

图 2-23 WL-04 剖面与断裂平面展布叠合图

WL-04 剖面整体反映了永宁以南银川断陷盆地中央坳陷区与横山堡冲断带的断裂发育特征,根据剖面电性特征,共划定断裂 7 条(F_1、F_3、F_4、F_5、F_6、F_{11}、F_{12}),F_1 断裂为东、西两侧构造带的分界断裂,F_1 断裂以东,继承了北部 3 条剖面(WL-01、WL-02、WL-03)的构造特征,整体的隆起区呈现逐级下掉"阶梯状"构造展布形态,隆起区内部被 4 条西倾断裂错断(F_3、F_4、F_5、F_6)。F_1 断裂西侧,为典型的沉积盆地内部局部凹陷与局部凸起相间排列的构造样式,两条倾向相反的断裂(F_{11}、F_{12})为凹陷与凸起的分界。

对比区域 1:5 万重力资料解译的断裂,发现两种断裂划定方案基本一致,仅在断陷盆地内部,断裂位置有所差异。具体地,F_1 断裂规模最大,与黄河主断裂对应,它控制了断裂东侧冲断带的西侧边界,F_3 断裂以由北向南收敛之势逐渐归并于黄河主断裂之上,F_4、F_5、F_6 三条西倾断裂剖面上呈阶梯状依次发育,平面上为北东向平行展布,西侧断裂(F_4)发育规模大于东侧断裂(F_6),上述 5 条断裂组成了冲段带内部的西倾断裂带,由于其发育受黄河主断裂(F_1)的控制,因此被称为黄河断裂带。断陷盆地内的 F_{11} 断裂,为东倾铲形正断层,与

F_1 断裂共同界定了灵武局部凹陷的东西向分布范围,F_{12} 与 F_{11} 两条断裂倾向相反,规模相当,二者夹持着永宁局部凸起。需要指出的是,F_{11} 断裂与平面解译断裂基本对应,F_{12} 断裂相较平面解译的凸起边界断裂偏东 1km(表 2-7)。

表 2-7　WL-04 剖面与平面断裂对应关系特征一览表

断裂代号	断裂名称	断裂级别	断裂规模	断裂走向	断裂倾向	断裂倾角	断裂性质
F_1	黄河断裂	Ⅲ级	分区断裂	南北 358°	正西 268°	77°	正断层
F_3	—	Ⅴ级	带内断裂	北东 40°	北西 310°	65°	正断层
F_4	—	Ⅴ级	带内断裂	北东 38°	北西 308°	66°	正断层
F_5	—	Ⅴ级	带内断裂	北东东 51°	北北西 321°	63°	正断层
F_6	—	Ⅴ级	带内断裂	北北东 29°	北西西 299°	65°	正断层
F_{11}	—	Ⅴ级	带内断裂	北东 39°	南东 129°	74°	正断层
F_{12}	—	Ⅴ级	带内断裂	南北 358°	正西 268°	69°	正断层

5. WL-05 剖面

剖面西起青铜峡市瞿靖镇玉南村(X:588687/Y:4217852),分两段呈折线延伸,西段北东 76.1°走向,经叶盛镇北部,于 17.95～18.75km 处横跨黄河,即刻转为东西 90°走向,过灵武北部至东临线进入灵武东山(X:631529/Y:4223068),全长 43.25km(图 2-24)。

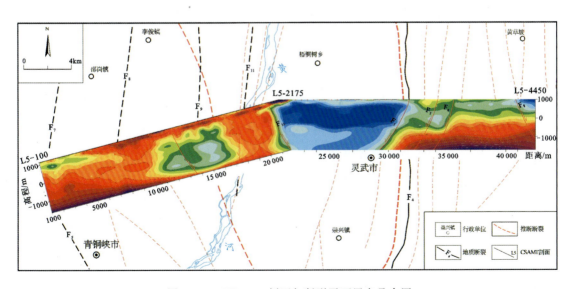

图 2-24　WL-05 剖面与断裂平面展布叠合图

WL-05剖面反映瞿靖—叶盛—灵武北一线的深部构造特征东西差异明显，剖面西段为银川盆地南部斜坡区，其基底呈西高东低之势，顶面连续、完整，深部未见断裂发育迹象，中部则为银川盆地中央坳陷区，受F_{11}、F_1两条断裂的错断作用，基底埋深很大（>6000m），东段为典型的隆起带内"阶梯状"构造特征组合，发育F_5、F_6两条明显的断裂，最东端的F_8断裂控制着隆起带的东边界。

需要明确的是，与区域1∶5万重力资料解译的断裂类似，WL-05剖面在西段（F_{11}断裂以西）基本未见有深大断裂发育，浅部的断裂形迹不明确，无法准确划定断裂的具体性状；剖面东段则与区域1∶5万重力资料解译的断裂对应良好，尤其是以F_1断裂为典型代表，断裂上升盘的基底埋深较浅，为逆冲隆起带的明显特征，断裂下降盘未见基底，反映该断裂发育规模比较大，为典型的构造区（带）的分界断裂，与平面上的黄河主断裂对应。F_1断裂东侧的两条西倾断裂，与黄河主断裂（F_1）性质相同，规模较小，可视为黄河断裂系的次级同系列断裂，与F_1断裂共同组成了黄河断裂系。F_8断裂呈明显的东倾特征，为黄河断裂的东边界，为马鞍山断裂的南延（表2-8）。

表2-8 WL-05剖面与平面断裂对应关系特征一览表

断裂代号	断裂名称	断裂级别	断裂规模	断裂走向	断裂倾向	断裂倾角	断裂性质
F_1	黄河断裂	Ⅲ级	分区断裂	南北355°	正西265°	58°	正断层
F_5	—	Ⅴ级	带内断裂	南北359°	正西269°	63°	正断层
F_6	—	Ⅴ级	带内断裂	南北4°	正西274°	69°	正断层
F_8	马鞍山断裂	Ⅳ级	分带断裂	北北西345°	北东东75°	62°	正断层
F_{11}	—	Ⅴ级	带内断裂	北北东15°	南东东105°	69°	正断层

6. WL-06剖面

剖面西起青铜峡市小坝镇（X：597662/Y：4209678），呈北东东76.1°走向，分别于4.95~5.7km、6.15~7.05km处横跨黄河及其支流河道，经新华桥镇南部，过崇兴镇北部，至东塔村果园七队，大致沿省道S12横穿灵武东山南部（X：632077/Y：4219360），全长35.75km（图2-25）。

WL-06剖面清晰地反映了吴忠北—灵武南地区的断裂构造格架特征，西段为银川盆地南部斜坡区，以F_{15}断裂为边界，发育的断裂规模较小，均为东、西倾向的正断层；剖面中段为银川断陷盆地，被F_{15}断裂及F_1断裂所夹持，基底下陷深度大，内部发育多条高角度断裂，F_{18}断裂最为典型；F_1断裂以东的剖面东段地区为横山堡冲断带，其内断裂构造均为西倾正断层，断裂断面基本平行，东段的F_9断裂为该冲断带的东侧边界。

由叠合图可以看出，由WL-06剖面划定的断裂与区域1∶5万重力资料解译的断裂整体吻合度比较高，但不同区段对应性也有所差异，西段吴忠地区，受青藏块体北东向挤压应

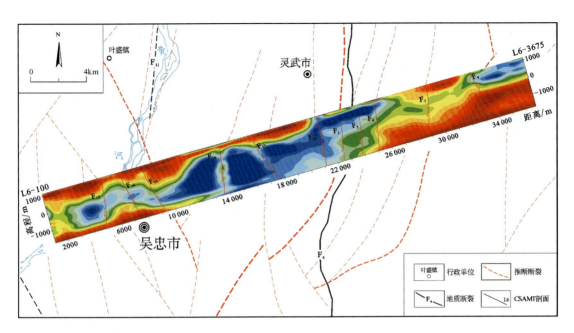

图 2-25 WL-06 剖面与断裂平面展布叠合图

力的远程效应,深部基底隆升,断裂以南西倾向逆断层为主(断裂发育深度大于3km,故该剖面上未反映),浅部的断裂则表现为东西向拉张所形成的正断层,北东倾向与南西倾向断层均有发育,以 F_{15} 为典型,该断裂对应吴忠断裂,规模比较大,控制了银川断陷盆地南斜坡的边界;中部灵武地区,所受地质应力以东西向拉张为主,形成的断裂均为正断层(F_{13}),由于构造走向与主应力方向并非垂直关系,二者之间存在明显的夹角,因此产生沿构造走向的剪切应力,进而使正断层兼具右行走滑性质,F_{18} 断裂即为此类型,该类断裂规模不大,倾向各异,走向北北东,产状较陡;东部灵武东山山区,在黄河主断裂(F_1)的控制下,形成了一系列的西倾正断层(F_5、F_6、F_7),F_1 断裂规模最大,为银川断陷盆地与横山堡冲断带两个局部构造单元的分界断裂,下切深部推测能够达上地壳。东端 F_9 断裂为明显的东南倾正断层特征,平面上由近南北向转为北东向,为黄河断裂系的东南边界断裂,与白土岗断裂对应(表 2-9)。

7. WL-07 剖面

剖面西起吴忠市马莲渠乡杨家湖村(X:602121/Y:4197116),呈北东48°走向,经利通区杨马湖乡、郝家桥镇,于16.2km处(X:612833/Y:4209339)转为正东西走向,横跨S203进入灵武东山南部腹地(X:620835/Y:4209339),全长24.25km(图 2-26)。

WL-07 剖面主体位于银川断陷盆地南端,反映出的断裂构造相对简单,南部斜坡区处于整体倾没,深部基底埋深逐渐变大,浅部断裂基本不发育,但是斜坡区与灵武凹陷的边界断裂 F_{15} 形迹清晰,凹陷区在该区段呈收敛状,东西向宽度收窄,基底抬升,其东侧边界断裂 F_1 浅部特征不明显,深部台阶式的正断层特征清晰,与 F_1 断裂同系列的 F_6 断裂也呈现明显的西倾正断层特征。

表 2-9　WL-06 剖面与平面断裂对应关系特征一览表

断裂代号	断裂名称	断裂级别	断裂规模	断裂走向	断裂倾向	断裂倾角	断裂性质
F_1	黄河断裂	Ⅲ级	分区断裂	近南北 4°	正西 274°	77°	正断层
F_5	—	Ⅴ级	带内断裂	北北东 10°	北西西 280°	76°	正断层
F_6	—	Ⅴ级	带内断裂	北北东 9°	北西西 279°	73°	正断层
F_7	—	Ⅴ级	带内断裂	北北东 13°	北西西 283°	70°	正断层
F_9	白土岗断裂	Ⅳ级	分带断裂	北东 37°	南东 127°	66°	正断层
F_{12}	灵武断裂	Ⅴ级	带内断裂	南北 360°	正西 270°	71°	正断层
F_{13}	—	Ⅴ级	带内断裂	北北东 8°	南东东 98°	66°	正断层
F_{15}	吴忠断裂	Ⅳ级	分带断裂	北北西 341°	北东东 71°	72°	正断层
F_{16}	—	Ⅴ级	带内断裂	—	—	71°	正断层
F_{17}	—	Ⅴ级	带内断裂	北北西 323°	南西西 253°	77°	正断层
F_{18}	—	Ⅴ级	带内断裂	北北东 25°	北西西 295°	83°	正断兼走滑断层

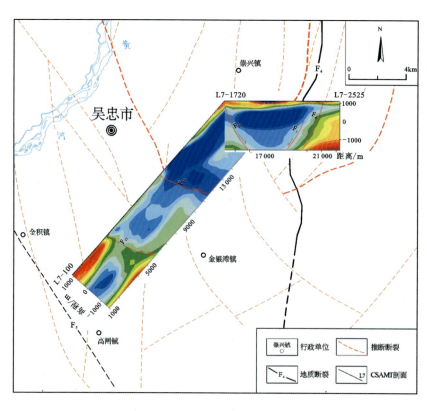

图 2-26　WL-07 剖面与断裂平面展布叠合图

对比区域1∶5万重力资料解译的断裂,由 WL-07 剖面划定的断裂与它匹配程度较高,尤其在剖面的中段与东段,西段的南部斜坡区断裂体系较为混乱,其中的 F_{17} 断裂在剖面显示为局部构造的边界,但与平面解译的断裂无法有效对应,其余3条平面解译的断裂,在 WL-07 剖面上未有明显显示。而剖面中段仅发育 F_{13} 断裂,东段的 F_1 断裂对应黄河主断裂,由近南北走向(4°)转为北北东向(32°),F_6 断裂则为其附属断裂(表2-10)。

表2-10 WL-07剖面与平面断裂对应关系特征一览表

断裂代号	断裂名称	断裂级别	断裂规模	断裂走向	断裂倾向	断裂倾角	断裂性质
F_1	黄河断裂	Ⅲ级	分区断裂	北北东32°	北西西302°	61°	正断层
F_6	—	Ⅴ级	带内断裂	北北东19°	北西西289°	65°	正断层
F_{13}	崇兴断裂	Ⅴ级	带内断裂	南北2°	正西272°	70°	正断层
F_{15}	吴忠断裂	Ⅳ级	分带断裂	北北西343°	北东东73°	63°	正断兼走滑
F_{17}	—	Ⅴ级	带内断裂	—	—	65°	正断层

(四)浅层地震剖面的应用

为探寻灵武凹陷的发震机制,分析该区域地震活动规律,精准定位隐伏断裂的展布形态及位置,研究断裂的活动性,宁夏回族自治区地震局横跨灵武凹陷的北部、中部、南部布设实施了唐家庄($A—A'$)、西平路($B—B'$)、崇兴南($C—C'$)3条浅层地震剖面。通过浅震剖面的实施,基本上理清了该区的隐伏断裂发育情况,为进一步研究其活动性提供了依据。

1. 唐家庄测线($A—A'$)

剖面横穿灵武市唐家庄村,受人文因素干扰,实际分东、西两段实施。西段剖面西起黄河东岸望洪段(X:609738/Y:4231061),沿梧桐树中路向东延伸,过李家园村,接李荀路,过唐家庄、荀家桥,至太中银铁路线(X:618370/Y:4229398),呈南东东101°走向;东段剖面在西段剖面北侧760m处,西起荀家桥北(X:617619/Y:4230128),向东延伸至灵武东山(X:621374/Y:4230637),走向83°,全长12km。为了与平面断裂图对比方便,将两段剖面合二为一,仔细比对两段剖面波组特征,认为剖面重合段中西段剖面9km处,东段剖面800m处的波组特征相似度最高,可以拼接为一个整体剖面(图2-27)。

唐家庄测线($A—A'$)浅震剖面横跨灵武凹陷北部,剖面清楚地显示出该区段深部断裂的发育状况,凹陷东侧发育一簇共3条西倾正断层,其中 F_1 断裂为主控断裂,为黄河主断裂,直接控制了灵武凹陷的东部边界,F_1^2、F_1^3 两条断裂与 F_1 断裂呈从属关系,为黄河主断裂的次级附属断裂。凹陷西侧仅显示存在1条东倾高角度断层,断面平直且下切深度较大,属于凹陷内部的次级断裂。

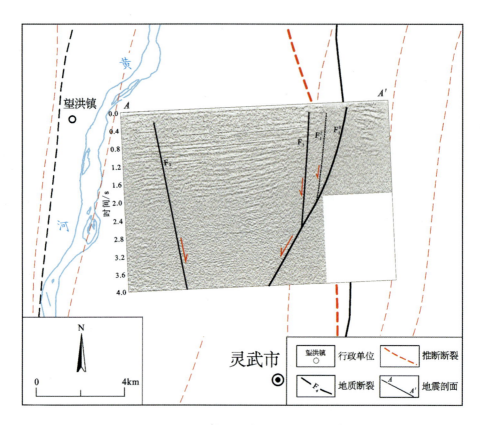

图 2-27 A—A′剖面与断裂平面展布叠合图

对比区域1∶5万重力资料解译的断裂,由唐家庄测线(A—A′)浅震剖面解释的断裂与它匹配程度较高,尤其在剖面东段的3条黄河主断裂及其附属断裂,黄河主断裂(F_1)位置基本一致,两条次级断裂(F_1^2、F_1^3)浅部呈发散状展布,深部呈收敛状归并于F_1。剖面西段的F_2断裂规模较小,区域1∶5万重力资料未能对它进行解译划定,在断裂体系厘定结果中应补充(表2-11)。

表2-11 A—A′剖面与平面断裂对应关系特征一览表

断裂代号	断裂名称	断裂级别	断裂规模	断裂走向	断裂倾向	断裂倾角	断裂性质
F_1	黄河断裂	Ⅲ级	分区断裂	北北西338°	南西西248°	60°	正断层
F_1^2	—	Ⅴ级	带内断裂	南北3°	西273°	59°	正断层
F_1^3	—	Ⅴ级	带内断裂	—	—	55°	正断层
F_2	新华桥断裂	Ⅴ级	带内断裂	—	—	75°	正断层

2. 西平路测线($B—B'$)

剖面整体呈南东东向(105°)，西起杨洪桥村三队(X:610999/Y:4220498)，沿河杨路，过银西高速，接203省道，顺西平街贯穿灵武市区，达果园二队，向东过下白线，至东端点(X:622140/Y:4217374)，全长11.7km(图2-28)。

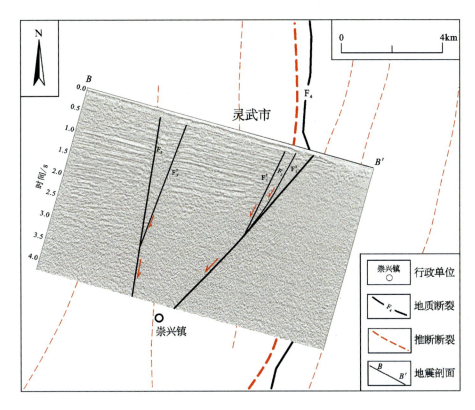

图2-28　$B—B'$剖面与断裂平面展布叠合图

西平路测线($B—B'$)浅震剖面横跨灵武凹陷中部，剖面清楚地反映了该区段深部断裂的发育状况。与唐家庄测线($A—A'$)浅震剖面揭示的断裂发育特征较一致，凹陷东侧发育一簇共3条西倾正断层，其中F_1断裂为主控断裂，为黄河主断裂，F_1^2、F_1^3两条断裂与F_1断裂呈从属关系，为黄河主断裂的次级附属断裂。凹陷西侧显示存在由2条东倾高角度断层组成的反"Y"字形断裂组合，其中主断裂F_2断面平直且下切深度较大，由于它在平面上南北向贯穿崇兴镇，因此命名为崇兴断裂。

对比区域1:5万重力资料解译的断裂，由西平路测线($B—B'$)浅震剖面解释的断裂与它匹配程度较高，体现于剖面东段的3条黄河主断裂及其附属断裂，黄河主断裂(F_1)位置基本一致，次级断裂(F_1^2、F_1^3)浅部呈发散状延展于主断裂两侧，深部收敛状归并于F_1。剖面西段的F_2断裂规模较小，对应于区域1:5万重力资料解译划定的崇兴断裂，F_2^2断裂为展布于中浅部的小规模断裂，平面未划定，需要补充(表2-12)。

表 2-12 B—B′剖面与平面断裂对应关系特征一览表

断裂代号	断裂名称	断裂级别	断裂规模	断裂走向	断裂倾向	断裂倾角	断裂性质
F_1	黄河断裂	Ⅲ级	分区断裂	南北5°	正西275°	62°	正断层
F_1^2	—	Ⅴ级	带内断裂	—	—	64°	正断层
F_1^3	—	Ⅴ级	带内断裂	北北东18°	北西西288°	59°	正断层
F_2	崇兴断裂	Ⅴ级	带内断裂	南北1°	正东91°	72°	正断层
F_2^2	—	Ⅴ级	带内断裂	—	—	78	正断层

3. 崇兴南测线(C—C′)

剖面整体呈南东东向(104°),西起崔渠口村(X:610038/Y:4211055),过绒园路至碱滩村,跨古青高速,达杜家滩村二队,顺延至东端点(X:619451/Y:4208980),全长9.6km(图2-29)。

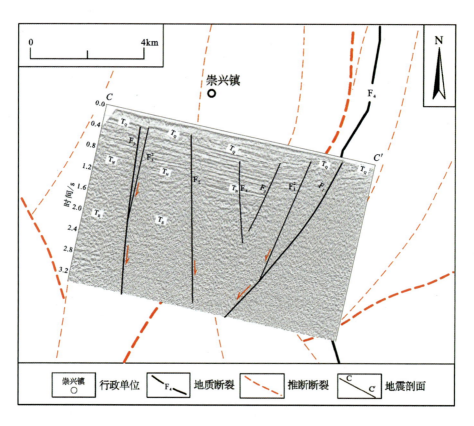

图 2-29 B—B′剖面与断裂平面展布叠合图

崇兴南测线（C—C'）浅震剖面横跨灵武凹陷南部，与唐家庄测线（A—A'）、西平路测线（B—B'）浅震剖面相比较，崇兴南测线（C—C'）浅震剖面反映出的断裂细节更加清楚、丰富，在继承灵武凹陷中北部断裂发育特征的基础上，对凹陷内部的小规模断裂进行了细致刻画。凹陷东侧发育一簇共3条西倾正断层，其中F_1断裂纵向切割深度大，并且它两侧的波组特征截然不同，反映出该断裂对它上、下两盘地层沉积的控制作用，分析应该为黄河主断裂，西侧发育的F_1^2断裂与F_1断裂呈从属关系，为黄河主断裂两侧的次级附属断裂。紧邻黄河断裂西侧的F_5断裂，断面平直，倾角陡立，呈高度的西倾正断层，对比断裂两侧的波组特征发现，断裂处表现为波组的下弯，并未错断，反映该断裂规模相对较小，因该断裂平面上向北延伸贯穿了灵武市区，因此命名为灵武断裂。与F_5断裂特征类似，倾向相反的断裂F_4，规模也不大，仅表现为波组同向轴的下弯。而F_2断裂纵向下切深度更大，直达基底，断面平直且倾角较大，推测它在正断层的基础上兼具走滑性质。最西段的F_3断裂相对远离灵武凹陷的沉积中心，它西侧上升盘的浅部沉积地层厚度进一步减薄，但是断裂规模较大，基本控制了灵武凹陷东部次凹的西侧边界。

对比区域1∶5万重力资料解译的断裂，由崇兴南测线（C—C'）浅震剖面解释的断裂与它匹配程度较低，仅体现出了剖面东段黄河断裂、灵武断裂及崇兴断裂的对应性，黄河主断裂（F_1）位置基本一致，次级断裂（F_1^2）浅部呈发散状延展于主断裂两侧，深部收敛状归并于F_1。灵武断裂（F_5）对应性也较好，平面延伸方向大致与黄河主断裂一致。崇兴断裂（F_2）平面的走向发生了一定的转变，由北侧的北北东向转为近南北向，其东侧次级小断裂在此区段不发育。F_3及F_3^2两条断裂在平面上无显示，无法对应比较（表2-13）。

表2-13 C—C'剖面与平面断裂对应关系特征一览表

断裂代号	断裂名称	断裂级别	断裂规模	断裂走向	断裂倾向	断裂倾角	断裂性质
F_1	黄河断裂	Ⅲ级	分区断裂	北东34°	北西304°	60°	正断层
F_1^2	—	Ⅴ级	带内断裂	—	—	62°	正断层
F_1^3	—	Ⅴ级	带内断裂	北北东23°	北西西273°	58°	正断层
F_2	崇兴断裂	Ⅴ级	带内断裂	南北4°	正东94°	68°	正断层
F_3	—	Ⅴ级	带内断裂	—	—	73°	正断层
F_3^2	—	Ⅴ级	带内断裂	—	—	78°	正断层
F_4	—	Ⅴ级	带内断裂	—	—	61°	正断层
F_5	—	Ⅴ级	带内断裂	北北东26°	北西西276°	65°	正断层

三、断裂校正效果分析

断裂校正的对象为吴忠—灵武地区赋存展布的所有断裂,针对它们主要的断裂特征参数进行了完善与明确,以"全"为主。但是,在评价断裂校正效果时,需要从不同的考量角度出发进行评价才更加合理,即:首先对断裂进行级别的归类与类型的划分,然后对每种层次(级别/类型)的断裂校正效果进行定性说明。

(一)断裂类型

综合吴忠—灵武地区区域地质、物探、钻探资料的研究成果,以断裂的规模及其对局部构造单元的控制作用为依据,粗略将断裂分为主干断裂与次级断裂两个级别。

(二)断裂校正效果

1. 主干断裂

本区的主干断裂主要包括银川断裂盆地的边界断裂(黄河主断裂)、南部斜坡区与中部凹陷区的分界断裂(吴忠断裂)、横山堡陆缘褶断带的东界断裂(马鞍山断裂)及南界断裂(白土岗断裂)。

一般地,主干断裂控制了构造单元的形成与演化,或者对同一构造单元内部的局部构造(区/带)进行了分割,致使断裂两侧的地层性质具有明显的差异,主要表现在地层岩性类型、地层沉积厚度不一致与地层岩石的矿物类型、孔隙度、含水率、水化学性质等方面明显的差异,进而直接导致断裂两侧地层的密度、电阻率、波速等岩石物理特征呈现规律性变化。因此,利用 1∶5 万区域重力资料、MT 剖面资料、CSAMT 剖面资料、地震剖面资料等地球物理资料对主干断裂进行划分和校正时,各种类型资料的断裂划分方案基本一致,平面划分结果与剖面解释结果吻合程度很高。也就是说,断裂校正过程基本明确了吴忠—灵武地区断裂格架特征及主干断裂的空间展布性状。

2. 次级断裂

研究区的次级断裂是指除 4 条主干断裂以外的其他所有小规模断裂,包括银川断陷盆地中部坳陷区与南部斜坡区内展布的次级断裂,以及横山堡陆缘褶断带内部黄河主断裂的同系列次级断裂。

次级断裂均分布于局部构造区(带)内,与主干断裂性质相同,主要因调谐、平衡主干断裂所受区域地质应力而产生,往往发育时期晚于主要的地层沉积期,不会造成断裂两侧明显的地层沉积特征差异,即地层的密度、电阻率、波速等岩石地球物理特征变化不大,大多数断裂在剖面上表现为电性层、波阻抗轴的弯曲,在平面上表现为微弱的重力异常极值条带或重力梯级带,从平面重力解译的断裂与 MT 剖面、CSAMT 剖面及地震剖面解释的断裂吻合度分析,物探剖面解释次级断裂精度更高,断裂条数更多,位置信息更明确,因此,在确定最终研究区断裂展布方案时,次级断裂的展布特征以剖面解释方案为主要依据。

第三节 断裂展布特征

一、断裂级别

1. 断裂分级

依据研究区所属构造单元位置、级别及构造单元之间的接触关系,结合研究区及周边区域断裂构造的规模、形态、展布特征等,综合将该区断裂划分为3个级别。

Ⅲ级断裂:是指研究区内Ⅴ级构造单元的分界断裂,黄河主断裂为本区唯一的Ⅲ级断裂,它为银川断陷盆地的东部边界断裂。

Ⅳ级断裂:是指Ⅴ级构造单元内部次级构造区(带)的分界断裂,包括吴忠断裂、银川断裂、马鞍山断裂、白土岗断裂。

Ⅴ级断裂:是指次级构造区(带)内部局部构造内的小规模断裂,除上述的5条断裂以外,其余断裂均为Ⅴ级断裂。

2. 断裂编号

针对吴忠—灵武地区断裂的编号,遵循以下两个原则:第一,对于不同级别断裂,按照断裂级别由高到低的原则编号,例如$F_Ⅲ^1$、$F_Ⅳ^1$、$F_Ⅴ^1$;第二,对于同一级别断裂,按照先南后北、由西至东的原则编号,例如$F_Ⅴ^1$、$F_Ⅴ^2$、$F_Ⅴ^3$、…、$F_Ⅴ^{35}$。

二、断裂特征

吴忠—灵武地区处于银川断陷盆地($Ⅲ_5^{1-1-1}$),为Ⅴ级构造单元,依据《宁夏区域地质志》(2017年)针对构造单元边界断裂级别的划分,本区内展布的断裂级别最高的为黄河断裂,为银川断陷盆地的东部边界断裂,属于Ⅲ级断裂,其余断裂均为Ⅳ级、Ⅴ级断裂,更高级别的Ⅰ级、Ⅱ级断裂不存在(图2-30,表2-14)。

(一)Ⅲ级断裂

本区内展布的Ⅲ级仅有1条,为黄河断裂($F_Ⅲ^1$)临河至灵武段,为银川断陷盆地与横山堡陆缘褶断带($Ⅲ^{1-1-3(2)}$)的分界构造。断裂自北由通贵乡牧北庄延入,走向南南西218°,经永固乡永固村至望远镇李家庄,转为近南北176°,沿下白线延伸至铁路(太中银线)与公路(东临线)交叉点处,南接东临线,穿灵武市东部,过果园七队,沿古青高速(S12)走向至郝家桥乡杨家岔村附近,被次级断裂$F_Ⅴ^{11}$北北西向错断1.2km,断裂尾段结束于立弘慈善大道与309乡道交会点附近。断裂全长77.26km,平面整体呈"S"形展布,为本区规模最大的断裂,控制着银川断陷盆地南部整体的构造形态及发育过程。

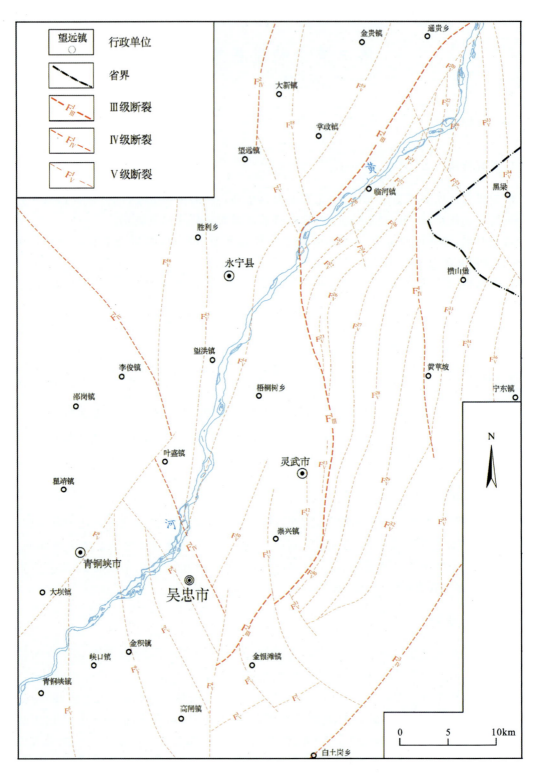

图 2-30 吴忠—灵武地区断裂展布图

第二章 断裂体系特征研究

表 2-14 吴忠—灵武地区断裂属性明细表

序号	断裂级别	断裂名称	断裂编号	断裂长度/km	断裂走向	断裂倾向	断裂性质	备注
1	Ⅲ级	黄河断裂	$F_{Ⅲ}^{1}$	79	北北东22°	北西西	正断层	$E-E'$、$G-G'$、$F-F'$剖面横跨断裂与$YC-1$、$WZ-1$、$D-L$深地震剖面横跨断裂,为银川断陷盆地西部边界断裂,呈现上缓下陡的展布特征
2	Ⅳ级	吴忠断裂	$F_{Ⅳ}^{1}$	50	北西332°	北东	正断层	$WZ-1$、$WZ-2$、$D-L$地震剖面,$F-F'$剖面横跨断裂,为南部斜坡区与中部坳陷区分界断裂
3		银川断裂	$F_{Ⅳ}^{2}$	13	北北东9°	南东东	正断层	$E-E'$、$G-G'$剖面与$YC-1$深地震剖面横跨断裂,为东部斜坡区与中部坳陷区分界断裂
4		白土岗断裂	$F_{Ⅳ}^{3}$	25	北北东38°	南南东	正断层	$F-F'$剖面横跨断裂,为银川陷盆地南部边界断裂
5		马鞍山断裂	$F_{Ⅳ}^{4}$	27	北北西356°	北东东	正断层	为横山堡褶皱断带东界断裂
6	Ⅴ级	—	$F_{Ⅴ}^{1}$	5	北东60°	北西西	正断层	为南部斜坡区内部断裂
7		—	$F_{Ⅴ}^{2}$	9	北北西330°	北东东	正断层	为南部斜坡区内部断裂
8		—	$F_{Ⅴ}^{3}$	7	北东59°	北西	正断层	为南部斜坡区内部断裂
9		—	$F_{Ⅴ}^{4}$	17	南北6°	正东	正断层	为南部斜坡区内部断裂
10		—	$F_{Ⅴ}^{5}$	18	南北358°	正东	正断层	$WZ-2$深地震剖面横跨断裂,为南部斜坡区内部断裂
11		—	$F_{Ⅴ}^{6}$	26	北北西346°	北东东	正断层	$WZ-2$深地震剖面横跨断裂,为南部斜坡区内部断裂
12		—	$F_{Ⅴ}^{7}$	21	北北西340°	北东东	正断层	$WZ-2$深地震剖面横跨断裂,为南部斜坡区内部断裂
13		—	$F_{Ⅴ}^{8}$	19	北北西328°	南南西	正断层	$WZ-1$、$WZ-2$深地震剖面横跨断裂,为南部斜坡区内部断裂
14		—	$F_{Ⅴ}^{9}$	27	北北东38°	北西西	走滑断层	$WZ-1$、$WZ-2$深地震剖面横跨断裂,为南部斜坡区内部断裂
15		—	$F_{Ⅴ}^{10}$	14	北北东24°	—	正断层	为中部坳陷区内部断裂
16		—	$F_{Ⅴ}^{11}$	26	北北西338°	正东	走滑断层	为中部坳陷区内部断裂
17		—	$F_{Ⅴ}^{12}$	8	南北2°	正东	正断层	为中部坳陷区内部断裂
18		—	$F_{Ⅴ}^{13}$	6	南北4°	正西	正断层	为中部坳陷区内部断裂

续表 2-14

序号	断裂级别	断裂名称	断裂编号	断裂长度/km	断裂走向	断裂倾向	断裂性质	备注
19	V级	—	F_V^{14}	34	北北东19°	南东东	正断层	为中部坳陷区内部断裂
20		—	F_V^{15}	34	南北3°	正西	正断层	为中部坳陷区内部断裂
21		—	F_V^{16}	19	北北东6°	南东东	正断层	为中部坳陷区内部断裂
22		—	F_V^{17}	11	北北西337°	南南西	正断层	为中部坳陷区内部断裂
23		—	F_V^{18}	21	南北358°	正东	正断层	为东部斜坡区内部断裂
24		—	F_V^{19}	19	北北东30°	北西西	正断层	为东部斜坡区内部断裂
25		—	F_V^{20}	30	北北东39°	北西西	正断层	为横山堡褶断带内部断裂
26		—	F_V^{21}	26	北北东35°	北西西	正断层	为横山堡褶断带内部断裂
27		—	F_V^{22}	32	北北东30°	北西西	正断层	为横山堡褶断带内部断裂
28		—	F_V^{23}	6	南北357°	正西	正断层	为横山堡褶断带内部断裂
29		—	F_V^{24}	5	北北西343°	—	走滑断层	为横山堡褶断带内部断裂
30		—	F_V^{25}	22	北北西329°	—	走滑断层	为横山堡褶断带内部断裂
31		—	F_V^{26}	41	北北东21°	北西西	正断层	为横山堡褶断带内部断裂
32		—	F_V^{27}	45	北北东18°	北西西	正断层	为横山堡褶断带内部断裂
33		—	F_V^{28}	40	北北东18°	北西西	正断层	为横山堡褶断带内部断裂
34		—	F_V^{29}	34	北北东32°	北西西	正断层	为横山堡褶断带内部断裂
35		—	F_V^{30}	7	北北西328°	南西西	正断层	为横山堡褶断带内部断裂
36		—	F_V^{31}	5	北北东34°	北西西	正断层	为横山堡褶断带内部断裂
37		—	F_V^{32}	24	北北东6°	北西西	正断层	为横山堡褶断带内部断裂
38		—	F_V^{33}	45	北北东5°	北西西	正断层	为横山堡褶断带内部断裂
39		—	F_V^{34}	40	北北东9°	北西西	正断层	为横山堡褶断带内部断裂
40		—	F_V^{35}	14	北北东9°	北西西	正断层	为横山堡褶断带内部断裂
41		—	F_V^{36}	14	北北东10°	北西西	正断层	为横山堡褶断带内部断裂

该断裂重力场特征明显,表现为剩余重力高、低异常区(带)的分界梯度带,断裂东侧呈现明显的片状剩余重力高异常区,反映出横山堡陆缘褶断带整体受东西向挤压应力作用,高密度的基底隆升较高,浅部的低密度地层厚度较小。断裂西侧则是典型的、近南北向分布剩余重力低异常条带,体现了银川断陷盆地南端大厚度新生代地层的沉积、沉降特征(图2-31)。

与地表实测的断裂(简称"实测断裂")露头位置相比对,由重力划定的黄河断裂(简称"推断断裂")的位置南、北两段差异明显,中间区段二者位置符合度较高。自吴忠火车站以北至通贵乡境内(北段),推断断裂的位置向西逐渐与实测断裂位置分离,约呈13°夹角;至永宁黄河大桥与滨河大道(东)交叉处附近(红柳湾二队),断裂转为北北东向,推断断裂与实测断裂走向大致一致(39°),平面相距3.4km;至滨河黄河大桥与省道203交会处(黄河军事文化园),断裂露头不明显,形迹模糊,实测断裂自此处往北,以地形、地貌为主要依据进行了断裂位置推测,呈北北东向(18°)与推断断裂逐渐靠拢。杜家滩二队以南地区(南段),为推断断裂与实测断裂差异最大的区段,剩余重力场显示,明显的重力高、低异常分界由中段的近南北向,以南东向外凸的圆弧状逐渐转为北东向(45°),经金银滩镇北侧的马家大湾村、东沟湾村、杨马湖村、巴浪湖村一线,交会于西南侧的吴忠断裂。实测断裂结合地形、地貌特征,辅助以探槽资料,确定的断裂沿上滩村、狼皮子梁村一线,达白土岗乡,后延出本区。二者确定的断裂呈40°夹角。初步分析,推断断裂在南段、北段存在的位置差异,主要是二者反映出的断裂赋存深度的差异所引起,地球物理资料往往反映深部断裂的综合展布特征,对于浅表的位置划定不够准

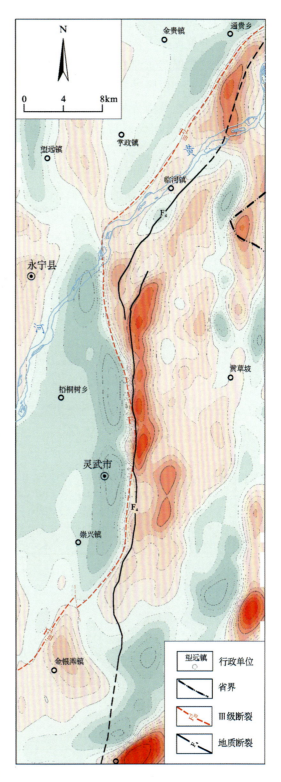

图2-31 黄河断裂分布特征图

确,实测断裂以野外露头迹象为主要依据,反映的断裂往往深度较小,并且在断裂隐伏地区,断裂位置划定更无据可依。

为了进一步厘清黄河断裂深浅部的承接关系,以推断的黄河断裂平面展布位置为依据,对该断裂进行了全段野外实地勘测,由南至北共布置13个踏勘点,根据实际野外勘测情况,将本区段的黄河断裂划分为北、中、南3段。

北段:以永宁黄河大桥为分界,以北地区的黄河断裂称为"北段",长约29.5km,北北东(38°)走向,展布于黄河西岸,断裂呈隐伏状。经地质历史时期黄河河道数次的迁移、沉积、改造作用,基本抹平了黄河断裂两侧的地层、地形、地貌差异,地表出露形迹基本消失,加上人类历史时代,对表层地貌的进一步人为取土平地、填湖造田等一系列改变,完全抹去了该段黄河断裂的地表出露证据。①②③④号点区域现今地表均建设为高标准农田,主要种植水稻、玉米、小麦等农作物(图2-32)。

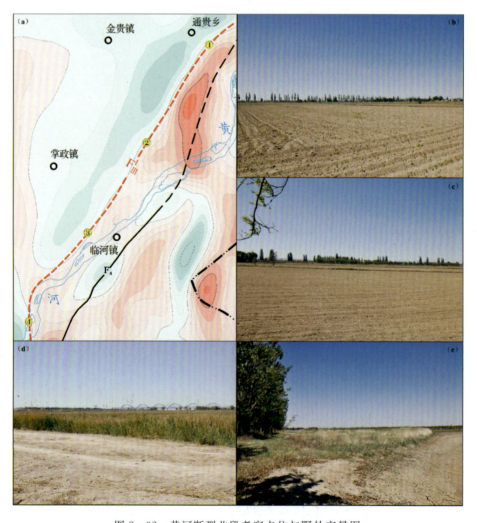

图2-32 黄河断裂北段考察点位与野外实景图
(a)黄河断裂北段考察点位图;(b)①号点(通贵乡马家桥庄)野外实景;(c)②号点(掌政镇永固村)野外实景;(d)③号点(滨河大道与G20交会处)野外实景;(e)④号点(永宁黄河大桥)野外实景

中段:北至永宁黄河大桥,南达杜木桥乡一线,其间的黄河断裂称为"中段",长约30.3km,呈微弧形展布,整体走向近南北355°,断裂出露特征明显(图2-33)。

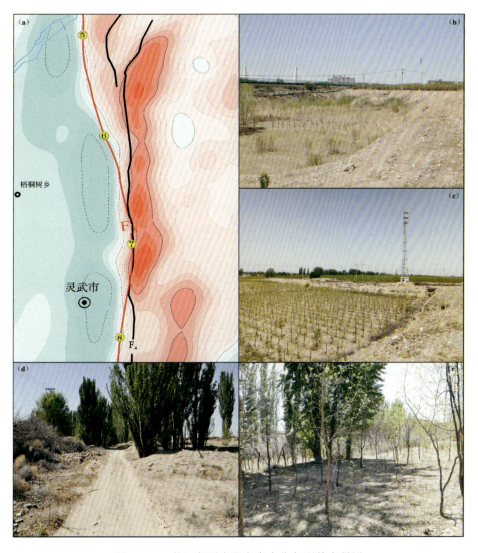

图2-33 黄河断裂中段考察点位与野外实景图
(a)黄河断裂中段考察点位图;(b)⑤号点(梧桐树路与G211交叉处)野外实景;(c)⑥号点(沟东村村道与银西高铁交叉处)野外实景;(d)⑦号点(灵武热电厂南)野外实景;(e)⑧号点(果园七队)野外实景

⑤号点区域(梧桐树路与G211交叉处),断裂东侧(上升盘)为荒漠地貌,台地地形,砾石、砂、粉土互层沉积,断裂西侧(下降盘)为农田,平原地形,第四纪河漫滩沉积相黏土沉积层,断裂两侧地表地形坡度约20°,高差约8m。⑥号点区域(沟东村村道与银西高铁交叉处),断裂东侧(上升盘)为荒漠台地地貌,地势较高,浅表为沉积厚度较大的砾石层,根据砾石排列特征推断,为灵武东山西麓洪积层。断裂西侧(下降盘)为农田,地势较低,浅表为风积砂沉积层,偶见薄层砾石夹层(>40cm)。断裂与银西高铁线呈"X"形相交。⑦号点区域

(灵武热电厂南),断裂地表出露迹象逐渐模糊,断裂两侧地貌、地层几乎无差别,均为第四纪风积粉砂沉积层,地形起伏较为明显,东高西低的特征明显,断裂位置处为西倾的低角度斜坡。⑧号点区域(果园七队),断裂迹象基本消失,地表为第四纪粉砂土沉积层覆盖,建设为标准果园,经人为改造后,断裂两侧的地貌、地层沉积特征差异性消失,仅可见微地形的变化,据推算,地形斜坡角约5°。

南段:杜木桥乡一线以南至金银滩镇以西的巴浪湖村附近,之间的黄河断裂称为"南段",长约16.8km,呈微弧形展布,整体走向北东43°,于郭家桥村附近,断裂北—近南北向的次级断裂右行错断,地表未见任何断裂行迹,呈隐伏状(图2-34)。

图2-34 黄河断裂南段考察点位与野外实景图
(a)黄河断裂南段考察点位图;(b)⑨号点(杜家滩三队)野外实景;(d)⑩号点(吴家湖七队)野外实景;(c)⑪号点(杨马湖村南)野外实景

布设于该段断裂的3处实勘点,地表均为第四纪河湖相粉砂土沉积地层,由北向南,地层砂质成分质量分数逐渐降低,泥质成分质量分数相对逐渐增加。经人为长期改造后,建成标准农田,种植有小麦、玉米、水稻。

(二)Ⅳ级断裂

展布于本区的Ⅳ级断裂共有4条,分别为吴忠断裂($F_Ⅳ^1$)、银川断裂($F_Ⅳ^2$)、白土岗断裂

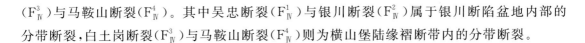

(F_{IV}^3)与马鞍山断裂(F_{IV}^4)。其中吴忠断裂(F_{IV}^1)与银川断裂(F_{IV}^2)属于银川断陷盆地内部的分带断裂,白土岗断裂(F_{IV}^3)与马鞍山断裂(F_{IV}^4)则为横山堡陆缘褶断带内的分带断裂。

1. 吴忠断裂(F_{IV}^1)

根据现有资料,由中石化中原油田分公司勘探开发科学研究院完成的《<银川盆地地震资料解释及目标评价>(焦存礼和陈清棠,2000)成果报告》最早对吴忠断裂进行有效说明,认为在银川盆地西部斜坡区的南部(南部斜坡区),存在一组北西向断层,其中吴忠断裂作为芦花台断层的南半支,进行了刻画描述;另外一个重要的研究成果,是由宁夏回族自治区地球物理地球化学勘查院完成的《银川平原深部构造特征及断裂活动性研究》(李宁生和虎新军,2020),在基于1:20万区域重力资料综合解译的基础上,首次提出了"吴忠断裂"的概念并明确它的具体展布特征。本次对吴忠断裂的研究,是以前人工作成果为基础,进一步的精细化分析。

吴忠断裂(F_{IV}^1)为银川断陷盆地南部斜坡区与中央坳陷区的分界断裂,整体走向呈北北西332°,于叶盛镇西北侧,被北东走向的断裂F_V^9右行错断2.8km,分为南、北两支。断裂南支(F_{IV}^{1-1})南起吴忠市东南利红公路与南环路交会处,走向北北西335°,斜穿吴忠市区,于党家河湾村处斜切黄河,过红柳滩、王家寨子,止于叶盛镇西侧盛庄村,总长17.36km。断裂北支(F_{IV}^{1-2})承接南支的走向,呈微凸弧形,起于赵家庙村,经李俊北跨唐徕渠,达闽宁镇东北侧,后延出本区,全长28.82km。断裂控制着南部斜坡区的形成、发育,为银川断陷盆地内部比较重要的断裂之一(图2-35)。

该断裂重力场特征清晰,是剩余重力高、低异常区(带)过渡的梯度带,断裂西南侧为片状展布的吴忠-李俊剩余重力高异常区,是南部斜坡区基底隆升的体现,断裂东北侧是典型的片状剩余重力低异常区,反映出银川断陷盆地南端大厚度新生代地层的沉积、沉降特征。由此也可知,吴忠断裂是一条银川断陷盆地同沉积断层,断裂两侧基底地层应该一致。始新世银川盆地开始裂陷,吴忠断层开始发育,随着渐新世—中新世盆地进一步裂解扩张,吴忠断层两侧地层沉积厚度发生了较大的差异,东北侧的下降盘沉积了较厚的渐新统,沉积范围也逐步扩大。

野外实地勘测发现,吴忠断裂全段呈隐伏状态,地表均被第四纪河流相黏土沉积层覆盖,其上已被深度改造建设为标准农田与果园,未见任何断裂出露迹象。

2. 银川断裂(F_{IV}^2)

以往针对银川断裂的研究工作常常包含在对银川盆地断裂系统的研究中,成果颇丰(李燕,2017;方盛明等,2009;侯旭波,2012;黄富兴,2013;酆少英,2011;虎新军,2019;陈晓晶,2020),不仅详细探讨了银川地堑深部挤压应力场的特征,厘清了银川盆地不同构造层构造样式及形成演化,并且研究了盆地浅部结构和隐伏断裂分布情况,在此基础上,基于区域重力资料,划分了银川盆地的构造体系,构建了三维地质构造模型。

银川断裂主要分布于永宁以北地区,仅有其尾段部分延入工作区域(称为"银川断裂南段"),在此只对该段作简要的描述,不进行深入的探讨。

图 2-35 吴忠断裂考察点位与野外实景图
(a)吴忠断裂考察点位图;(b)①号点(吴家庄)野外实景;(c)②号点(龙门村)野外实景;
(d)③号点(王家团庄)野外实景;(e)④号点(黄羊滩)野外实景

银川断裂区域上为银川断陷盆地中部坳陷区与东部斜坡区的分界断裂,是银川盆地内部规模较大的分带断裂,控制了东部斜坡区的形成,为盆地的同生断层之一。第四纪晚期以来,南段断层活动强度较弱,属于晚更新世末期活动断层。断层全段呈隐伏状。断裂南段北北东走向(8°),呈北西向微凸的弧形展布,长约 13.2km,在此处分割了大新凸起与望远凹陷。

3. 白土岗断裂(F_{IV}^3)

"白土岗断裂"首见于《宁夏区域重磁资料开发利用研究》(李宁生等,2016)一书中,称为"白土岗-芒哈图断裂",《银川平原深部构造特征及断裂活动性研究》(李宁生等,2020)继承了这一名称,并将它定位为陶乐-彭阳褶断带中陶乐-横山堡陆缘褶断带与韦州-马家滩褶断带的分界断裂。

由于"白土岗-芒哈图断裂"延伸区段较长(南起扁担沟镇,经白土岗、清水营,至芒哈图,交于车道-阿色浪断裂),其中延入本次研究区的西南段处于白土岗乡管辖范围,此次将该段命名为"白土岗断裂"。

"白土岗断裂"北北东走向(38°),长25.46km。断裂重力场特征明显,两侧剩余重力异常存在显著差异,它的西北侧展布大面积、片状的剩余重力低异常区,东南侧则为北东向长条状剩余重力高异常带,断裂表现为密集的重力梯度带,线性特征清楚,为一条北西倾向的正断层。

4. 马鞍山断裂(F_{IV}^4)

马鞍山断裂为横山堡陆缘褶断带内一条分带断裂,北起于临河镇东(97°)4.89km处,近南北向展布,经黄草坡向南延伸,止于黄草坡南(175°)8.33km处,长约27.29km。

煤田勘探工作揭示,马鞍山断裂为控制任家庄煤田西侧含煤边界的断裂,倾向东,正断层。断裂西侧(上升盘)出露白垩系宜君组(K_1y)低胶结程度的砾岩,东侧(下降盘)为第四系风积、洪积砂层,断裂出露特征明显(图2-36)。

①号点(灵武东山东侧北段)处,断裂地表特征明显,上升盘为丘陵山区地貌,地形地势高,出露奥陶系灰岩,下降盘为古近系砂泥岩层,断裂表现为奥陶系与古近系的接触面;②号点(灵武东山东侧中段)处,断裂表现出典型的山前正断层特征,上升盘为白垩系宜君组杂色砂砾岩沉积,丘陵山地地貌,下降盘为第四系粉土沉积,山前洪积扇坡地地貌;③号点(灵武东山东侧南段)处断层地表特征与②号点处类似,均为山地丘陵地貌与山前洪积扇坡地地貌的分界;④号点(黄草坡南)断裂特征也较为明显,断裂两侧地层差异不大,均为第四系覆盖层,地形地貌差异较大,断裂表现为线性特征明显的天然地形斜坡。

(三)Ⅴ级断裂

Ⅴ级断裂是指次级构造区(带)内部,局部构造内的小规模断裂,本次划定的Ⅴ级断裂共36条。

根据断裂的展布范围及平面展布规律,可以将本区内Ⅴ级断裂大致分为3种类型:第一,吴忠断裂西南侧展布的北北西走向断裂,该系列断裂走向与吴忠断裂走向大体一致,延伸长度不长(18~27km)。剖面显示它的下切深度基本小于3km,产状较缓,倾角小于50°,以F_V^8为典型代表。第二,黄河断裂以东、马鞍山断裂以西之间区域的北北东向断裂,此系列断裂之间走向基本平行,与黄河断裂及马鞍山断裂呈斜交特征,与黄河断裂夹角小于30°,与马鞍山断裂夹角大于40°,断裂平面延伸较远,长27~42km。经CSAMT剖面及地震剖面揭

图 2-36 马鞍山断裂考察点位与野外实景图

(a)马鞍山断裂考察点位图;(b)①号点(灵武东山东侧北段)野外实景;(c)②号点(灵武东山东侧中段)野外实景;(d)③号点(灵武东山东侧南段)野外实景;(e)④号点(黄草坡南)野外实景

示,断裂斜切深度均比较大,均大于5km,在不同深度处逐次归并于黄河断裂之上。断面形态具有上陡下缓铲形结构,为典型的拉张应力形成的滑脱正断层,以 F_V^{27} 为典型代表。第三,吴忠断裂以东、黄河断裂以西之间的区域,属于银川断陷盆地中部坳陷区的南部,其中分布的断裂相对不多,从仅有的数条断裂特征可以看出,断裂走向为北北东向,与北部的银川断裂具有类似特征,均发育自吴忠断裂,归并于黄河断裂,此类型断裂一般倾角较大,产状平直,兼具正断层与走滑断层的性质,以 F_V^{14} 为典型代表。

三、与地质实测断裂对比分析

吴忠—灵武地区作为银川断陷盆地南端分布区域,前人对该区域内分布的断裂已经有了比较深入的工作(长庆石油管理局地球物理勘探公司,1987;中原油田分公司勘探开发科学研究院,2000;宁夏回族自治区地质调查院,2013;中国地震局地球物理勘探中心,2009,2015;宁夏回族自治区地球物理地球化学勘查院,2018),对银川盆地深部断裂的空间赋存性状及发育、演化特征有了一定的认识。但是,由于银川平原北第四系大面积覆盖,除了黄河断裂在局部区段具有比较明显的出露特征之外,绝大多数断裂呈隐伏状态。因此,地表经地质普查工作实勘的断裂数量远远少于本次由高精度重力资料综合解译的断裂数量,并且断裂的分布位置、展布形态也有一定的差异(图2-37)。

现将物探综合解译的断裂与已厘定的地质断裂统一进行对比,理清两种方案,分析存在差异的原因,统一吴忠—灵武地区的断裂划分方案,为该区断裂体系的厘定奠定基础。

整体上,此次基于1∶5万区域重力资料解译划定的断裂(下称"物探推断断裂")与地质普查实地勘测确定的断裂(下称"地质实测断裂")格架基本一致,但局部仍然存在明显的差异性。这种差异性主要体现在4个方面:一是断裂位置的差异性,是指物探推断断裂与地质实测断裂的走向一致,但位置具有一定差异性;二是断裂走向的差异性,是指物探推断断裂与地质实测断裂的走向基本不吻合;三是断裂长度的差异性,是指物探推断断裂与地质实测断裂走向基本一致,位置相互吻合,但延伸长度差异较大;四是断裂性质的差异性,是指物探推断断裂与地质实测断裂互相不吻合,非同一系列断裂。

(一)断裂位置的差异性

本区内此类断裂最为典型的为黄河断裂中北段,自灵武火车站以北,地质实测断裂(F_4)紧沿灵武东山山前的山-地结合部一路向北延伸,至红柳湾村东逐渐转为北北东走向,并分化为两支:东支延伸出4.25km后消失;西支与东支相距2.21km,走向平行(35°),西支继续北东向延伸至石坝村,地表特征消失。根据地质实测断层的延伸方向及规模,推断断裂呈隐伏状,经由横城斜切黄河后,大致沿河西滨河大道,达通北十一队延出本区。经过与物探推断的黄河断裂位置详细比对,分析认为,地质实测断裂在不同区段对应于不同的物探推断断裂。

具体的对应关系是:①灵武火车站(X:4225660/Y:619363)至永宁黄河大桥东延至灵武东山山前处(东支)(X:4238863/Y:621033),地质实测黄河断裂 F_4 对应于物探推断断裂 F_V^{26},地表见有明显的断裂出露迹象,塌鼻子沟断裂为灵武东山与山前洪积扇的分界,上升盘为第四系薄层覆盖下的古近系清水营组粉砂岩沉积层,下降盘为第四系厚层砾石沉积,上桥地震监测站位于该点以北300m处。②下桥村东(X:4237788/Y:618002)至二道沟东(X:4240152/Y:619294),地质实测黄河断裂 F_4 对应于物探推断断裂 F_V^{22}。③二道沟北(X:4241669/Y:619978)至石坝村(X:4249754/Y:627020),地质实测黄河断裂 F_4 对应于物探推断断裂 F_V^{21},在临河机场东侧,断裂直接切穿第四系,虽经人为采沙活动的破坏,但是断

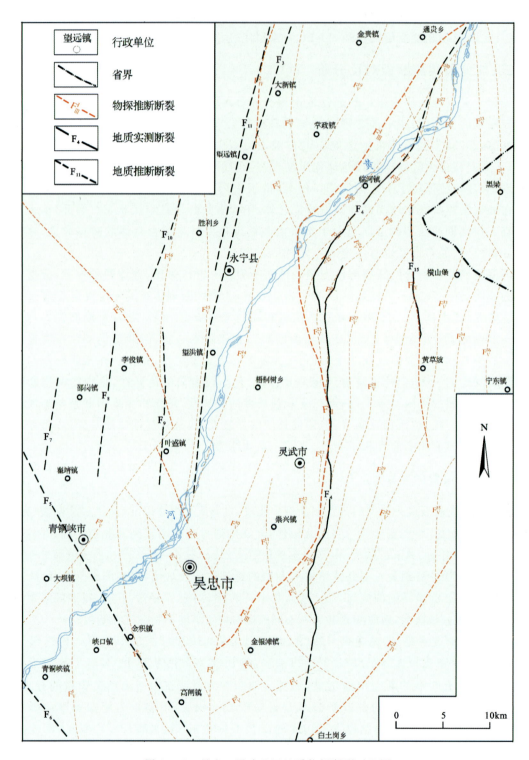

图 2-37 吴忠—灵武地区地质物探断裂对比图

裂造成的地形陡坎迹象依旧清晰可辨。采沙形成的断面揭示，断裂表现为一簇小型断裂，表层断距约 2m，表现为明显的砾石层错断，倾角约 45°。④石坝村（$X:4249754/Y:627020$）至河滩村北（$X:4257655/Y:630413$），地质推断黄河断裂 F_4 对应于物探推断断裂 F_V^{21} 北段，呈隐伏状，于滨河黄河大桥与滨河大道交叉处北侧，地表为第四纪河流相粉土、沙土沉积层，地貌为河边滩农田，无任何断裂迹象。⑤河滩村北（$X:4257700/Y:630468$）至牧南庄东（$X:4264496/Y:634329$），地质推断黄河断裂 F_4 对应于物探推断断裂 F_V^{20} 北段。在小沙窝北侧，地表为第四纪河流相粉土、黏土沉积层，地貌为平原区农田，无任何断裂迹象。

综合梳理黄河断裂（F_4）中北段存在的位置差异性，推断地质实测黄河断裂中北段实为多条断裂物探推断断裂（F_{III}^1、F_V^{26}、F_V^{22}、F_V^{21}、F_V^{20}）组成。而 F_V^{26}、F_V^{22}、F_V^{21}、F_V^{20} 这 4 条 V 级断裂均为黄河主断裂 F_{III}^1 的后缘次级断裂。由于银川断陷盆地现今的展布形态为自新生代早期起始，经过多期的构造演化而形成，它东部边界的黄河断裂随着银川盆地的演化，形成了多期次断陷作用，以最西侧、规模最大的一条为主断裂 F_{III}^1，其余 4 条为主断裂东侧逐级下掉的同系列附属断裂。但是地表的出露及现今残存的形态特征经历地质历史时期的改造，尤其是第四纪以来黄河河道的变迁，冲刷、侵蚀、掩盖了大部分原始断裂的出露形迹，现今遗存的地貌特征基本不具有良好的平面延伸形，使得地质实测断裂呈典型的"锯齿状"特征，实则是多条断裂"拼接"而成的缘故。

（二）断裂走向的差异性

断裂走向差异性最大的为黄河断裂南段，地质实测的黄河断裂（F_4）南段始于灵武市东果园二队，经杜木桥乡、东大滩、上滩村、狼皮子梁村一线，向南至白土岗乡，整体走向近南北（7°）。而依据地球物理场分布特征，物探推断的黄河断裂（F_{III}^1）南段，自灵武市东果园七队起始，经杜家滩三队，断裂走向逐渐转为北东向，过大泉村、杨马湖村，至金银滩镇以西的巴浪湖村附近，整体走向北东（42°）。

分析认为，黄河断裂（F_4）南段，地质实测断裂走向与物探推断断裂走向的巨大差异性反映了银川断陷盆地南部形成演化的多期性。新生代早期，银川断陷开始裂解、下陷，盆地范围较小，且南部收敛状，黄河断裂作为盆地东边界，深部发育位置靠近断陷盆地中心，平面呈向东南凸出的微弧形展布。受东西向区域地质应力的长期作用，银川断陷盆地持续沉降，分布范围进一步扩大。新生代晚期，盆地东部边界已向东扩展至现今地质实测断裂位置，且经历第四纪以来风积、沉积、湖积作用的叠加及现今人文活动的改造，盆地内可能残留的地质断裂位置被移平殆尽，仅留边部的断裂迹象可供察验。

（三）断裂长度的差异性

延伸长度存在明显差异性的断裂主要为马鞍山断裂，地质实测的马鞍山断裂（F_{15}）近南北走向，为陶乐-横山堡陆缘褶断带内的东西分带断裂，断裂西侧（上升盘）为灵武东山隆起带，出露白垩系宜君组（K_1y）砾岩，断裂东侧（下降盘）为横山堡隆褶带，地表为第四系覆盖，它下伏的侏罗纪地层赋存丰富的煤炭资源。断裂自北始于道坡沟附近（$X:4245354/Y:628161$），沿灵武东山东麓延伸至任家庄煤矿北侧（$X:4231226/Y:629009$），长约 14.15km；物探推断的马鞍山断裂(F_{IV}^4)为一条南北向展布的Ⅳ级断裂,剩余重力异常场表现为西侧北北东向剩余重力异常高值区(带)与东侧北北东向剩余重力高、低相间排列异常条带,分界作用明显。推断断裂北端起始点(X:4246746/Y:628194)与实测断裂基本一致,南端延伸较远,过任家庄煤矿、黄草坡一线继续南延,至甜水河村附近,终止于317国道(X:4219668/Y:630037),总长近27.16km,为地质实测断裂长度的近2倍。

差异性的存在体现出两方面缘由:第一,马鞍山断裂北段两侧的地形、地貌、地层差异性异常明显,对于断裂是否存在及位置信息的确定十分笃定,而南段地表仅可见微地形的差异,地貌、地层基本一致,在无任何地球物理场资料提供先期参考时,无法对断裂出露迹象进行准确识别与厘定,更无法确定断裂的位置;第二,马鞍山断裂北段东侧为横城矿区,包含红石湾井田、马莲台井田、任家庄煤矿、甜水河井田,是宁东能源化工基地重要的煤炭资源保障矿区,先后进行了大量的深部构造勘查工作,完全控制住了马鞍山断裂的空间形态,断裂南段东侧地表为鸭子荡水库,宁东能源化工基地的保障水源地,出于保护的目的,没有进行系统的深部地球物理勘查,对马鞍山断裂的控制程度不够。因此,地质实测马鞍山断裂北段笃定,南段有待详查落实,与物探推断断裂长度存在较大的差异。

(四)断裂性质的差异性

断裂性质的差异性,又可称为断裂的互不相关性。本区因覆盖大面积的第四纪地层,除盆地边界断裂(黄河断裂、马鞍山断裂)具有明显出露迹象及盆地内部已被物探资料证实的少数几条隐伏断裂之外,大部分断裂均为推断断裂,基本依据是为数不多的钻孔揭示及二维地震剖面解释,以此种方法划定的断裂不具有系统性。F_7、F_8、F_9等4条地质推断断裂未有物探推断断裂与之对应,地表也未见有任何断裂出露迹象。F_{10}、F_{11}与F_3这3条地质推断断裂与物探推断断裂具有一定的对应性,但性质完全不吻合。具体地,F_{11}与F_3为地质推断的银川断裂的两支,为银川断陷盆地东部斜坡区与中部坳陷区的分界断裂,断裂西倾,级别为Ⅳ级。它于大新镇北部延入本区,沿望远镇、永宁县、望洪镇一线,呈北北东(11°)走向,而依据地球物理场分析,物探推断的银川断裂(F_{IV}^2)基本沿F_{11}轨迹延伸至大新镇西侧由北北东(16°)逐渐转为北北东(4°),并结束于望远镇东侧。望远镇至永宁县之间区域未见有规模较大的断裂赋存,西倾的F_3南延的永宁县至叶盛镇之间的断裂实为银川断陷盆地南部凹陷区的内部小规模东倾断裂F_V^{15},二者之间无对应关系。胜利乡西侧展布的地质推断断裂F_{10}与物探推断断裂F_V^{16}对比,无论断裂走向、延伸长度、展布形态等特征均无法统一。

第四节 断裂体系特征

一、银川盆地构造演化

根据中国活动构造和强震活动特征,邓起东(2002)和张培震(2003)分别对中国大陆及邻区新生代以来的次级板块特征进行了划分。银川盆地作为华北陆块的一部分,新生代以来处在青藏块体、阿拉善块体与鄂尔多斯块体之间(图2-38),主要表现为北东向的断陷运动,除了早期裂谷运动背景外,晚新生代以来还受到来自青藏高原隆起向北东扩展的影响。

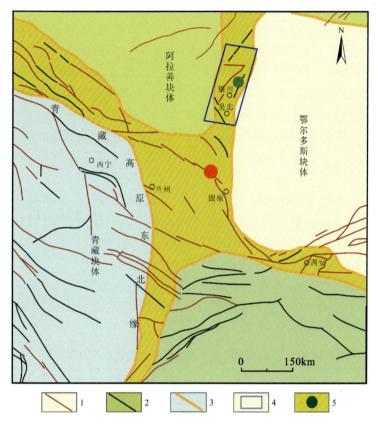

1.活动断层;2.裸露断层;3.构造单元边界;4.工作区范围;5.强地震震中位置。

图2-38 银川盆地新构造分区图(改自张培震等,2003)

(一)前新生代挤压隆起

根据盆地基底地层的沉积特征,认为在三叠纪—侏罗纪时,银川-吉兰泰地堑均处于隆起状态,在侏罗纪末,强烈的燕山运动形成了北西-南东向的挤压,使得现今的银川地堑所在区形成升起最高的"断隆",并向贺兰山区逆冲,发育有北北东向的褶皱及挤压逆冲断层(Darby and Ritts,2002),表现为由东向西的逆冲。晚白垩世至古近纪初,全带整体抬升。

(二)始新世拉张断陷

直到始新世,区域构造应力场发生变化,在银川地堑地区表现为北西-南东向的拉伸,贺兰山东麓断裂的性质也随之转为向东倾的正断层,银川地堑开始形成(鄂尔多斯周缘断裂系,1988;林畅松和张燕梅,1995;赵重远,1990;汤锡元和郭忠铭,1990;刘和甫等,1990;贺兰山西麓断裂带第四纪晚期精细研究,2004;张进等,2004;刘建辉,2009;银川市活断层探测与地震危险性评价,2010)。

(三) 第四纪挤压隆升

最近的研究表明,青藏高原主要通过持续的地壳增厚向北东扩张(Zhang et al.,2003),裂变径迹年龄证实高原东北缘的六盘山、祁连山的隆起发生在9~8Ma(Zheng et al.,2006),对应的寺口子盆地的快速堆积也发生在10~7Ma(Wang et al.,2011)。后期对高原东北缘弧束区断裂的定量研究中也同样揭示高原向北东扩张发生在中新世之后,且逐步向外迁移(Gaudemer,1995;Wang,2013),至第四纪早期才扩张至银川盆地南缘(雷启云,2016)。那么银川盆地的起始裂解并非高原的隆起所致,可能与太平洋板块向东的俯冲相关,第四纪以来,银川地堑的断裂系在这两种动力背景下,活动更加强烈(Zhang et al.,2006)。

二、构造应力场分析

震源机制解是分析现今构造应力场的一个关键方法。1981年李孟銮等利用1974—1978年地震台站记录到的地震P波初动符号,求出了以宁夏及周边区域7个地震台为中心,一定距离为半径范围内的小地震综合断层面解(见图1-11)。可以得出,灵武地区现今区域主应力方向为北东向挤压应力。

其中X、Y分别代表节面A、B上盘错动方位,P、T、N分别相当于最大、最小和中等压应力轴,求得的结果见表2-15。从表可知,银川盆地的主压应力为31°~51°,平均为41°,这与盆地两侧控盆边界断裂的走向基本一致。

表2-15 以地震台站为中心的小区域地震综合断层面解

地点	节面A			节面B			X轴		Y轴		P轴			T轴			N轴	
	走向	倾向	倾角	走向	倾向	倾角	方位	仰角	方位	仰角	走向	倾向	倾角	走向	倾向	倾角	方位	仰角
石嘴山	77°	347°	78°	174°	84°	59°	84°	28°	347°		77°	347°	78°	174°	84°	59°	84°	28°
灵武	6°	96°	80°	91°	1°	62°	1°	28°	96°		6°	96°	80°	91°	1°	62°	1°	28°

此后,薛宏运等(1984)根据区域地震台网记录的P波初动方向观测资料,采用求多个小地震综合节面解的办法得到了鄂尔多斯北缘、西缘和南缘13个分区的现代地壳应力场的结果,现对工作区及相邻分区的具体结果叙述如下。

研究区为图中的分区5,包括了整个银川盆地和贺兰山,计算时只用了盆地中地震的资料。区内主要构造线的走向为北北东或近南北,若走向180°的A节面对应地震断层的平均走向,断裂活动则为兼有正断层分量的右旋走滑。银川盆地的平均P轴方位48°、仰角20°;T轴方位312°、仰角5°与之前的结果基本一致(见图1-12)。

三、断裂体系划分

以区域构造应力场分析结果为基础,根据本区展布特征,可以将划定的41条各级别断裂归类划分为吴忠断裂系、银川断裂系、黄河断裂系和宁东断裂系4个断裂系(图2-39)。

第二章 断裂体系特征研究

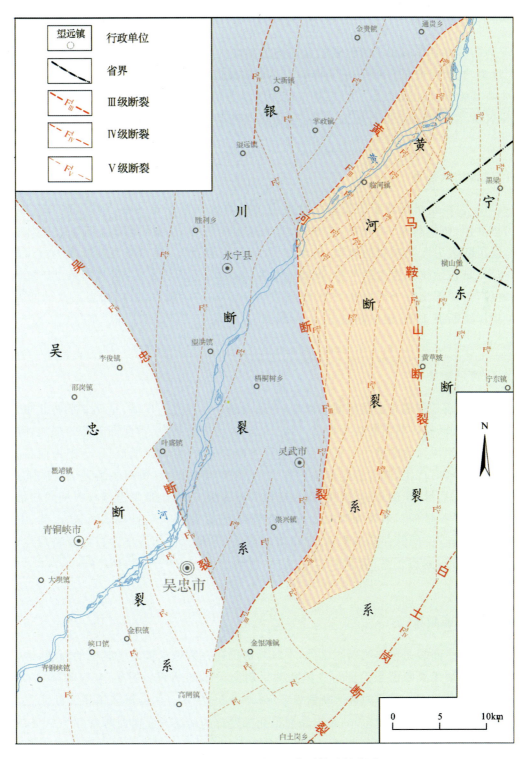

图 2-39 吴忠—灵武地区断裂体系划分图

(一)吴忠断裂系

吴忠断裂系是指展布于银川断陷盆地南部斜坡区内的吴忠市、青铜峡市、金积镇、峡口镇、大坝镇,北北西走向的断裂,此类断裂以吴忠断裂最为典型,因此称为"吴忠断裂系"。其形成主要受始新世区域拉张应力,断裂下切深度小于3km,且越往西南方向,断裂规模越小。综观本区域,吴忠断裂系共计断裂5条,包括Ⅳ级断裂1条(吴忠断裂$F_{Ⅳ}^1$)、Ⅴ级断裂4条($F_Ⅴ^5$、$F_Ⅴ^6$、$F_Ⅴ^7$、$F_Ⅴ^8$)。

(二)银川断裂系

银川断裂系是指展布于银川断陷盆地中央坳陷区南部的掌政镇、望远镇、胜利乡、永宁县、望洪镇、梧桐树乡、灵武市、崇兴镇,北北东走向断裂,从银川断陷盆地断裂整体分布分析,银川断裂为此类断裂的典型,故而称为"银川断裂系"。银川断裂系形成于银川断陷盆地初期,是初始拉张应力的产物,此类断裂呈隐伏状,下切深度大,自第四系之下切穿新生代地层,于深部交会于银川断裂之上,深度大于5km。区域内,银川断裂系共计断裂11条,包括Ⅳ级断裂1条(银川断裂$F_Ⅳ^2$)、Ⅴ级断裂10条($F_Ⅴ^{10}$、$F_Ⅴ^{11}$、$F_Ⅴ^{12}$、$F_Ⅴ^{13}$、$F_Ⅴ^{14}$、$F_Ⅴ^{15}$、$F_Ⅴ^{16}$、$F_Ⅴ^{17}$、$F_Ⅴ^{18}$、$F_Ⅴ^{19}$)。

(三)黄河断裂系

黄河断裂系是指展布于黄河断裂以东、马鞍山断裂以西之间区域,呈北北东转北东走向的断裂,该类型断裂以黄河断裂为代表,因此称为"黄河断裂系"。黄河断裂系的形成伴随着银川断陷盆地形成演化的整个过程。其中黄河主断裂($F_Ⅲ^1$)发育时期最早,为银川前新生代古隆起开始裂解时产生,随着裂陷深度的加大、盆地范围的扩大,黄河主断裂下切深度逐渐直抵上地壳,它后缘(东侧)的同性质、次级规模断裂逐次发育,剖面形态呈现典型的扫帚状,黄河主断裂为"扫帚柄",东缘外侧的8条次级断裂组成"扫帚头",且各条断裂"上陡、中缓、下陡"的"座椅式"空间赋存形态明显,尤以最东侧的$F_Ⅴ^{32}$最为突出。本区黄河断裂系共计断裂9条,包括Ⅲ级断裂1条(黄河断裂$F_Ⅲ^1$)、Ⅴ级断裂10条($F_Ⅴ^{20}$、$F_Ⅴ^{21}$、$F_Ⅴ^{22}$、$F_Ⅴ^{23}$、$F_Ⅴ^{26}$、$F_Ⅴ^{27}$、$F_Ⅴ^{28}$、$F_Ⅴ^{29}$、$F_Ⅴ^{30}$、$F_Ⅴ^{32}$)。

(四)宁东断裂系

除上述3个断裂系包含的断裂之外,本区局部仍存在数条未被纳入其中的断裂,这些断裂多为三大断裂主要断裂系内部与主体断裂呈斜交关系的断裂。例如:金银滩镇展布的3条小规模断裂($F_Ⅴ^1$、$F_Ⅴ^2$、$F_Ⅴ^3$)为黄河断裂($F_Ⅲ^1$)与吴忠断裂($F_Ⅳ^1$)在金银滩镇相交处派生出的小规模断裂,不成体系,规模也小;黄河断裂带北部发育的两条北北西向断裂($F_Ⅴ^{24}$、$F_Ⅴ^{25}$),右行错断黄河断裂系的多条断裂。另外,马鞍山断裂以东地区分布多条北北东向转近南北向断裂($F_Ⅴ^{33}$、$F_Ⅴ^{34}$、$F_Ⅴ^{36}$),南端交于马鞍山断裂,北段交于北西向断裂($F_Ⅴ^{25}$)。上述这些断裂,多分布于主体构造东部的宁东地区,故称"宁东断裂系"。

四、断裂期次厘定

断裂的发育期次与银川断陷盆地的形成演化过程密不可分,从断裂平面展布特征分析,该区域内发育的断裂可以分为4个期次(图2-40)。

(一)前新生代挤压隆起断裂发育期

燕山运动第Ⅲ幕发生于鄂尔多斯盆地周缘地区,由盆地中心向周缘辐射型挤压,形成环鄂尔多斯隆升造山带,盆地西缘的横山堡陆缘褶断带即在此时代形成,其间发育的主要构造表现为马鞍山断裂以东地区北北东向东倾逆断层 F_V^{33}、F_V^{34}、F_V^{36})。

(二)始新世—渐新世拉张断陷断裂发育期

前新生代挤压隆升作用一直持续到始新世,区域构造应力场发生变化,由东向西的挤压应力转为北西-南东向的拉伸应力,喜马拉雅运动第Ⅰ幕开始,银川地堑萌生,伴随产生了中央坳陷区内的数条以银川断裂为典型的北北东向小规模断裂,即"银川断裂系",银川盆地的两条边界断裂在此时代也开始形成,贺兰山东麓断裂由原来的东倾逆冲断裂转变为东倾正断层,黄河主断裂、吴忠断裂开始形成,但规模较小,不成体系。

(三)中新世—上新世拉张断陷断裂发育期

自中新世开始,在持续的北西-南东向的拉伸应力场作用下,开启了第Ⅱ幕喜马拉雅运动,银川断陷盆地全面发育,南部斜坡区的"吴忠断裂系"与黄河断裂东缘的"黄河断裂系"逐次形成,并且完整的断裂体系已然成型,区域性的黄河深大断裂持续发育,下切深度进一步加大,直切上地壳。

(四)更新世—全新世挤压-伸展断裂调整期

更新世承接了第Ⅲ幕喜马拉雅运动,银川断陷盆地发育进入了逐渐消亡期,青藏高原向北东扩张形成的南西向北东挤压应力场已经给银川断陷盆地西南缘带来了影响,叠加在北西-南东向的拉伸应力场背景下,造成了挤压-伸展构造作用,断裂发育进入局部调整期。受其影响,"吴忠断裂系"在保持先前构造格局不变的情况下,基底隆升变迁,导致断裂下切深度不大、规模变小。此外,在3个"断裂系"内部主要产生了若干条与主干断裂斜交并右行错断断裂系内部断裂的走滑性质的次级断裂,古地震事件的频发,从侧面印证了挤压应力的存在。

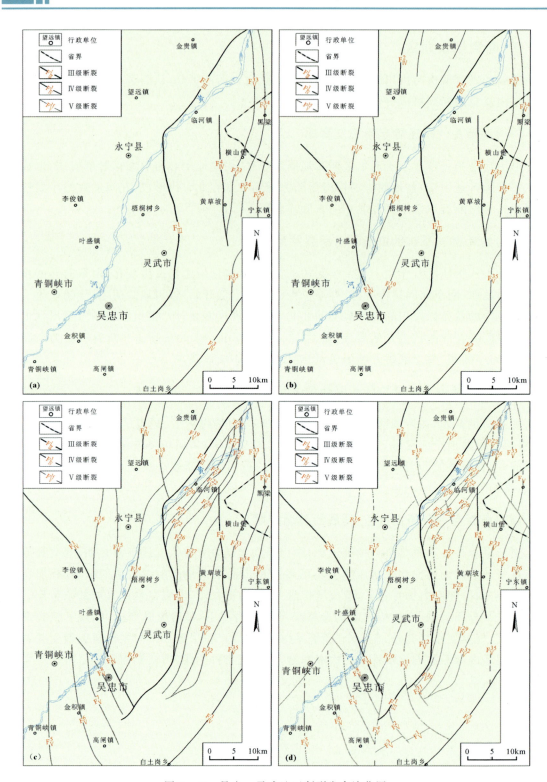

图 2-40 吴忠—灵武地区断裂发育演化图
(a)前新生代挤压隆起期;(b)始新世—渐新世拉张断陷期;(c)中新世—上新世拉张断陷期;
(d)更新世—全新世挤压-伸展期

第三章　局部构造特征研究

第一节　局部构造类型

遵照《中国区域地质志·宁夏志》(宁夏回族自治区地质调查院,2017)大地构造单元划分方案,宁夏大地构造单元综合区划划分到五级。其中,Ⅰ级、Ⅱ级构造单元遵循全国统一划分命名;Ⅲ级、Ⅳ级构造单元划分命名采用三段式,即:地名+主构造时代+构造属性;Ⅴ级构造单元划分命名采用地名+构造形态,主要包括褶断带、冲断带、大型断(坳)陷盆地、大型向斜构造等。研究区西段位于柴达木-华北板块Ⅰ级构造单元、华北陆块Ⅱ级构造单元、鄂尔多斯地块Ⅲ级构造单元、鄂尔多斯西缘中元古代—早古生代裂陷带Ⅳ级构造单元、银川断陷盆地南段Ⅴ级构造单元,东段展布于陶乐-彭阳冲断北段陶乐-横山堡陆缘褶断带Ⅴ级构造单元。

一、银川断陷盆地

喜马拉雅期盆地东、西两侧北北东向断裂右行走滑拉分形成断陷盆地,可能萌生于始新世,在中新世末断陷沉降活动加剧,形成巨厚的古近系—新近系沉积,第四纪仍有活动。据地震勘探成果(中原石油勘探局,2001),可将银川盆地划分为5个次级构造单元,分别为北部斜坡区、西部斜坡区、中央断陷区、东部斜坡区及南部斜坡区。研究区黄河断裂以西区域隶属于中央断陷区、东部斜坡区和南部斜坡区,自北向南分布着望远、通贵、望洪及灵武4个大规模次级凹陷,以及大新、永宁、邵岗、吴忠4个次级凸起,新生界厚度变化受基底构造的控制,厚度较银川盆地北部薄,银参2井揭示南端吴忠南第四系厚147m,新生界厚1986m。

二、陶乐-横山堡陆缘褶断带

北界为正义关断裂东延,南界为灵武南到磁窑堡一带。西邻银川断陷盆地,由于周缘巨厚的新生代沉积覆盖,前新生代地层露头出露非常有限,仅在横山堡、灵武和磁窑堡之间有较大面积的三叠系至白垩系出露。研究区黄河断裂以东区域位于褶断带南段,马鞍山断裂以西自北向南分布着通贵南、临河、灵武东山3个次级凸起及各小规模次级凹陷。

第二节 局部构造反演

一、主要的反演方法

本次研究采取小波多尺度分解及帕克界面反演两种方法对研究区1∶5万剩余重力异常数据进行反演。

1. 小波多尺度分解

近年来发展起来的小波分析方法,在信号处理、故障监控、图像分析等很多学科领域得到越来越广泛的应用,在重磁勘探领域的应用也取得了较好的效果。但是,一般的文献中往往忽略了重磁资料的小波多尺度分解应分解至几阶,以及各阶分别反映的实际地质意义,尤其是在固体矿产勘探方面,在对孤立地质体的异常提取和解释中,用小波多尺度分析方法应分解到几阶要根据实际磁测资料和地质资料,结合理论模型分析来确定。

设函数 $f(t) \in L^2(R)$,定义其小波变换为:

$$W_f(a,b) = <f, \psi_{a,b}> = |a|^{-1/2} \int_{-\infty}^{+\infty} f(t) \overline{\psi\frac{t-b}{a}} dt$$

其中,函数系:

$$\psi_{a,b}(t) = |a|^{-1/2} \psi\left(\frac{t-b}{a}\right) \quad a \in R, a \neq 0; b \in R$$

称为小波函数(wavelet function)或简称为小波(wavelet)。

多尺度分析又称多分辨分析,对于离散序列信号 $f(t) \in L^2(R)$,其小波变换采用 Mallat 快速算法,信号经尺度 $j=1,2,\cdots,J$ 层分解后,得到 $L^2(R)$ 中各正交闭子空间($W_1, W_2, \cdots, W_J, V_J$),若 $A_j \in V_j$ 代表尺度为 j 的逼近部分,$D_j \in W_j$ 代表细节部分,则信号可以表示为 $f(t) = A_j + \sum_{j=1}^{J} D_j$,据此函数可以根据尺度 $j=J$ 时的逼近部分和 $j=1,2,\cdots,J$ 的细节部分进行重构。

小波变换引入了多尺度分析的思想,在空间域和频率域同时具有良好的局部分析性质。小波变换可以将信号分解成各种不同频率或尺度成分,并且通过伸缩、平移聚焦到信号的任一细节加以分析。小波分析的这些特点决定了它是进行地球物理数值分析的有效工具,利用小波变换的上述特点,对磁异常进行划分,便可得到各种尺度意义下的异常(图3-1)。

2. 帕克密度界面反演法

帕克密度界面反演法为一种利用大面积布格重力异常和航磁异常求取地层界面深度及划分地质构造单元的常用的数据处理方法,其反演的算法来自帕克正演算法,其正演计算公式为:

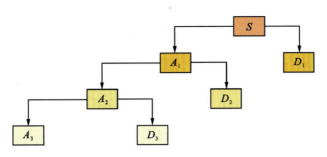

图 3-1　三层多尺度分析结构图

$$F[\Delta g(x,y,0)]=-2\pi Gd\exp(-sh)\sum_{n=1}^{\infty}\frac{(-s)^{n-1}}{n!}F[\Delta h^n]$$

式中：G 为万有引力常数；d 为密度常数；$s=\sqrt{u^2+v^2}$ 为径向圆频率；$F[\ ]$ 表示傅里叶变换，Δh 是地下相对于平均深度 h 的物性界面起伏随水平位置变化的函数。规定当界面在 h 以上时 Δh 为负，反之为正（图 3-2）。

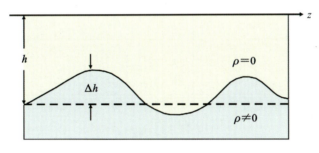

图 3-2　单界面模型示意图

二、重力场特征

为了进一步了解低密度在该地区的重力异常特征，采用小波变换方法，将研究区布格重力异常数据进行多尺度分解，图 3-3 是经小波多尺度分解后得到的各阶细节部分。其中，小波一阶细节除几个具有一定规模的重力局部异常外，其余小规模异常点是布格重力异常的扰动部分和噪声，没有太多的地质意义[图 3-3(a)]。一阶细节场源似深度约 900m，结合钻孔及物探剖面分析认为，是新近系界面地层起伏产生的场[图 3-3(c)]。小波变换二阶细节主要反映了沿断裂带重力场梯级带重力局部异常信息[图 3-3(b)]，场源似深度约 1100m，可作为新近系底界面地层起伏产生的场[图 3-3(d)]。

三阶细节异常圆滑，高低重力异常分别与研究区内范围较大的凸起和凹陷相对应[图 3-4(a)]，功率谱对应的场源深度约 1800m，把三阶小波细节作为褶皱基底顶界面起伏产生的场[图 3-4(c)]。四阶细节部分异常更加圆滑（图 3-4(b)），场源似深度约 3000m，可作为结晶基底顶界面起伏产生的场[图 3-3(d)]，条带状分布特征更加明显，反映了受断裂带影响，地层岩性的变化以及密度的变化特征。

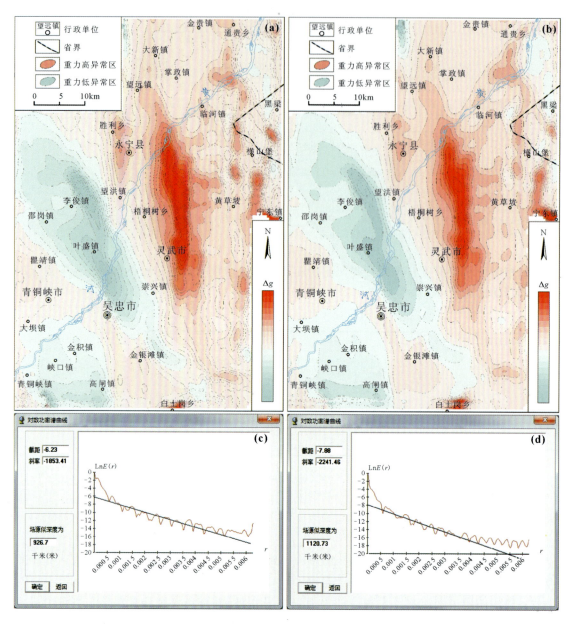

图 3-3 小波一阶、二阶细节场与功率谱分析结果(等值线单位:×10^{-5}m/s²)
(a)一阶细节部分;(b)二阶细节部分;(c)一阶细节功率谱分析;(d)二阶细节功率谱分析

五阶细节表现为盆地内部呈现明显的北北西向展布的低值区特征,两侧分别为北西向及北北东—近南北向的重力高值区[图3-5(a)],场源似深度约4300m,反映了结晶基底深部的地质体和地质界面[图3-5(c)]。六阶细节场与布格重力场特征类似[图3-5(b)],西侧高值区为受北东向祁连造山带逆冲推覆挤压的结果,中部低值区为银川断陷盆地向东拉伸的地层密度变化特征,东侧高值区为鄂尔多斯盆地向西挤压的地层变化特征,功率谱计算的场源深度为6km,反映了深部地壳起伏产生的场[图3-5(d)]。

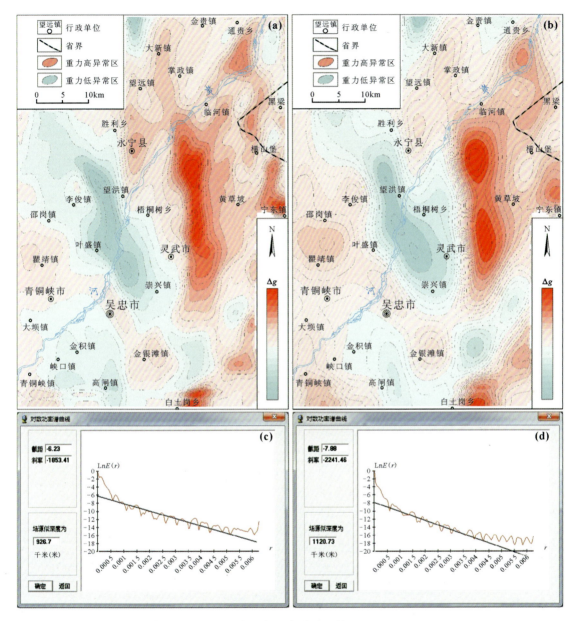

图 3-4 小波三阶、四阶细节场与功率谱分析结果(等值线单位:×10^{-5}m/s^2)
(a)三阶细节部分;(b)四阶细节部分;(c)三阶细节功率谱分析;(d)四阶细节功率谱分析

三、反演成果分析

(一)研究区整体构造特征分析

对研究区重力异常小波多尺度分解的各阶细节部分研究,小波六阶细节主要反映深部基底整体构造格局,未出现局部重力高异常及低异常。五阶细节场表明,紧邻青铜峡以北发

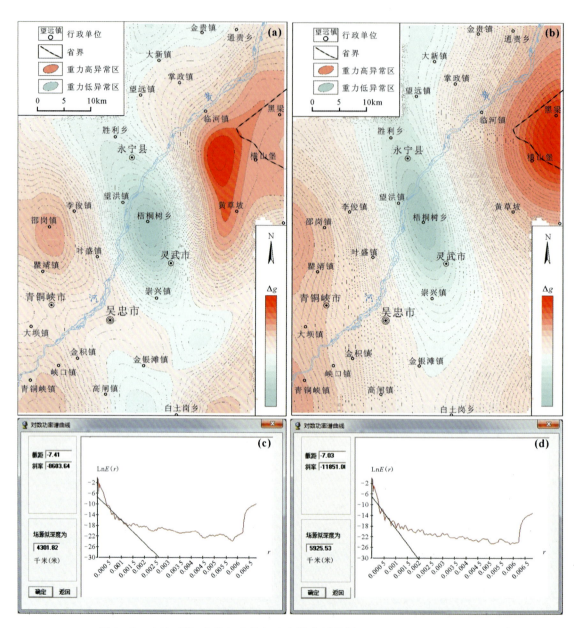

图 3-5 小波五阶、六阶细节场与功率谱分析结果(等值线单位: ×10^{-5} m/s^2)
(a)五阶细节部分；(b)六阶细节部分；(c)五阶细节功率谱分析；(d)六阶细节功率谱分析

育一近似不规则圆形展布的邵岗凸起,由该地区深部高密度地质体的局部隆升所引起。四阶细节场显示,西南侧吴忠地区北西向展布的条带状高异常得以进一步凸显,且以东南向延伸至金银滩镇,反映了深部古元古代结晶基底上隆,形成局部凸起；中部灵武凹陷为一规模较大的展布于望洪镇—灵武市一线呈倒三角状的负异常,灵武凹陷北部发育大新凸起及永宁凸起,亦是老地层局部隆升的反映；东侧陶乐-横山堡褶断带内进一步细分为东、西两个高值异常带,西侧异常带沿临河镇、黄草坡西一线向南延伸至崇新镇东,东侧异常带呈串珠状分布于黑梁、横山堡、黄草坡东一带,体现了褶断带内基底隆升的局部高点。三阶细节场表明,西南侧邵岗凸起范围缩小。中部永宁凸起向南延伸较远,约可达望洪镇附近。东侧褶断带内黑梁凸起进一步发育通贵东及黑梁西两个次凸,并出现沿通贵东—黑梁—横山堡东一线分布的近南北向展布的串珠状低异常带,是受东倾黑梁断裂为主控因素的构造格架。二阶细节场表明,各局部构造是对下伏基底界面凹凸起伏产生异常的继承,仅是各异常的范围有所变化,西南侧邵岗凸起逐渐南移,中部各异常形态变化不大,东侧受黄河断裂控制,整体继承了深部异常构造格局,仅是串珠状特征更为显著,临河西凸起进一步凸显,并发育临河凹陷,是奥陶系顶面下凹上覆沉积相对较厚的新生代地层的反映。

(二)重点区段构造特征分析

近些年在银川平原开展的地热资源研究表明,银川盆地东缘新型地热资源具有埋藏浅、水质好、温度高等优势,为了精细刻画盆地东缘热储层及盖层构造特征,本次以黄河断裂东侧陶乐-横山堡褶断带为重点区段,1:5万重力数据为基础,各物探剖面及钻孔数据为参考,重点分析了各套地层顶面局部构造特征。

1. 古元古代基底顶面局部构造特征

古元古代结晶基底顶面构造面貌具有南北高、中部低的"鞍部"特征,顶面埋深约在1720~2930m之间,埋深高差较大,约1200m,最深处位于中北部临河西凸起的北端及黄草坡西北部黑山凹陷南段,最浅区位于南部灵武东山凸起南段及东南侧灵武东山南凸起北端。具体地,以北北西向展布的F_V^{25}断裂为界,北部整体表现为以紧邻黄河断裂的通贵东凸起南段为中心,朝东北、东南方向发散,该中心点为埋藏最浅区,约2000m;中部为F_V^{25}断裂以南、永宁—横山堡一线以北区域,表现为高低相间的特征,最浅区位于临河东凸起西侧,埋深约2263m,最深区位于东侧黑山凹陷北部次凹中,约2560m;南段灵武—甜水河一线以北为一东倾单斜构造,以南反转为西倾单斜构造,最浅区位于西侧灵武东山凸起南段,发育南东向鼻状凸起,亦为隆起区埋深最浅区域,最深区位于东侧黄草坡北部黑山凹陷南段次凹中,为2923m,中部灵武东山断阶为一构造阶地,埋深范围在1860~2570m之间,高差约700m(图3-6)。

2. 奥陶系顶面局部构造特征

奥陶纪褶皱基底顶面构造面貌与下伏结晶基底类似,顶面埋深在360~1280m之间,高差约900m,最高点位于灵武东山凸起及灵武—甜水河一线以南区域,埋深最大处位于临河镇西侧。具体地,F_V^{25}断裂以北发育一南东向低幅度鼻状构造,埋深最浅区位于通贵东凸起中部,约500m;中部表现为一西倾的缓坡构造,最高点位于黑山北,埋深约460m,厚度为2150m,为奥陶纪地层最厚区。最深区位于临河西凸起中部,埋深约880m,厚度为1100m;南段为高低相间的展布特征,其上发育小范围鼻状凸起和缓坡构造,以黄河主断裂为西侧控边断裂的临河南凸起表现为南东向低幅度鼻状凸起,灵武东山凸起为埋深最浅区,最深区位于临河南凸起南段,埋深约946m(图3-7)。

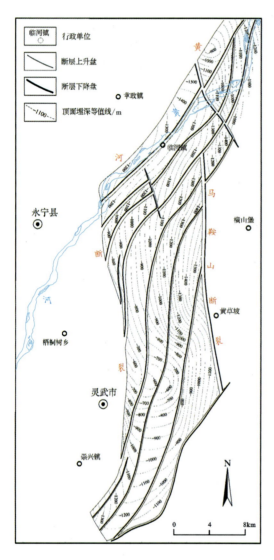
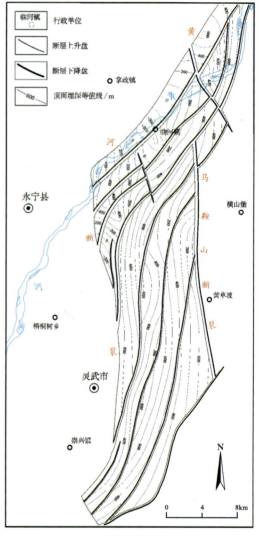

图 3-6 古元古代基底顶面构造　　　　图 3-7 奥陶系顶面构造图

3. 石炭系—二叠系顶面局部构造特征

石炭系—二叠系顶面亦表现为南北高、中部低的"鞍部"特征,顶面埋深范围为 3~987m,埋深高差约 980m,整体继承了下伏奥陶系顶界面的起伏形态,最深处位于临河镇西北侧,厚度约 200m,最浅区位于甜水河西侧黄草坡凸起核部,约 600m 厚。具体地,北部与古元古代基底发育特征一致,以通贵东凸起核部为中心点,朝北东向、南东向散发,最浅区埋深为 105m;中部整体表现为西倾构造,最高点位于临河镇东侧临河东凸起区内,埋深约 363m,厚度为 500m,最深区位于临河镇附近,埋深为 1080m,厚度约 200m;南段灵武—甜水河一线以北呈高低相间的展布,灵武东山凸起北端发育北东向鼻状构造,埋深约 108m,向西逐渐下降,最深处埋深 750m。向东为一构造阶地,埋深范围为 310~462m,阶地以东表现为向东南抬升的趋势,最高点位于甜水河西侧,埋深约 3m。以南区域表现为东北向西南倾斜的单倾构造,最浅区位于甜水河西南侧,埋深约106m,最深区域位于西侧黄河断裂消失的倾末端,埋深约920m,厚度为200m(图3-8)。

4. 新近系顶面局部构造特征

新近系顶面构造图揭示,该套地层整体为一西倾的单斜构造,顶面埋深在3～106m之间变化,高差较小,约80m,区内高点位于马鞍山断裂以西黑山南凸起北端,最深区位于北端通贵东凸起南段。具体地,北部表现为一西倾的缓坡构造,最浅区位于东北侧,缺失白垩系,古近系—新近系厚度为450m,最深区通贵南凸起厚度为200m;中部表现为北西向倾斜的单斜构造,最深处黑山南埋深浅,约9m,白垩系—新近系厚度为350m,最浅区临河西凸起北端埋深106m,厚度为400m;南段亦表现为东高西低的斜坡构造,最浅区黑山南凸起埋深约3m,厚度为450m,最深处临河南凸起埋深约13m,厚300m(图3-9)。

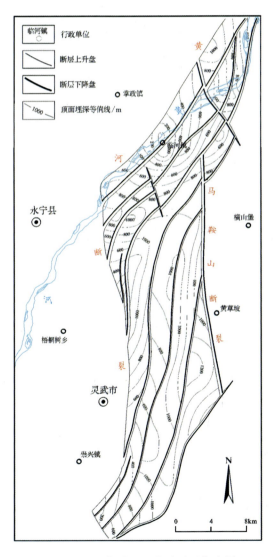
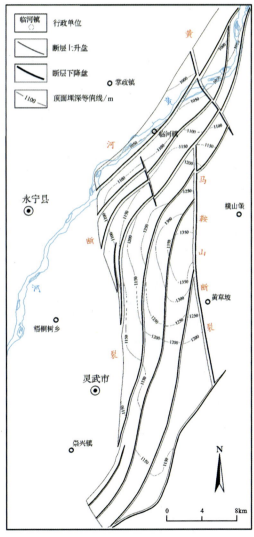

图3-8 石炭系—二叠系顶面构造图　　　　图3-9 新近系顶面构造图

第三节　局部构造特征

一、剩余重力异常提取

以研究区布格重力异常数据小波多尺度分解结果为参考,结合多尺度滑动窗口线性回归方法,通过圆周法对研究区剩余重力异常进行重新求取,为了使计算的结果能够比较真实地反映地下地质体的产状、形态,选择合理的计算半径是圆周法运用成功的关键所在。

本次最佳半径通过下述试验方法估算:在研究区布格重力异常平面等值线图中,金银滩东凹陷重力异常完整,形态规则,以该重力异常为例,用不同半径的圆周,读取相应的异常平均值(图3-10)。然后以半径为横坐标,以平均异常为纵坐标,画出二者的关系曲线(图3-11)。

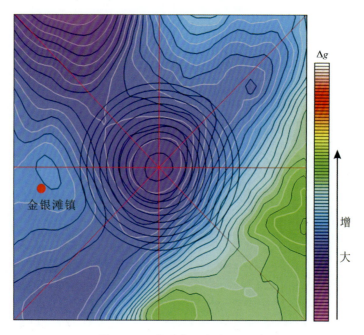

图3-10　滑动窗口大小选取图

通过试验并结合与已知局部构造相互对比后,最佳窗口半径确定为4.5km。根据选取的最佳半径,应用滑动窗口法求取了研究区剩余重力异常,共圈定剩余重力异常42个(图3-12,表3-1)。

整体上,研究区重力异常呈现"两高夹一低"的东西分区(带)展布特征,依此将本区剩余重力异常进一步划分为两个区(带),西南侧剩余重力高值带与中部剩余重力低值带为银川断陷盆地内部区(带),东部为陶乐-横山堡陆缘褶断带剩余重力异常高值带。

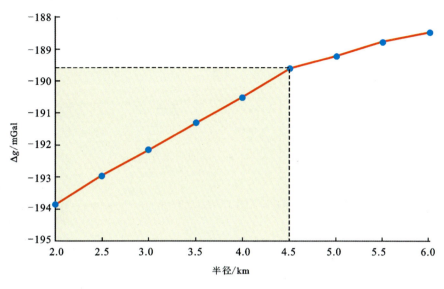

图 3-11 圆周法最佳半径估算图

二、局部构造单元划分

依据《中国区域地质志·宁夏志》(宁夏回族自治区地质调查院,2017),研究区大地构造位置属柴达木-华北板块Ⅰ级构造单元、华北陆块Ⅱ级构造单元、鄂尔多斯地块Ⅲ级构造单元、鄂尔多斯西缘中元古代—早古生代裂陷带Ⅳ级构造单元、银川断陷盆地及陶乐-彭阳冲断带内北段陶乐-横山堡陆缘褶断带Ⅴ级构造单元。依据剩余重力场特征,结合钻孔、地震剖面、MT 剖面、CSAMT 剖面等各类地球物理资料,将研究区进一步细分为 36 个局部构造,包含 14 个凹陷、19 个凸起及 3 个断阶(图 3-13)。

(一)银川断陷盆地

银川断陷盆地以黄河断裂为东边界,东界与褶断带以密集重力梯度带接触,面积约 1954 km²。在布格重力异常图上呈西高东低的条带状展布,吴忠断裂以西以凸起展布为主,南段局部发育北北西向长条状凹陷。夹持于吴忠断裂与黄河断裂之间的盆地主体,以大范围北东向及近南北走向条带状凹陷为主,但在大新镇—永宁县—望洪镇一带发育一系列近南北走向长条状展布的凸起,将凹陷区一分为二。以本研究区覆盖的 3 个Ⅵ级构造单元为基础,进一步划分了 13 个次级构造单元,除青铜峡镇南端零星出露奥陶系及新近系之外,其余区域均被第四系所覆盖。

1. 东部斜坡区

东部斜坡区在剩余重力异常图上表现为高低相间的构造特征,其东侧受黄河断裂控制,斜坡内钻遇 Y1、Y6、Y7 三口地热孔,依据重力场特征,将斜坡区进一步划分为 4 个次级构造单元。

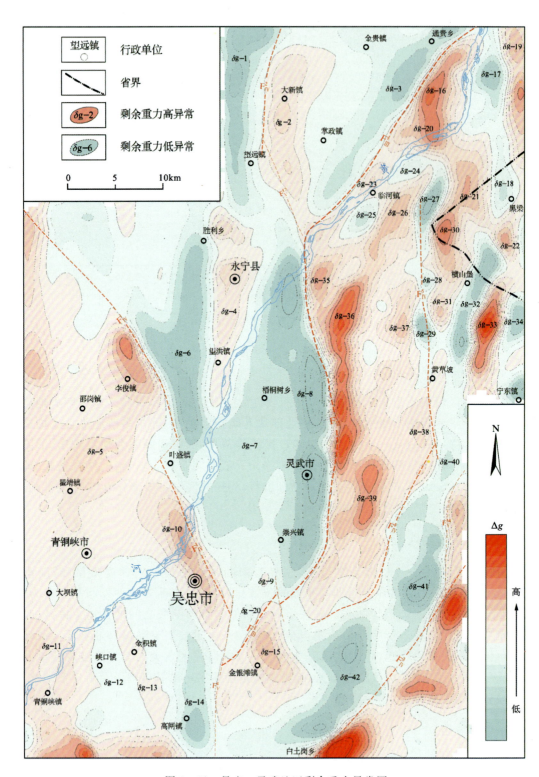

图 3-12 吴忠—灵武地区剩余重力异常图

第三章 局部构造特征研究

表 3-1 吴忠—灵武地区 1:5 万局部重力异常特征一览表

序号	异常编号	异常名称	异常性质	走向	面积/km²	极值/mGal	地质概况	定性解释
1	δg-1	望远	负异常	近南北	68	-2.44	第四系覆盖区，银川断裂为东边界，Y1井位于异常东侧	东部斜坡区次一级凹陷区
2	δg-2	大新	正异常	近南北	81	1.31	第四系覆盖区，银川断裂控制异常西边界	基底隆升所致
3	δg-3	通贵	负异常	北东	85	-1.96	第四系覆盖区，黄河断裂控制异常东边界，Y6、Y7井位于异常西侧斜坡带上	东部斜坡区次一级凹陷区
4	δg-4	永宁	正异常	近南北	63	1.47	第四系覆盖区，NHR-1钻孔位于异常中北部	银川古隆起中段
5	δg-5	瞿靖	正异常	近南北	189	2.86	第四系覆盖区，北端受吴忠断裂控制	变质岩基底隆升引起
6	δg-6	望洪	负异常	近南北	90	-2.40	第四系覆盖区，吴忠断裂控制异常西侧	中央坳陷区南部沉积-沉降中心
7	δg-7	梧桐树	负异常	北北东	86	-2.35	第四系覆盖区，吴忠断裂控制异常西侧	灵武凹陷西侧次级凹陷
8	δg-8	崇兴	负异常	近南北	158	-3.28	第四系覆盖区，吴忠断裂为东侧控边断裂	灵武凹陷的沉积-沉降中心
9	δg-9	崇兴西	正异常	北北东	62	0.08	第四系覆盖区，吴忠断裂与黄河断裂控制	灵武凹陷内部次级凸起
10	δg-10	吴忠	正异常	北西	54	2.15	第四系覆盖区，吴忠断裂控制异常东边界，YC2位于异常南端	古元古代结晶基底及奥陶系褶皱基底隆升
11	δg-11	青铜峡	正异常	近南北	58	1.21	第四系覆盖区，南部出露小面积新近纪地层	变质岩基底隆升所引起
12	δg-12	峡口	负异常	近南北	71	-0.66	第四系南端零星出露新近纪地层	南部斜坡区次级凹陷
13	δg-13	金积	正异常	北北西	30	-0.57	第四系覆盖区	基底隆升所致
14	δg-14	高闸	负异常	近南北	53	-1.94	第四系覆盖区	南部斜坡区次级凹陷
15	δg-15	金银滩	正异常	北东向	71	1.92	第四系覆盖区，黄河断裂为北部控边断裂	奥陶纪褶皱基底隆升
16	δg-16	通贵东	正异常	北北东	29	3.21	第四系覆盖区，黄河断裂控制异常的西侧	奥陶纪褶皱基底隆升
17	δg-17	黑梁北	负异常	近南北	20	-2.00	第四系覆盖区	黑梁凹陷北部次凹
18	δg-18	黑梁	负异常	近南北	9	-1.10	第四系覆盖区	黑梁凹陷南段次凹

续表 3-1

序号	异常编号	异常名称	异常性质	异常特征 走向	异常特征 面积/km²	异常特征 极值/mGal	地质概况	定性解释
19	δg-19	黑梁东	正异常	近南北	25	2.62	北部出露新近系、中南部为第四系覆盖区	古生代结晶基底及奥陶纪褶皱基底隆升
20	δg-20	天山海世界	正异常	北北西	10	2.70	第四系覆盖区	
21	δg-21	黑梁西	正异常	北北西	9	2.10	第四系覆盖区	
22	δg-22	黑梁南	正异常	北北西	5	2.30	第四系覆盖区、黄河断裂为西侧控边断裂	
23	δg-23	临河西	正异常	北东	5	1.70	第四系覆盖区	临河凹陷北部次凹
24	δg-24	临河北	负异常	北东	2.3	-0.85	第四系覆盖区	临河凹陷南部次凹
25	δg-25	临河南	负异常	北东	10	-1.23	第四系覆盖区	基底上隆的反映
26	δg-26	临河东	正异常	北东	20	1.92	中部出露古近系、新近系、南北为第四系覆盖区	
27	δg-27	黑山	负异常	北北东	12	-2.94	古近系出露区、马鞍山断裂为西侧控制异常西边界	黑山凹陷内部次级凹陷
28	δg-28	黑山南	负异常	近南北	2	-1.14	大范围出露古近系、马鞍山断裂控制异常西边界	
29	δg-29	黄草坡北	负异常	近南北	7	-2.48	大面积出露古近系、马鞍山断裂控制异常西边界	
30	δg-30	横山堡西北	正异常	近南北	21	3.04	新近系覆盖区	横山堡西凸起内部次级凸起
31	δg-31	横山堡西南	正异常	近南北	3	1.63	第四系覆盖区	
32	δg-32	横山堡东	负异常	北北东	21	-2.65	第四系覆盖区	上覆古生界-新生界覆盖层所致
33	δg-33	宁东西	正异常	北北东	27	4.34	第四系覆盖区	由基底隆升所引起
34	δg-34	宁东	负异常	北北东	10	-1.90	第四系覆盖区、黄河断裂为西侧控边断裂	隆起区内的次级凹陷
35	δg-35	临河南	正异常	近南北	7	2.32	大面积出露白垩系	
36	δg-36	灵武东山	正异常	北北东	52	4.00	白垩系覆盖区	由基底隆升所引起
37	δg-37	黑山南	正异常	北北东	9	1.84	大部分为第四系覆盖区、东界为马鞍山断裂	
38	δg-38	黄草坡南	正异常	南北	26	1.13	大部分为第四系覆盖区、中南部第四系覆盖区、东界为马鞍山断裂	
39	δg-39	灵武东山南	正异常	北北东	28	2.93	北部出露白垩系、西界为黄河断裂	
40	δg-40	甜水河	负异常	北北西	3	-1.25	古近系覆盖区	
41	δg-41	甜水河南	负异常	北东	19	3.07	第四系覆盖区、东侧为白土岗-芒哈图断裂	古生界-新生界盖覆层所致
42	δg-42	金银滩东	负异常	北东	63	-2.76	第四系覆盖区	

第三章 局部构造特征研究

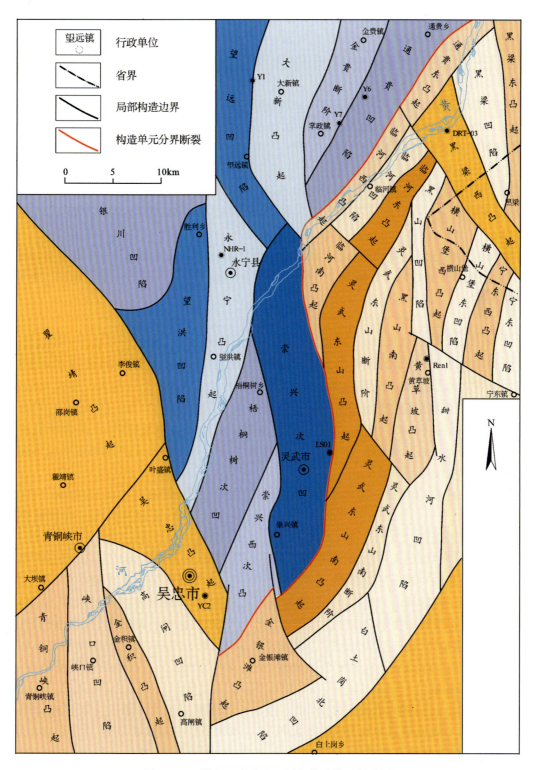

图3-13 吴忠—灵武地区局部构造单元划分图

分布于斜坡区最西侧的望远凹陷,呈近南北走向长条状展布,面积约89km²,极小值为 -2.44mGal,为斜坡区内异常幅值最小区域,位于东侧梯度带上的Y1钻孔揭示,新生界厚度大于3000m,表明该地区为斜坡区内重要的沉积-沉降中心。西侧梯度较大,为银川断裂在此处的反映。

位于望远凹陷与通贵凹陷"脊部"的大新凸起,表现为近南北—北北西走向长条状展布,面积约124km²,极大值位于大新镇南部,为1.31mGal,推测为古元古代结晶基底隆升所引起,受银川断裂及内部小规模F_V^{18}断裂控制,东、西两侧形态基本对称。

位于大新凸起东侧的金贵断阶,呈北宽南窄的北北东向面状展布,面积约59km²,受斜坡区内部F_V^{18}及F_V^{19}两条次级小规模断裂控制,东、西两侧梯度较小,断阶东侧的Y6、Y7井表明,第四系厚度为450m,新近系厚度约2000m,底部未钻穿,揭示了盆地中部具有良好的地热资源。

紧靠黄河断裂的通贵凹陷,北北东走向,呈长条状延展至掌政南,与西侧望远凹陷特征类似,幅值为-1.96mGal,面积为101km²,东侧梯度较大,等值线密集,是黄河断裂的表现。

2. 中央坳陷区

中央坳陷区在剩余重力异常图上整体表现为北北西向倒三角形展布,夹持于吴忠断裂与黄河断裂之间,是盆地内沉降最深的部位,坳陷区内仅钻遇NHR-1钻孔。中央坳陷区进一步划分为4个次级构造单元。

位于胜利乡以西的银川凹陷,东西侧受中央坳陷区内部分块断裂F_V^{16}及吴忠断裂控制,凹陷整体呈近南北向面状展布,面积约140km²,极小值为-1.0mGal,两侧梯度变化不大,反映了该凹陷深度浅的展布特征。

分布于胜利乡、望洪镇一带的望洪凹陷呈倒三角形展布,近南北走向,面积约119km²。凹陷极小值为-2.4mGal,东、西两侧梯度均较大,等值线密集,是盆地内部小规模断裂F_V^{15}与吴忠断裂的表现。

位于坳陷区中部的永宁凸起,呈近南北向串珠状展布,向西南延伸较远,约可达叶盛镇,是分割望洪凹陷与灵武凹陷的脊部,面积约118km²。两个极值区位于胜利乡东、永宁县附近,分别为1.47mGal和1.39mGal,东、西两侧形态基本对称,西侧梯度大于东侧,是盆地内部小规模断裂的反映。位于凸起中北部的NHR-1地热井钻至凸起区内,预示该凸起区具备寻找"沉积盆地型"地热资源的潜力。其第四系较厚,为1030m,新近系厚度与北部相当,约2000m,重要的是,该钻孔底部钻遇奥陶系,说明该凸起为古元古代结晶基底及奥陶纪褶皱基底隆升所引起。

位于永宁凸起东侧的梧桐树次凹、崇兴西次凸及崇兴次凹共同构成灵武凹陷,整体呈北北东走向的不规则菱形展布,面积约351km²。西侧的梧桐树次凹表现为北北东向片状展布,自梧桐树乡延伸至吴忠北,面积约99km²,异常相对平缓,无极小值点,反映了该次级凹陷面积小、深度浅的展布特征,南端梯度较大,是吴忠断裂的表现。东侧崇新次凹受黄河断裂控制,同黄河断裂平行延展,并呈近南北向串珠状展布,面积约187km²,3个极值区位于永宁东、灵武北及灵武市，分别为－2.95mGal、－3.25mGal及－3.28mGal，东、西两侧形态基本对称，东侧梯度变化较大；中部崇兴西次凸呈北北东向似菱形展布，在灵武西—崇兴西—吴忠南一线逐步收缩于金银滩西附近，并将灵武凹陷一分为二，面积约65km^2，极大值为0.08mGal，三侧重力梯度不大，是夹持于黄河断裂与吴忠断裂之间的次级凸起，推测为古元古代基底隆升较高所致。综合分析认为灵武凹陷具有范围广、基底深、覆盖层厚度大的特征，且沉积-沉降中心带状展布于灵武东山山前，中西侧古地形稍有隆起。

3. 南部斜坡区

南部斜坡区位于吴忠断裂以南地区，受北东向祁连造山带逆冲推覆挤压应力作用，致使该区发育大规模北北西向凸起，仅在青铜峡南出现小规模凹陷。以重力场特征为基础，将南部斜坡区进一步划分为7个次级构造单元。

分布于青铜峡市北部瞿靖镇、邵岗镇、李俊镇一带的瞿靖凸起，呈不规则心形展布，近南北走向，规模较大，面积约389km^2，极大值点位于李俊镇处，为2.86mGal，体现出该地区深部高密度地质体的局部隆升，东侧梯度较大，等值线密集，是吴忠断裂的表现，西侧异常幅值下降较小，为小规模断裂的反映，由深部变质岩系地层上隆引起；相比较，位于此异常南部呈"岩柱状"展布的青铜峡凸起，也具有此类特征，只是分布面积及极值均较小，分别为90km^{2}和1.21mGal，两侧梯度变化不大，是南部斜坡区内部断裂的反映，此凸起被第四系所覆盖，仅在南部出露小面积的奥陶系及新近系。

位于吴忠地区的吴忠凸起，呈北西向长条状展布，面积为107km^2，极大值为2.15mGal，两侧形态基本对称，梯度变化较大，是吴忠断裂及盆地内部次级小规模断裂的体现，位于凸起东南侧的银参2井揭示，盆地南部各层系的地层厚度均小于中北部，其中第四系厚度仅148m，新近系沉积层厚度亦不大，为745m，古近系厚度为1093m，重要的是，该钻孔底部钻遇奥陶系，说明该区新生代沉积地层较薄，下伏的古生界隆升较高；位于该凸起东南侧的金银滩凸起，继承了西北部吴忠凸起北西向长条状展布的特征，只是规模相对较小，面积约76km^2，极大值位于吴忠市北，为1.92mGal，东、西两侧重力梯度变化较大，是黄河断裂及中部坳陷区内部分块断裂的表现。

此外，位于南端峡口镇附近的峡口凹陷，近南北向片状展布，面积约117km^2，极小值点位于峡口镇南，为－0.66mGal，两侧梯度变化均较小，较高的异常幅值反映了受北东向逆冲推覆作用异常基底隆升较高，上覆新生代地层沉积浅的展布特征，除第四系覆盖外，南端零星出露新近系；夹持于峡口凹陷及高闸凹陷之间的小规模金积凸起，呈北北西向长条状展布，面积约38km^2，异常发育平缓，无极大值点，东、西两侧形态基本对称，梯度不大，是南部斜坡区内部小规模断裂的体现，为基底上隆所致；东侧近南北走向的高闸凹陷，亦具有长条状展布特征，规模较大，面积约125km^2，极小值点位于高闸地区，为－1.94mGal，较低的幅值体现了高闸凹陷面积大、基底深的展布特征。

(二)陶乐-横山堡陆缘褶断带

陶乐-横山堡陆缘褶断带在剩余重力异常图上表现为具有与黄河主断裂类似展布特征的一系列凹凸相间的窄条带状次级构造,规模较大,本次以北北西向次级小规模断裂 F_V^{25} 为界,将褶断带进一步细分为北部异常区及中、南部异常区。

1. 北部异常区

该异常区位于 F_V^{25} 断裂以北区域,剩余重力异常图上总体表现为北北西向三角状展布,面积约 200km²,依据重力场特征,北区进一步细分为 4 个次级构造单元,依次为通贵东凸起、黑梁凹陷、黑梁东凸起及黑梁西凸起,均为第四系覆盖区。

分布于通贵以东地区的通贵东凸起,呈北北东向长条状同黄河主断裂平行展布,面积约 33km²,极值区位于凸起中南部,为 3.21mGal,两侧形态对称分布,西侧梯度较大,等值线密集,是黄河断裂的特征,推测为古生界隆升所引起;夹持于通贵凸起与黑梁东凸起之间的黑梁凹陷,呈近南北向串珠状展布,面积约 61km²,两处极小值点分别位于凹陷北端及南部黑梁地区,为 -2.0mGal 和 -1.1mGal,两侧形态基本对称,北部次凹两侧梯度较大,是褶断带内部次级小规模断裂的表现,推测为古生代褶皱基底下凹上覆中生代—新生代地层所致,除北侧零星出露新近系外,其余地区均为第四系覆盖区;东侧黑梁东凸起受研究区范围所限,形态展布不完整,重力异常图上表现为近南北向串珠状展布,两个极值区分别位于凸起北部及中部地区,为 2.01mGal 和 2.62mGal,西侧梯度较大,等值线密集,是隆起区内部分带断裂 F_V^{25} 的反映。

黑梁西凸起平行于 F_V^{25} 断裂,向东南呈条带状延伸较远,至研究区东边界,面积约 72km²,该凸起沿北西向依次发育 3 个椭圆状次凸,极大值位于西北侧天山海世界附近,约 2.6mGal,南、北两端形态基本对称,梯度变化不大,是褶断带内小规模断裂在此处的反映,结合区域特征分析认为是结晶基底和褶皱基底隆升,形成局部凸起。据位于凸起西北侧的 DRT-03 钻孔揭示,新生界厚度较薄,为 370m,古生界石炭系—二叠系厚 420m,底部未钻穿奥陶系,已钻遇的厚度为 920m,说明此凸起为银川平原东部寻找盆地边缘"隆起断裂型"地热资源的有利区域。

2. 中、南部异常区

以 F_V^{25} 断裂为北边界,剩余重力异常图上表现为一系列凹凸相间的条带状构造,各次级构造均以黄河断裂系断裂展布位置为界,此种异常分布特征清晰地反映了该区以黄河断裂为主控因素的构造格局。中、南部异常区进一步划分为 9 个凸起、6 个凹陷和 2 个断阶。

位于临河镇西侧沿黄河展布的临河西凸起,呈串珠状展布,北东向,面积约 29km²,依次发育 3 个椭圆状次凸,极大值位于凸起北端,约 1.7mGal,受黄河主断裂控制,西侧梯度较大,重力资料解释临河西凸起基底顶面埋深约 2400m,为第四系覆盖区;东侧临河凹陷继承了临河西凸起展布特征,面积约 32km²,以临河镇为界分布 2 个椭圆状次凹,极小值点位于临河镇南,为 -1.23mGal,两侧梯度变化不大,是黄河断裂系次级断裂 F_V^{20} 及 F_V^{22} 的反映,重力资料解释此凹陷褶皱基底上覆覆盖层厚度达 1100m，除东侧零星出露新近系外，大部分地区被第四系所覆盖；位于临河镇东侧的临河东凸起，亦表现为北东向条带状展布，面积约 35km²，极值区位于凸起中部，为 1.92mGal，东、西两侧形态不对称，东侧呈微凸状延伸至黑山南，西侧及东北侧梯度较大，是黄河断裂系 F_V^{22} 和 F_V^{26} 的特征，基底顶面埋深约 2360m，中部出露古近系及新近系，南、北两端为第四系覆盖区。

临河南凸起位于隆起区中部永宁—横山堡一线，北部为临河凹陷及临河东凸起，受北东向祁连造山带逆冲推覆及盆地东西向拉伸共同作用，表现为北北东—近南北向长条状展布，面积约 36km²，极大值为 2.32mGal，西侧梯度较大，等值线密集，是黄河主断裂在转折端的表现，根据 1:5 万重力资料解释基底深度约 2213m，除中部出露小范围新近系外，其余区域均被第四系所覆盖；紧邻临河南凸起的灵武东山凸起，为隆起区展布范围最广的局部构造，北北东—近南北走向，狭长条带状，面积约 68km²，在重力异常图上为 4 个局部重力高，极大值位于凸起南段灵武市北，为 4.0mGal，东、西两侧形态对称，等值线密集，黄河主断裂及小规模断裂 F_V^{27} 为主控因素，重力解释基底埋深约 1750m，是黄河断裂系基底顶面埋深最浅区域，除南、北两端小范围为新生界覆盖区外，其余地区大面积出露白垩系；灵武东山断阶位于临河东凸起和灵武东山凸起东侧，为狭小的北北东—近南北向长条状，面积约 48km²，在剩余重力异常图上为平缓的重力高背景下发育 2 处圆形小面积重力低，北端为东倾马鞍山断裂，东、西两侧为黄河断裂系次级小规模断裂，除北端黑山地区出露小范围奥陶系、西北侧出露狭长古近系外，其余地区均为白垩系出露区；灵武东山断阶东侧的黑山南凸起，北北东向不规则长条状，面积为 51km²，发育两个椭圆状重力高，极大值位于凸起北段，为 1.84mGal，两侧梯度变化均不大，东北侧以马鞍山断裂为控边断裂，重力解释基底埋深约 2820m，为白垩系覆盖区；位于黄草坡以南的黄草坡凸起，呈南北向片状展布，面积为 46km²，极大值位于凸起中心，为 1.13mGal，东界为马鞍山断裂，除零星出露新近系及白垩系外，大部分区域被第四系所覆盖。

南段灵武东山南凸起，北部为灵武东山断阶、黑山南凸起、黄草坡凸起，西侧与灵武东山凸起相接，东侧为灵武东山南断阶，是灵武东山凸起向东南延伸逐渐收缩于金银滩北的表现，呈北东向条带状展布，面积约 92km²，极大值位于凸起北部，为 2.93mGal，西侧以黄河断裂为界，除北部出露白垩系外，其余地区均为第四系覆盖区；以东灵武东山南断阶，夹持于灵武东山南凸起与甜水河凹陷，呈北北东—北东向窄长条状展布，面积约 41km²，为密集的重力梯度带，东侧为东倾 F_V^{32}，除北部出露白垩系外，其余地区均为第四系覆盖区。

以马鞍山断裂为西边界、内部北西向 F_V^{25} 为北边界发育的"三凹两凸"局部构造呈北北东—近南北向台阶式平行排列。紧靠马鞍山断裂黑山以东的黑山凹陷，呈串珠状，面积为 28km²，表现为 3 个椭圆状局部重力低，极小值点位于凹陷北部黑山北，为 -2.94mGal，东、西两侧梯度较大，是马鞍山断裂北段的反映，全区被古近系所覆盖；东侧横山堡西凸起，呈宽缓的条带状展布，受北东向逆冲推覆及东西向拉伸作用，致使该凸起在横山堡以南转为向东南延伸至黄草坡北，面积约 53km²，自北向南发育 2 处极值区，极大值位于北段横山堡西北侧，为 3.03mGal，东、西两侧形态不对称，西北侧梯度大，除南端及东侧出露新近系及第四系外,大部分为古近系覆盖区;位于横山堡西凸起东侧的横山堡东凹陷,北北东向等轴状展布,面积约 $34km^2$,发育 2 个次一级凹陷,极小值位于南部次凹中心,为 2.65mGal,两侧形态对称分布,梯度变化较大,是内部小规模断裂 F_V^{33} 和 F_V^{34} 的反映,为第四系覆盖区;夹持于横山堡西凹陷与宁东凹陷之间的宁东西凸起,呈等轴状,面积约 $33km^2$,极值中心位于凸起中部,为 4.34mGal,是隆起区内基底埋深最浅区域,东、西两侧梯度变化较大,等值线密集,是内部小规模断裂 F_V^{34} 和 F_V^{36} 的体现,亦为第四系覆盖区;宁东凹陷位于宁东镇以北,西接宁东西凸起,由于受研究区范围限制,形态展布不完整,研究区以内的部分自北向南发育 2 个极值区,均被第四系所覆盖。

此外,黄草坡—宁东镇一线以南、马鞍山断裂及东倾 F_V^{32} 断裂以东、白土岗-芒哈图断裂以西主要发育甜水河凹陷及白土岗北凹陷,此两处凹陷均平行于东、西两侧边界断裂呈北东向展布。北部甜水河凹陷片状展布,与隆起区内其他局部凹陷相比较,具有幅值低、展布范围广的特征,面积约 $134km^2$,极小值点位于凹陷南段,为 $-3.06mGal$,是隆起区东侧一重要的沉积-沉降中心,除北部出露小范围古近系外,其余地区均被第四系所覆盖;位于白土岗乡以北的白土岗北凹陷,北部为甜水河凹陷,西侧与金银滩凸起、灵武东山南断阶相接,呈不规则条带状展布,面积约 $123km^2$,极小值点位于凹陷北部,为 $-2.76mGal$,东侧梯度较大,等值线密集,是白土岗-芒哈图断裂的反映,为第四系覆盖区。

三、局部构造与城镇分布的配置关系

通过 1970 年以来各级地震震中分布图可以看出,研究区小震在空间上分布极不均匀,小震集中区自北至南分为 3 段,3 段之间有明显的空段。北段小震分布于兴庆区—永宁县一带,以望远凹陷为北段集中分布区,展布于银川隐伏断裂南段,并沿该断裂走向分布,带状性质明显,该密集带长度约 26km;中段以 4 级以下小震居多,集中分布于吴忠、灵武市范围灵武凹陷内,为银川平原地区吴忠—灵武地震活动密集区,且处于近南北向黄河断裂及北北西向吴忠断裂的交会部位;南段小震亦呈集中分布现象,数量较中段少,展布于北西向牛首山断裂及北东向白土岗-芒哈图断裂的交会处。相比较,盆地内位于永宁凸起的永宁县以南区域、邵岗凸起及吴忠凸起青铜峡市—利通区一线,地震活动频次相对较少,沿断裂走向呈分散状分布。黄河断裂以东区域基底隆升较高,地震频次较低,仅在南段黄河断裂与白土岗-芒哈图断裂交会处零星分布小规模地震(图 3-14)。

通过对该区历史上大量中小地震的空间特征进行分析,发现靠近断裂交会处,且处在新生代凹陷区的城镇,构造应力极易集中和变动,此类城镇为地震活动有利场所,地震活动最为频繁;位于凸起区且远离断裂的城镇,基底稳定性高,地震频次低,活动弱。综合分析表明,构造为地震活动的最根本原因,且地震频次可能与内部构造及岩石本身的物理性质有关。

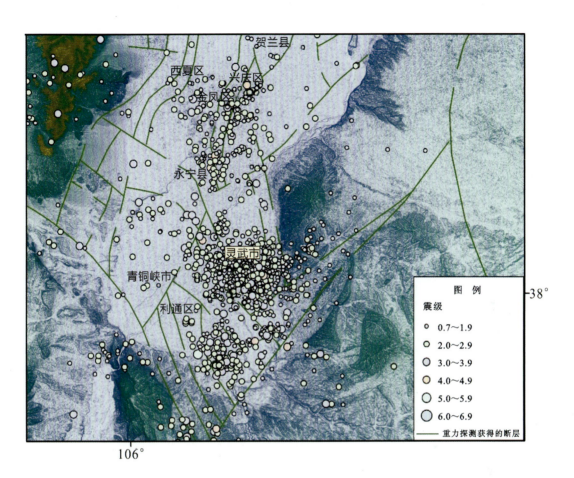

图 3-14 吴忠—灵武地区 1970 年以来地震震中分布图

第四章　黄河断裂系三维地质构造模型构建

第一节　三维模型构建方法

近年来,全国各地的三维技术已经逐渐成熟,具体实践和应用研究也取得了一些成果。但在不同领域的应用中,面临的实际情况往往是复杂多变的,而目前市场上存在的建模软件一般都具有专业偏向性,不能兼容所有的地质类型。所以,在建模软件的选择过程中,需要根据工作的具体要求和地质问题灵活选择。本次研究在调研各三维建模软件的基础上,了解各软件的优缺点及侧重点,针对研究区钻孔资料稀少,仅依靠1∶5万重力数据及7条实测的CASMT剖面和1∶1万重力精测剖面,本次以"银川平原深部地质构造研究"项目及前人(陈晓晶,2020)对银川平原三维模型的构建思路及方法为指导,最终选取Petrel软件构建黄河断裂系深部三维地质构造模型。

Petrel软件的优点在于大大提高了复杂构造建模能力,构造框架模型创建功能可以自动判定计算断层-断层的交切关系,以及断层-层位、层位-层位交切关系。节省了人工编辑、定义断层模型的时间和精力。根据层位沉积规律(整合面、剥蚀面、基底、不整合面),划分地质层段,根据沉积体积守恒等原则,合理预测不同断块单元内层位位置及层段厚度,使构造模型更加准确合理。处理复杂构造的优势在于处理复杂断层配置关系(交叉断层、逆断层和不整合接触断层),并能够处理噪声数据以及少量数据的情况。

为了从纵向上剖析黄河断裂系的空间展布特征及各套沉积地层的深部特征变化,精细地分析各局部构造(凹陷/凸起)的剖面特征,进而搭建黄河断裂系深部三维地质构造模型,本次以实测的7条1∶1万重力精测剖面为骨干剖面,综合参考与该重力剖面重合的CSAMT剖面解释结果,以DRT-03井、任一井、LS01井等各类钻孔的分层数据为约束,对实测的7条骨干剖面进行2.5D人机交互反演。为了提高三维模型的构建精度,以该7条剖面反演成果为依据,研究区1∶5万剩余重力异常数据为基础,根据岩石(地层)密度特征,以收集的7口钻孔资料为主要约束条件,在黄河东岸重点构造区域、构造转折端、黄河断裂次级断裂变化部位及过钻孔的部位以5km的间距选取10条骨干剖面进行重力2.5D反演。

以黄河东岸的17条剖面2.5D人机交互反演成果为基本依据,利用Petrel软件将各骨干剖面断裂线与地层线数据构建为断裂面及地层面,在此基础上重构黄河断裂系各级断裂及新生界—白垩系盖层、二叠系—石炭系隔热层、奥陶系—寒武系储热层及古元古代晶质基底的三维空间结构,并以研究区内7口实测钻孔及40口模拟钻孔分层数据为约束,构建三维地质构造模型,直观地厘清了研究区东部黄河断裂系及各地层由北到南地质构造的变化情况。

第二节 骨干剖面构造特征

一、骨干剖面布置

为了从纵向上剖析研究区东部黄河断裂系各套沉积地层的深部地质特征变化,精细分析黄河断裂主断裂 F_{III}^1 与次级断裂的交切关系及各局部构造(凹陷/凸起)的剖面特征,进而更加合理地构建黄河断裂系深部三维地质构造模型,本次选取横跨黄河断裂骨干剖面进行重力2.5D人机交互反演,骨干剖面选取原则如下:

(1)通过已知钻孔位置,以钻孔分层数据为约束,进而提高骨干剖面反演成果的精度,例如DRT-03钻孔位于L1剖面东部,L4-4剖面东段以距此剖面约2.7km的任一井分层数据为约束,LS01钻孔经过L5-2剖面黄河主断裂的位置。

(2)与实测7条CSAMT剖面及1:1万重力精测剖面位置重叠,以实测的物探剖面解释成果为参考依据,进而提升了骨干剖面反演结果的可信度,此类剖面分别为L1~L7共计7剖面。

(3)以黄河断裂系平面展布纲要图为参考依据,在横跨黄河断裂系关键构造部位选取骨干剖面,从而综合解译各次级断黄河主断裂及各次级断裂消失、归并等展布特征变化,此类型剖面有北部的L2-2、L1-2、L3-2,中段的L4-2、L4-3、L4-4、L5-2,以及南端的L6-2、L7-2、L7-3等总计10条骨干剖面。

依据上述剖面选取原则,本次共选取17条横跨黄河断裂骨干剖面进行重力二维地质-地球物理反演(图4-1)。

L1、L4-4及L5-2三条骨干剖面通过已知钻孔位置,经过L1剖面东侧的DRT-03钻孔揭示,研究区北部通贵东凸起(δg-16)以东区域地层展布不完整,缺失白垩系。据位于研究区中部L4-3、L4-4剖面周缘的4口钻孔资料表明,甜水河井田的T1N-1及T5S-2钻孔地层相对完整,任一井及T1N-2钻孔缺失白垩系,因此分析认为研究区 F_{IV}^5 东倾断裂以东同样缺失白垩系。

可控源电磁测深剖面及1:1万重力精测剖面重叠的7条骨干剖面(L1~L7)揭示,黄河断裂(F_{III}^1)两侧深部电阻率等值线分布具有明显台阶状特征,是银川断陷盆地与陶乐-横山堡冲断带的具体表现,除黄河断裂外,局部测点下方出现电性不连续特征,推断为黄河断裂小规模次级断裂引起,此类断裂均呈北西陡倾,延伸至深部。

此外,为掌握关键构造部位各断裂及地层深部构造特征,本次以约5km间距在7条实测重力剖面周缘选取了10条骨干剖面。其中L2-2剖面能够反映研究区最北端黄河断裂系及通贵东凸起(δg-16)逐渐向北收缩过程中深部地质构造的特征;L1-2剖面能够剖析 F_V^{20} 次级断裂发育、临河西凸起(δg-23)北端逐渐收缩过程中的深部特征;L3-2剖面能够解剖受北东向祁连造山带逆冲推覆挤压应力及银川断陷盆地向东拉伸共同作用下构造转折部位黄河断裂系空间展布特征;L4-2剖面能够探究黄河断裂系由北东向转为近南北向各断

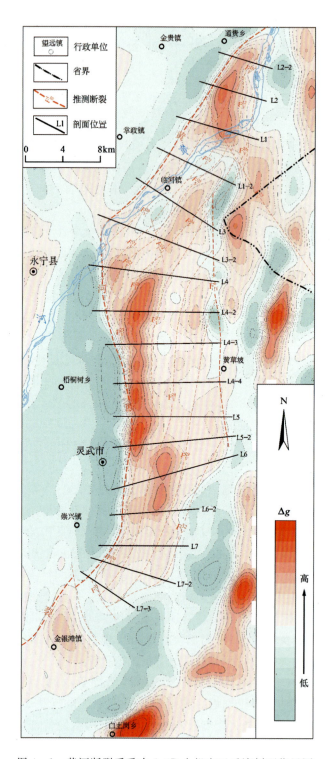

图 4-1 黄河断裂系重力 2.5D 人机交互反演剖面位置图

裂剖面展布特征及灵武东山凸起北段（δg-36）的地层展布特征；L4-3 剖面能够进一步反映黄河断裂向东微凸段、次级断裂 F_V^{23} 向南逐渐收敛于黄河主断裂的空间展布特征及灵武东山凸起中部地层纵向叠置关系；L4-4 剖面能够在甜水河井田 T1N-1、T1N-2 钻孔约束下，厘清东倾断裂 $F_Ⅳ^5$ 东、西两侧地层分布特征，并反映次级断裂 F_V^{26} 向南归并于黄河主断裂的深部构造特征；L5-2 剖面能够在 LS01 钻孔约束下揭示灵武东凸起南段向东南延伸的构造特征变化；L6-2 剖面能够解译次级断裂 F_V^{28} 向南逐渐归并于黄河主断裂的构造特征及灵武东山凸起向南逐渐东移形成灵武东山南凸起（δg-39）的深部地质结构；L7-2 及 L7-3 剖面能够反映黄河断裂系南端以南西向逐渐消减于金银滩以北地区的展布特征。

二、约束条件分析

本次黄河断裂系涉及部分主要为陶乐-彭阳冲断带中北部陶乐-横山堡陆缘褶断带南段。受喜马拉雅期两次构造应力作用，新生代初期，受鄂尔多斯地块东西向的拉张应力作用，侏罗纪末期的银川复背斜以贺兰山东麓断裂及黄河断裂为边界迅速断陷、下降，形成了银川断陷盆地，黄河断裂作为银川断陷盆地内规模最大的边界断裂，控制盆地的东部边界，为西倾的北北东向正断层，两侧断距较大、倾角较陡；至全新世，受青藏高原北东向扩张而引起的挤压应力作用（雷启云，2016），两期构造运动使研究区东部构造变得复杂，产生一系列与黄河断裂（$F_Ⅲ^1$）相伴生的西倾正断层，永宁—横山堡一线为构造转折部位，各次级断裂数量及规模亦最大。

（一）钻孔资料

天山海世界 DRT-03 钻孔位于研究区北部黑梁西凸起北段 F_V^{22} 断裂与 F_V^{26} 断裂之间，钻孔揭示上部第四系厚度较薄，为 43m，新近系与古近系厚度亦较薄，为 330m，石炭系—二叠系厚度为 421m，底部钻遇奥陶系；研究区中部的任一井位于东倾正断层（$F_Ⅳ^5$）以东，第四系为 9m，缺失新近系，下层古近系厚度为 137m，石炭系—二叠系较厚，为 633m，下部奥陶系，厚度为 770m，底部寒武系仅钻至 1597m，未见底，此奥陶系—寒武系的厚度能够为各骨干剖面褶皱基底的厚度确定提供重要参考依据。同样位于马鞍山断裂以东的甜水河井田 T1N-2 钻孔第四系厚度仅为 11m，古近系地层较西侧薄，为 82m，下伏石炭系—二叠系较西侧厚，为 1045m，未钻穿；$F_Ⅳ^5$ 断裂以西 T1N-1 钻孔第四系厚度为 25m，古近系为 195m，白垩系厚度与上覆古近系厚度一致，为 205m，石炭系—二叠系厚度 592m，未钻穿。T5S-1 钻孔第四系厚度仅为 9m，古近系厚度亦较薄，仅为 30m，白垩系较北部 T1N-1 钻孔厚，为 425m，是研究区白垩系厚度由北至南逐渐增厚的表现，下伏石炭系—二叠系钻遇厚度为 893m，未见底；南段位于灵武东侧的 LS01 井第四系厚度相对较厚，为 204m，新近系—古近系厚度变薄，为 95m，下伏白垩系约 368m，石炭系—二叠系仅钻 133m 厚，未钻穿。

已知钻孔资料揭示，掌政—黑梁一线北部区域 F_V^{22} 断裂以东缺失白垩系，以西白垩系沉积较薄；以任一井分层数据为依据，由于寒武系—奥陶系为一套陆表海沉积碳酸盐岩，地层厚度变化相对稳定，因此推断研究区各构造部位寒武系—奥陶系厚度均为 1500m 左右；研究区南部甜水河井田钻孔分析表明，$F_Ⅳ^4$ 东倾断裂以东区域缺失白垩系，且石炭系—二叠系沉积厚度相对于断裂西侧较厚。

(二)物性资料

依据研究区主要地层物性特征分析,研究区存在3个密度界面,第四系密度较小,与古近系—新近系存在 $0.2\sim0.5\text{g/cm}^3$ 的密度界面;下伏白垩系与石炭系—二叠系存在约 0.15g/cm^3 的密度差;奥陶纪结晶基底与石炭系—二叠系之间密度差相对较小,为 $0.04\sim0.15\text{g/cm}^3$。总结认为,下伏厚度较大的奥陶系顶面的起伏决定整个剖面重力拟合曲线的起伏形态;白垩系虽与上下围岩有较大的密度差,但由于地层厚度较薄,对重力反演结果影响较小;上覆密度较小的第四系与古近系—新近系存在较大的密度差,因此对浅表重力反演的结果影响较大。

三、2.5D反演剖面特征

(一)北部构造特征

研究区北部以临河镇为界,北部区域被第四系所覆盖,南部局部地区出露新近系、古近系,亦出露大面积的白垩系,仅在黑山地区零星出露奥陶系天景山组地层。北北东向主要发育黄河主断裂及平行的3条次级断裂,在通贵镇附近呈收敛状逐次斜交于黄河主断裂,受北北西向发育的大规模右行走滑断裂 F_V^{25} 的控制,断裂以北地层呈西浅东深、层系缺失的特征,且发育通贵南局部凸起,凸起中心位于L2剖面滨河大道西侧。以南地层整体呈"中部下沉、两侧抬升、层系完整"的特点,出现临河南局部凸起,且凸起中心为L3剖面中部。具体地,黄河主断裂断面平直、倾角陡立,各次级断裂上缓下陡,逐次于基底岩层深处向黄河主断裂归并。新生界沉积较薄,覆盖于白垩系地层之上,此套地层由南向北逐渐减薄,并剥蚀于天山海世界处,以北处于缺失状态,下部石炭系—二叠系及奥陶纪结晶基底地层稳定,厚度几无变化。

1. L2-2剖面

剖面西起银川断陷盆地内通贵乡以南,东至黄河东岸兵沟旅游区,总长6km。剩余重力异常曲线整体呈"西高东低"的特征,反映了研究区北部 F_V^{25} 断裂以北的整体地质构造特征。其中紧邻黄河主断裂见剩余重力异常值最高区,是通贵东凸起($\delta g-16$)北延逐渐收缩后的反映,其东侧黄河以东异常曲线逐渐下降,是通贵东凸起向黑梁凹陷($\delta g-17$)最低区域过渡的表现(图4-2)。

该剖面地层纵向的叠置关系与断裂深部展布特征符合剩余重力异常所呈现的特征。黄河主断裂 F_{III}^1 呈高角度状切入基底岩层,间距约2km处 F_V^{20} 次级断裂表现为"上陡下缓"的展布特征,并于深部10km以下逐渐向黄河主断裂归并,与 F_V^{20} 断裂相距约0.3km出现 F_V^{21} 断裂,其产状与 F_V^{20} 断裂相同,于浅部奥陶系底界面处归并于 F_V^{20} 断裂之上,剖面东边与 F_V^{22} 断裂间距1.5km处为 F_V^{26} 次级断裂,为掌政—黑梁一线以北区域的东部边界断裂。受黄河断裂系4条断裂的控制,地层整体呈"西高东低、层位平缓"的特征,西侧通贵南凸起北段奥陶系厚度约1500m,其上石炭系—二叠系厚度约为400m,白垩系厚度小于100m,上覆新生界盖层厚度为300m;F_V^{20} 次级断裂以东,缺失白垩系,其余地层平缓向东逐渐下沉,厚度几无变化。

2. L2 剖面

剖面西起银川盆地内部通贵凹陷北段,东至黄河以东黑梁凹陷北段,总长约 7.5km。紧邻黄河主断裂为剩余重力异常最高值区,是通贵东局部凸起中心点,高值区东侧异常曲线逐渐下降,是通贵东凸起向黑梁凹陷南延过渡的地层展布特征(图 4-3)。

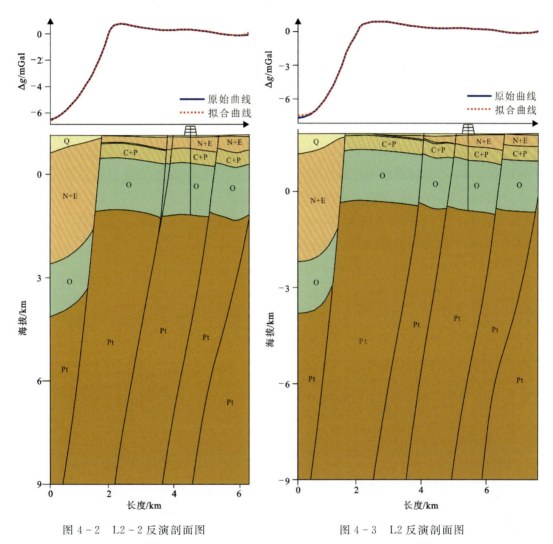

图 4-2　L2-2 反演剖面图　　　　　　图 4-3　L2 反演剖面图

整体上,黄河断裂系继承了北部断裂展布特征,与之不同的是 F_V^{22} 断裂与各次级断裂相平行,呈"上陡下缓"的特征于深部逐渐向黄河主断裂靠拢。地层继承了北部"西高东低"的斜坡样式,下部古生代地层厚度与北部几无变化,仅上覆新生代地层厚度稍有减薄。

3. L1 剖面

剖面西起通贵凹陷中部,向东经天山海世界戏水乐园,达黄河东岸红墩子工业园东侧,总长 9km。剩余重力异常曲线整体呈"两凸两凹"的构造格局。其中紧邻黄河主断裂见次高值区,为通贵东凸起南延形成临河西凸起的地层展布特征,以东出现局部构造最高点,是通贵东凸起南延地层逐渐抬升后的反映,F_V^{22} 次级断裂以东异常曲线呈下降趋势,是通贵东凸起向东南收缩并逐渐向黑梁西凸起过渡的表现(图4-4)。

黄河断裂系空间展布特征与北部一致,地层厚度整体横向变化不大,仅在 F_V^{22} 断裂以东缺失白垩系,且新生界厚度相对增大。据位于黄河东岸 F_V^{22} 次级断裂下盘的 DRT-03 钻孔揭示,上覆新生界厚度为370m,与石炭系—二叠系厚度相当,底部钻遇奥陶系,至1710m未见底,井口水温可达60.5℃,地温梯度约2.05℃/100m,揭示了通贵南凸起具备寻找"隆起断裂型"优质地热资源的潜力。

4. L1-2 剖面

剖面西起通贵凹陷东南侧,东至滨河新区,总长9.3km。剩余重力异常整体呈"高低相间"的波浪式特征。其中黄河主断裂东侧黄河西岸见次一级高值区,是临河西凸起(δg-23)北延后的表现,以东 F_V^{22} 及 F_V^{26} 两条次级断裂之间出现剩余重力异常值最高区,反映了临河东凸起(δg-26)北端的整体构造特征。F_V^{26} 断裂以东为构造最低点,是黑山北凹陷(δg-28)北端奥陶系下沉、上覆新生界厚度增大的表现(图4-5)。

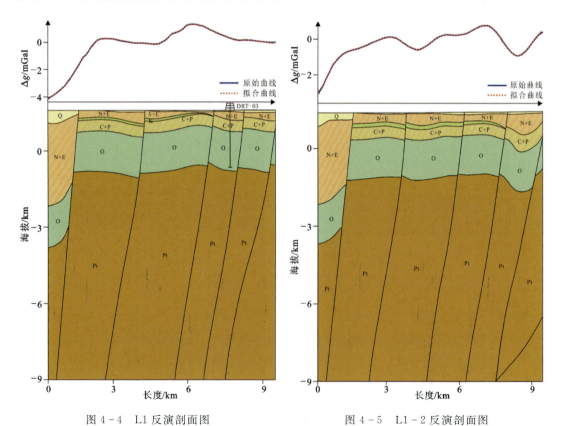

图4-4　L1反演剖面图　　　　　　　图4-5　L1-2反演剖面图

整体上,3条次级断裂均呈平行展布,并于深部逐渐向黄河主断裂归并。F_V^{26}断裂以西奥陶系厚度约为1500m,上覆石炭系—二叠系厚度为450m左右,白垩系厚度较小,约为150m,上覆新生界厚度为350～400m;断裂以东缺失白垩系,地层整体下沉,除新生界变厚外,地层厚度可达750m,其余地层厚度几无变化。

5. L3剖面

剖面西起银川盆地东部斜坡区通贵凹陷南段,途经临河镇南,东达黑山东,全长10km。黄河主断裂东侧见剩余重力异常高值区,为临河西凸起向南抬升后的反映,高值区东侧为剩余重力异常值最低区,体现了临河凹陷($\delta g-25$)南部次凹的地层展布特征。紧邻低值区东侧异常曲线值升高,是临河东凸起($\delta g-26$)中心部位的展布形态。高值区东侧奥陶系出露区见一小范围剩余重力异常高值区,是灵武东山北段黑山附近地层构造特征。以东剩余重力异常值逐渐下降,是临河东凸起向黑山凹陷北部次凹($\delta g-27$)南端过渡的表现(图4-6)。

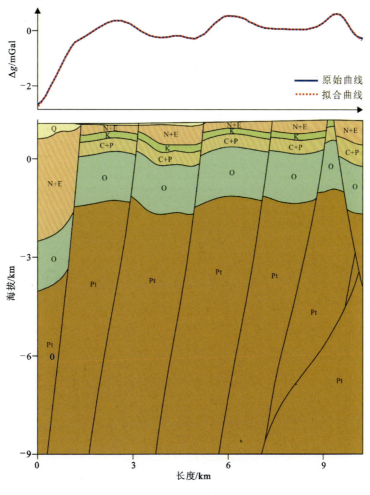

图4-6　L3反演剖面图

黄河断裂系各断裂展布形态变化不大,平面上,F_V^{20}断裂逐渐向西收缩于黄河主断裂,其余各次级断裂平行向南延伸,并出现F_V^{27}及马鞍山断裂。剖面上,F_V^{27}断裂与各次级断裂平行展布,马鞍山东倾断裂作为研究区东部边界断裂,以西各下伏地层厚度横向上变化不大,其中奥陶系厚度变化范围1450～1520m,上覆石炭系—二叠系厚度在380～440m之间变化,白垩系厚度相对较薄,约200m,新生界覆盖层厚度平均为250m,仅在临河南沉积区覆盖层较厚,约600m。以东褶皱基底上覆各地层均有变厚,石炭系—二叠系厚度增至660m左右,缺失白垩系,新生界厚度达650m。纵向上,除新生界与白垩系稍有变厚外,其余地层沉积厚度与北部相当。

6. L3-2剖面

剖面西起黄河西岸,东至横山堡西侧,总长14km。剩余重力异常曲线继承了北部"高低相间"的波浪式特征,反映了黄河断裂系构造转折端整体地质构造特征。其中紧邻黄河主断裂见一剩余重力异常高值区,为临河西凸起($\delta g-23$)南延后的表现。F_V^{22}断裂以东出现剩余重力异常值最低区,是临河南凸起($\delta g-35$)与灵武东山凸起($\delta g-36$)之间过渡的次级小凹陷。向东出现范围较大的剩余重力异常值最高区,反映了临河东凸起($\delta g-26$)南段地层结构特征(图4-7)。

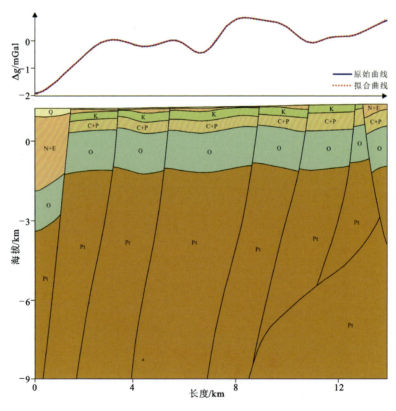

图4-7 L3-2反演剖面图

黄河断裂系整体继承了北部展布特征，F_V^{20}断裂于此剖面以南3km处逐渐消失归并于黄河主断裂，由于受到北东向挤压力及东西向拉张力共同作用，该区构造特征最为复杂，黄河断裂系次级断裂条数亦最多，出现F_V^{28}次级断裂。地层整体上亦继承了北部地层构造特征，下伏奥陶系和石炭系—二叠系沉积厚度与北部一致，上部白垩系较北部厚，约300m。除灵武东山中北段出露白垩系之外，其余地区均出露约100m的新生代地层。马鞍山断裂以东除新生代地层较北部薄以外，约300m，其余地层厚度较北部变化不大。

(二) 中部地质构造特征

研究区中部以永宁—横山堡一线以南、灵武—甜水河以北地区为代表，北段西侧被第四系所覆盖，东侧出露古近系与白垩系。南段大面积出露白垩系，局部地区零星出露新生代地层。黄河断裂系平面展布由北东向转为近南北向，各次级断裂逐渐向西靠拢归并于黄河主断裂上。受黄河断裂系控制，地层继承了北部"西浅东深"的特征，并具备"层系完整，基底抬升"的差异性，且发育灵武东山凸起。具体地，黄河主断裂及各次级断裂继承了北部空间展布形态，黄河断裂系最东侧出现F_V^{29}次级断裂，表现为上陡下缓的座椅状特征，F_V^{27}及F_V^{28}次级断裂于基底6km左右归并于F_V^{29}断裂之上，F_V^{29}断裂向南逐渐归并于黄河主断裂。除新生界厚度变薄外，各沉积地层厚度较北部变化不大，仅奥陶纪结晶基底具有整体抬升的趋势。

1. L4剖面

剖面西起黄河西岸，东达横山堡西，全长14km。紧邻黄河主断裂见剩余重力异常高值区，是临河南局部凸起($\delta g-35$)核部的表现，向东剩余重力异常表现为"西高东低"的斜坡样式，是临河南凸起向灵武东山凸起过渡的地层展布特征，F_V^{26}断裂以东为剩余重力异常值最高区，是灵武东山凸起北部次凸的反映，紧邻F_V^{28}断裂为一小范围的剩余重力异常高值区，是黑山南凸起($\delta g-37$)北端的表现(图4-8)。

该剖面地层纵向的叠置关系与断裂深部展布特征符合剩余重力异常所呈现的特征。黄河断裂系与北部空间展布特征一致，黄河主断裂倾角较大，平面上F_V^{21}次级断裂逐渐消失于此剖面南部，剖面上此断裂于深部8km处归并于黄河主断裂。受沉积环境的影响，马鞍山断裂以西古生代各地层沉积厚度变化不大，仅上覆白垩系及新生界盖层厚度稍有变化，断裂以东古近系—新近系盖层厚度变化较大，可达870m。

2. L4-2剖面

剖面西起灵武凹陷北段，东至黑山凹陷南段，全长13.5km。剩余重力异常曲线整体呈"高低相间"的波浪式特征，反映了研究区中部的整体地质构造特征。黄河主断裂东侧为一局部剩余重力异常高值区，为临河南凸起向南收缩过程中的地质构造特征。向东为剩余重力异常最低区，体现了临河南凸起向灵武东山凸起过渡的地层展布特征。F_V^{26}断裂以东见剩余重力异常最高区，为灵武东山凸起北部次凸的核心部位，高值区东侧为一宽缓的"平台"区，并在局部地区出现小范围剩余重力异常高低变化，是灵武东山凸起以东地层逐渐下降的

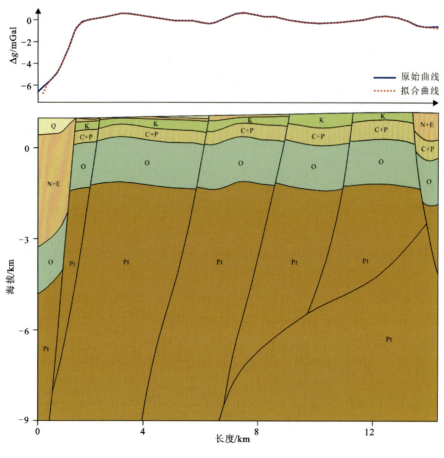

图 4-8 L4 反演剖面图

展布特征(图 4-9)。

黄河断裂系共发育 5 条断裂,黄河主断裂 $F_{Ⅲ}^{1}$ 平面上表现为向东收敛,剖面上继承了北部构造特征,与黄河主断裂相距 2.3km 的 $F_{Ⅴ}^{26}$ 断裂以上陡下缓的产状逐渐向主断裂靠拢,以东 $F_{Ⅴ}^{27}$ 及 $F_{Ⅴ}^{28}$ 断裂分别于 7km 及 5km 处归并于 $F_{Ⅴ}^{29}$ 断裂之上,$F_{Ⅴ}^{29}$ 断裂被马鞍山东倾断裂切割并消失于白垩系底界面。地层整体上亦表现为"高低相间"的构造特征,紧邻黄河主断裂上覆出现厚度较大的新生代地层,厚度约为 750m。$F_{Ⅴ}^{26}$ 断裂以东除出露的白垩系较北部厚以外,其他各地层厚度变化不大。

3. L4-3 剖面

剖面西起西大沟以东,东达黄草坡北附近,总长 12.4km。剩余重力异常曲线总体表现为"西高东低"的特征,反映了研究区中部的整体地质构造特征。黄河主断裂以东紧邻 $F_{Ⅴ}^{26}$ 断裂为剩余重力异常值最高区,为灵武东山凸起北部向南逐渐变深的反映。高值区东侧异常曲线变化缓慢,仅在部分区段出现小范围的高低变化(图 4-10)。

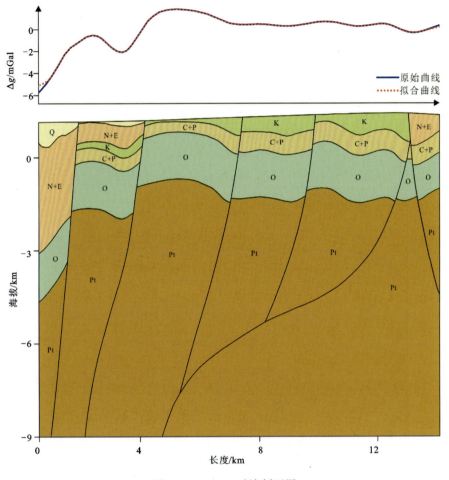

图 4-9 L4-2 反演剖面图

黄河主断裂平面上为向东微凸的分布特征,向东间距约 1km 的 F_V^{26} 断裂于 6km 左右归并于黄河主断裂,F_V^{27} 及 F_V^{28} 断裂继承了北部断裂展布特征并于 7km 及 4.5km 处归并于黄河断裂系最东条断裂 F_V^{29} 之上,F_V^{29} 断裂表现为"上陡下缓"的座椅状特征并于深部逐渐向黄河主断裂归并。受黄河断裂系控制,地层整体表现为"西高东低"的特征,西侧各沉积地层厚度与北部相当,以东灵武东山凸起出露白垩系,各地层厚度较北部变化不大。F_V^{27} 断裂东侧地层表现为"高低相间"的展布特征,为灵武东山凸起东侧的地层展布特征,除出露的 280m 厚的白垩系较北部薄之外,其余古生代地层厚度几无变化。依据任一井钻孔分层数据推测,马鞍山东倾断裂以东新生界厚度约 450m。

4. L4-4 剖面

剖面西起灵武站西北侧,东至黄草坡南,全长 12km。剩余重力异常曲线继承了北部"西高东低"的特征,其中紧邻 F_V^{26} 断裂见剩余重力异常值最高区,是灵武东山凸起中部次凸的地

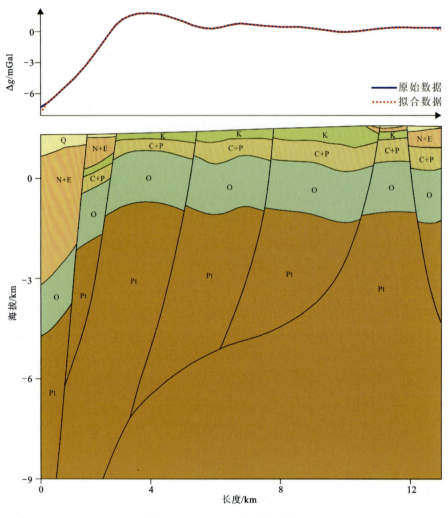

图 4-10 L4-3 反演剖面图

层展布特征。高值区东侧整体表现为一宽大的"平台"区,并在局部地区出现小范围的高低变化(图 4-11)。

黄河主断裂平面上表现为近南北向的分布特征,向东间距约 0.3m 的 F_V^{26} 断裂于 1.5km 处收缩于黄河主断裂,F_V^{27} 和 F_V^{28} 断裂于 6.5km 及 4.5km 处逐次归并于 F_V^{29} 断裂之上,F_V^{29} 断裂继承了北部断裂展布形态并于古元古代结晶基底 9km 处归并于黄河主断裂。受 4 条主要断裂控制,地层整体表现为"西高东低"的斜坡样式,相比较北部地区,除 F_V^{27} 断裂东侧出露的白垩系变厚之外,其他各地层厚度几无变化。

5. L5 剖面

剖面西起灵武市北,东至甜水河北,全长 12.6km。紧邻黄河主断裂见一宽度约为 2km 的剩余重力异常曲线高值区,是灵武东山凸起向南延伸后的表现。高值区东侧异常曲线变

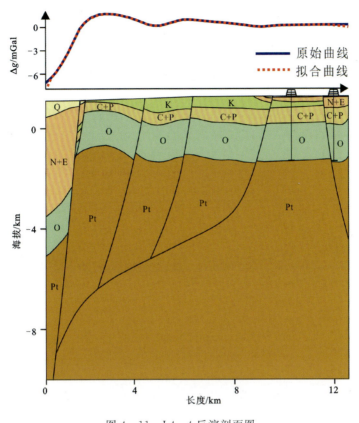

图 4-11　L4-4 反演剖面图

化缓慢,出现一较北部宽度大的"平台"区,体现了灵武东山凸起以东的地层展布特征,F_V^{29} 以东见一小范围的剩余重力异常高值区,为黄草坡凸起($\delta g-38$)的反映,直至东倾马鞍山断裂异常曲线呈下降趋势,是甜水河凹陷北延后的反映(图 4-12)。

黄河主断裂 F_{III}^{1} 平面上亦为近南北向的分布特征,向东约 2.4km 处的 F_V^{27} 断裂向深部于 6.5km 左右归并于 F_V^{29} 断裂之上,F_V^{29} 断裂逐渐向西收缩并于 7km 处归并于黄河主断裂。受黄河断裂系 4 条断裂的控制,地层平缓向东逐渐下沉,横向上除石炭系—二叠系厚度逐渐增厚外,其他地层厚度变化不大。纵向上,除 F_V^{27} 断裂与东倾 F_{IV}^{5} 断裂之间出露的白垩系较北部变薄外(50~160m),其余各地层厚度变化不超过 150m。

6. L5-2 剖面

剖面西起灵武市,东至甜水河村,总长 13km。剩余重力异常曲线整体呈"一凹两凸"的构造格局,紧邻黄河主断裂为剩余重力异常最高区,是灵武东山凸起中南段的地层展布特征。高值区东侧为一小范围的剩余重力异常曲线低值区,是灵武东山凸起中段向东南过渡逐渐形成灵武东山南凸起($\delta g-39$)的反映。F_V^{28} 断裂以东出现剩余重力异常曲线相对高值区,是灵武东山南凸起北端的构造特征。黄河断裂系最东侧 F_V^{29} 断裂以东剩余重力曲线变化

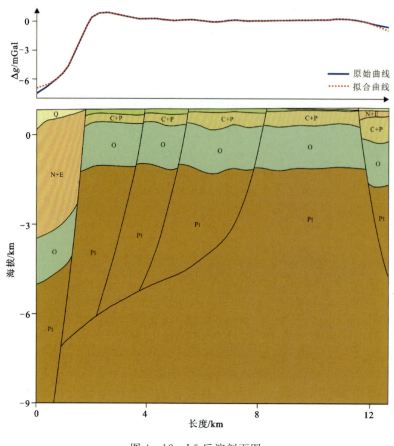

图 4-13 L5 反演剖面图

缓慢,直至 F_{IV}^{5} 断裂异常曲线明显呈下降趋势,是甜水河凹陷北延地层逐渐抬升后的反映(图 4-13)。

黄河断裂系继承了北部断裂展布特征,F_V^{27} 断裂向西收缩与黄河主断裂间距 1.9km 处于深部约 6.5km 归并于 F_V^{29} 断裂之上,东侧间距约 1.4km 的 F_V^{28} 断裂亦于 6km 归并于 F_V^{29} 断裂之上,F_V^{29} 断裂向西收缩,于 6.8km 左右归并于黄河主断裂。受各级断裂控制,地层继承了北部"西高东低"的展布特征。据位于灵武市的 LS01 钻孔揭示,新生界厚度较大,约 300m,白垩系厚度为 368m,石炭系—二叠系厚度 133m,未见底,分析认为该钻孔穿过黄河主断裂,上覆新生代地层钻至银川盆地东部斜坡区,下伏古生界—中生界钻至断裂下盘台地区。横向上,除石炭系—二叠系厚度向东逐渐增厚外,区间为 300~850m,其他地层厚度变化不大。纵向上,各地层相对北部厚度变化不超过 100m。

(三)南部地质构造特征

研究区南部具体为灵武—甜水河村一线以南区域,大部分地区被第四系所覆盖,仅北段局部地区出露白垩系及古近系。较中北段区域,南段黄河断裂(系)构造相对简单,平面上表

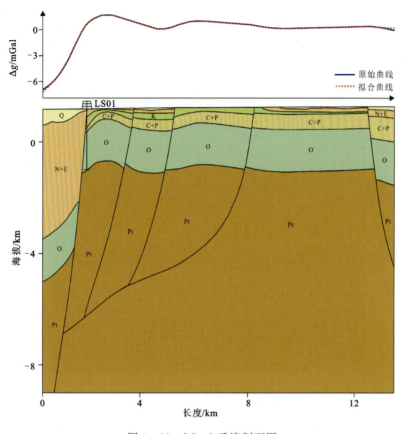

图 4-13 L5-2 反演剖面图

现为向东微凸,3 条次级断裂向西逐渐归并于黄河主断裂,并以南西向逐渐消减于金银滩以北地区。受 4 条断裂控制,地层整体具备"层位平缓、基底抬升"的特征,主要发育灵武东山南凸起。具体地,黄河主断裂继承了中部空间展布形态,F_V^{29} 次级断裂表现为上陡下缓的铲状特征,F_V^{28} 断裂归并于 F_V^{29} 断裂之上,F_V^{29} 断裂于 6km 左右归并于黄河主断裂。最东侧马鞍山东倾断裂消失于甜水河附近,并同时期发育 F_V^{32} 东倾断裂,该断裂与黄河断裂系南段各次级断裂展布特征保持高度一致,为北北东走向。南部沉积地层与中部地区一致,除上覆新生界及白垩系厚度稍有变化外,其余地层厚度几无变化。

1. L6 剖面

剖面西起崇兴镇东北,东至甜水河南,全长约 14km。紧邻黄河主断裂见剩余重力异常高值区,为灵武东山凸起南延后的体现。东侧 F_V^{28} 断裂以东出现剩余重力异常最高区,是灵武东山凸起向南逐渐东移并形成灵武东山南凸起(δg-39)的反映。高值区东侧异常曲线逐步向东下降,并在局部地区出现小范围高异常区,是剖面东部局部小凸起的表现(图 4-14)。

平面上,黄河断裂系继承了中部断裂展布特征,间距约 1km 的 F_V^{27} 断裂断面平直,于深部 5km 处收缩于黄河主断裂,向东 F_V^{28} 断裂于 5.8km 左右归并于东侧 F_V^{29} 断裂之上,F_V^{29} 断裂

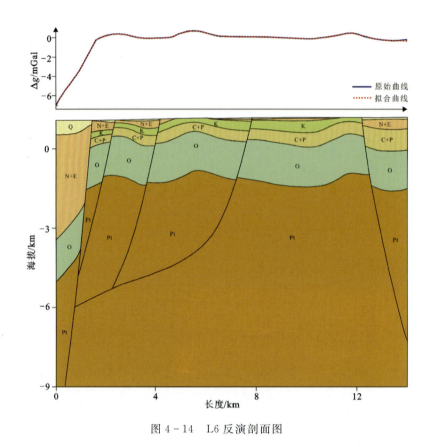

图 4-14 L6 反演剖面图

呈铲状特征于 6km 处归并于黄河主断裂。受各级断裂控制,地层表现为"高低相间"的波浪式特征,横向上,F_V^{27} 断裂东、西两侧新生界厚度较大,为 260～400m,下伏石炭系—二叠系向东逐渐增厚。纵向上,各地层厚度较中部稍有变化。

2. L6-2 剖面

剖面西起崇兴镇东,东至甜水河凹陷南段次凹中,全长 9.5km。剩余重力异常曲线整体表现为"西高东低"的特征,反映了灵武东山凸起南段的整体地质构造特征。紧邻黄河主断裂见一剩余重力异常高值区,为灵武东山南凸起的西侧部分。F_V^{28} 断裂东侧的为灵武东山南凸起南端的反映,F_V^{29} 断裂以东剩余重力异常曲线逐渐呈下降趋势,并在内部局部重力异常出现小范围高低变化,是灵武东山南凸起向甜水河南次凹(δg-41)过渡的地层展布特征(图4-15)。

平面上,黄河断裂系继承了北部灵武段断裂展布特征。剖面上,逐渐向西收缩的 F_V^{27} 断裂于浅部 1km 处归并于黄河主断裂,F_V^{28} 断裂产状较陡立,于 5.8km 左右归并于 F_V^{29} 断裂之上,F_V^{29} 断裂继承了北部铲状特征并于 5.5km 处归并于黄河主断裂。受黄河断裂系 3 条主要断裂控制,下伏奥陶系整体表现为层位平缓的特征,上覆石炭系—二叠系表现为向东逐渐增厚的趋势,上覆新生界及白垩系盖层横向上厚度几无变化。黄河主断裂以东沉积地层与北

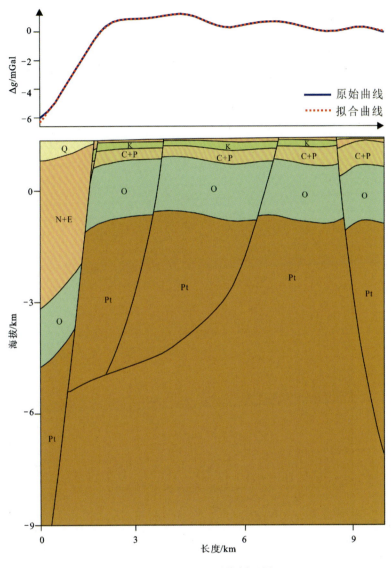

图 4-15 L6-2 反演剖面图

部一致,但除奥陶系厚度变化不大外,其余地层厚度稍有变薄。

3. L7 剖面

剖面西起崇新镇南,东至白土岗凹陷北端,总长 9.5km。黄河主断裂以东剩余重力异常曲线变化缓慢,整体表现为宽度较大的"平台"区,并有小规模的局部重力异常高值区,体现了灵武东山南凸起南段地层展布特征。紧邻黄河主断裂见一宽度约 1.2km 的剩余重力异常高值区,是灵武东山南凸起南延后的反映。F_V^{29} 断裂以东见另一宽缓的剩余重力异常高值区,是灵武东山南凸起向南逐渐消失的表现(图 4-16)。

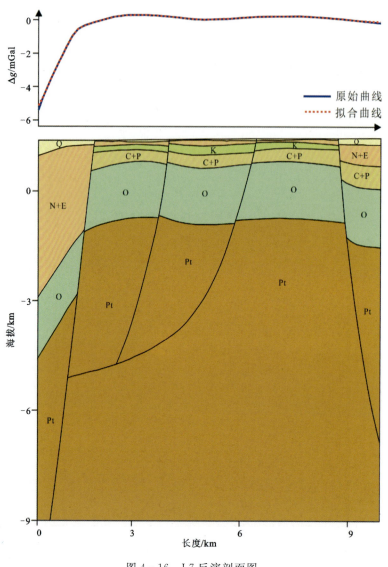

图 4-16 L7 反演剖面图

黄河主断裂平面上走向由近南北向转为北东向展布,其他两条次级断裂继承了北部次级断裂平面及剖面展布特征。整体上,地层具有"层位平缓、基底下降"的特征,横向上,各沉积地层厚度变化小于 100m,新生界厚度为 123～146m,白垩系厚度区间为 143～245m,石炭系—二叠系厚度为 310～360m,直至 F_{IV}^{4} 断裂,奥陶系上覆各地层的厚度明显增厚,新生界厚度达 700m,缺失白垩系,石炭系—二叠系厚度约 600m。

4. L7-2 剖面

剖面西起崇新次凹南端,东至甜水河南次凹西侧,全长约 9.6km。紧邻黄河主断裂见剩余重力异常最高值,是灵武东山南凸起南端次凸的地层展布特征。F_{V}^{28} 断裂以东见一小范围的剩余重力异常高值区,是灵武东山南凸起南延后的表现,向东 F_V^{29} 断裂以东的"平台"区,是灵武东山南凸起南延地层整体下降后的反映(图 4-17)。

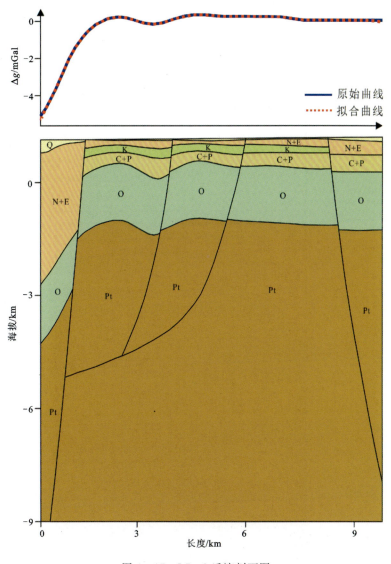

图 4-17　L7-2 反演剖面图

黄河断裂系等间距向南延伸,继承了北部断裂空间展布形态。F_V^{32} 断裂西侧地层表现为"高低相间"的波浪特征,除局部凹陷区外,各地层厚度横向上变化不大,范围在 100m 以内,断裂以东新生界厚度达 500m,下伏石炭系—二叠系及奥陶系厚度几无变化。相比较北部地区,F_V^{32} 断裂以西各套沉积地层厚度稍有变化,以东各地层逐渐向南抬升,厚度变薄,新生界厚度约 480m,石炭系—二叠系厚度约为 440m。

5. L7-3 剖面

剖面西起金银滩镇北,东至白土岗北凹陷北端,全长 7km。黄河主断裂以东剩余重力异常曲线变化缓慢,为一宽度约 4.4km 的宽缓平台,是研究区南端黄河断裂系逐渐消失的地层展布特征,直至 F_V^{32} 断裂,剩余重力异常曲线呈下降趋势,是平台区向白土岗北凹陷(δg-42)过渡的体现(图 4-18)。

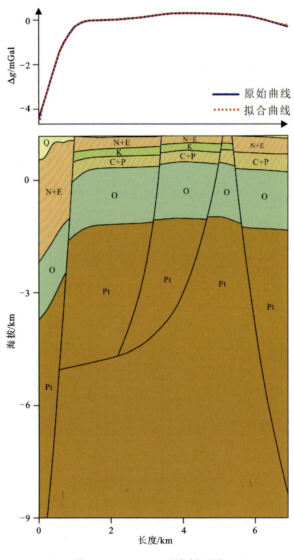

图 4-18 L7-3 反演剖面图

平面上,黄河断裂系等间距向南延伸,南端以南西向逐渐消减于金银滩以北地区。地层整体表现为层位平缓、基底下降的展布特征。横向上,F_V^{32} 断裂以西除新生界厚度为 180~320m 外,其余各沉积地层厚度变化不大,厚度变化浮动小于 70m,断裂以东新生界厚度达

460m,下伏石炭系—二叠系厚度为420m。纵向上,除新生界厚度较北部稍有变化,下伏各地层厚度与北部相当。

第三节 三维构造模型特征

以地质认识为指导,黄河断裂系断裂体系划分与17条骨干剖面二维地质-地球物理反演为基础(图4-19),研究区内7口实测钻孔及40口模拟钻孔分层数据为约束(图4-20),整体构建了黄河断裂系三维地质构造模型,将黄河主断裂及各次级断裂深部展布与各地层之间的关系进行了整合,对研究区东部黄河断裂系由北至南、由深至浅的地质构造进行了系统的梳理及更加直观的展示(图4-21)。

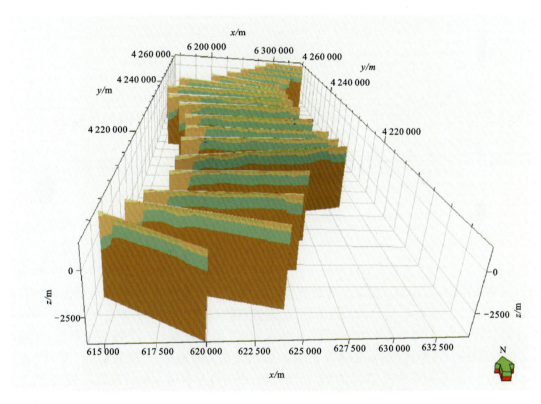

图4-19 2.5D人机交互反演骨干剖面空间位置图

一、主要断裂深部特征

黄河断裂系主断裂及各次级断裂均为北北东走向的正断层,其中$F_{Ⅲ}^1$断裂是黄河断裂系规模最大的断裂,控制着银川断陷盆地的东部边界,断裂南起金银滩镇北,以北东向经崇新镇北转为近南北向,至西大沟—永宁一线受北祁连造山带北东向逆冲推覆作用,使黄河主断

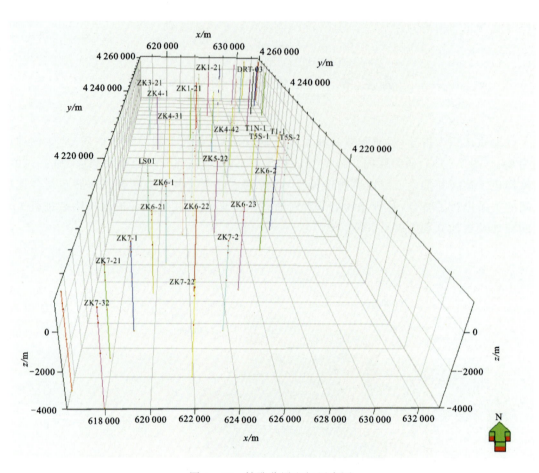

图 4-20　钻孔分层空间展布图

裂走向转为北北西向,至永宁县以北转向北北东向,经通贵乡后延出本区,表现为"S"形展布特征,发育长度约 67.5km。深部呈高角度状切入基底岩层,断面平直,浅部南段灵武市以南表现为隐伏状,中部灵武-黄河断裂迹象明显,为裸露状,北段黄河转折端以北断裂迹象不明显,呈隐伏状展布;与黄河主断裂相距约 2.3km 的 F_V^{20} 次级断裂,与 F_{III}^1 断裂北段形态类似,呈北北东向展布,延伸约 30km 于永宁北黄河内归于黄河主断裂,产状较陡立,浅部为隐伏状;向东与 F_V^{20} 断裂相距约 1.4km 的 F_V^{21} 次级断裂,中南段与黄河主断裂展布一致,表现为北北东走向,向南于临河南凸起西侧归并于黄河主断裂,北段转为北北西向归并于 F_V^{20} 断裂之上,断裂整体呈微弧形展布,延伸长度约 25km,产状较陡立,浅部北段表现为隐伏状,中南段表现为裸露状;相比较,与 F_V^{21} 次级断裂相距小于 1km 的 F_V^{22} 断裂具有类似特征,仅延伸长度较长,约 29km;与 F_V^{22} 次级断裂相距约 1.7km 的 F_V^{26} 次级断裂,发育于黄河西岸,北段呈近南北向展布至天山海世界,向南转为北北东向延伸至灵武市北,南段以近南北向逐渐收缩于黄河主断裂,断裂继承了黄河主断裂展布形态,表现为反"S"形展布特征,延伸长度约 42km,断层产状亦为高角度状切入基底岩层,浅部表现为裸露状;F_V^{26} 断裂向东约 1.8km 发育 F_V^{27} 断

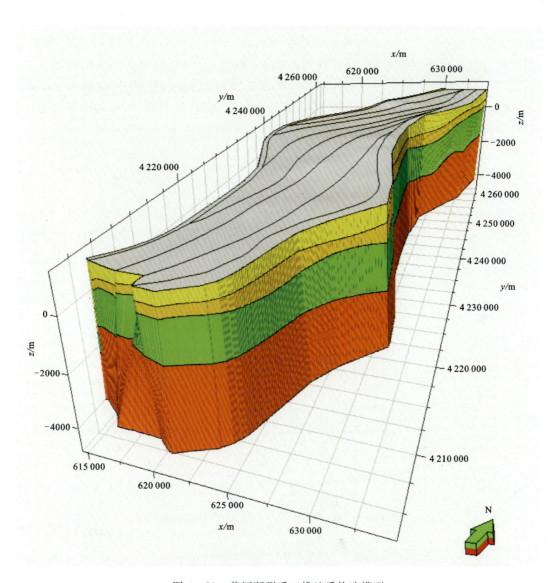

图 4-21 黄河断裂系三维地质构造模型

裂,北段归并于东倾断裂马鞍山断裂之上,呈北北东向展布于梧桐树—黄草坡一线,向南转为近南北向,于崇新镇附近逐渐收缩于黄河主断裂,断裂继承了黄河主断裂"S"形展布特征,延伸长度约 34km,断层产状较陡立,浅部该线以北断裂线性特征明显,为裸露状,以南无明显的断裂迹象,为隐伏状;与黄河主断裂相距约 10km 的 F_V^{28} 断裂发育于横山堡西,北端归并于马鞍山断裂之上,呈北北东向展布,向南以南西向逐渐靠拢于主断裂,并同主断裂消减于金银滩以北地区,延伸长度约 39km,表现为深部西倾逐渐收敛于主断裂,产状较陡立,地表的断裂特征明显,为裸露状断层;黄河断裂系最东侧 F_V^{29} 断裂发育于黑山凹陷南段次凹中,北端收敛于马鞍山断裂,展布由近南北向转为北北东走向,向南与 F_V^{28} 断裂平行展布,亦消减于金银滩以北地区,平面上表现为弧形特征,延伸长度约 32km。空间上表现为上陡下缓的铲状特征,自古元古代结晶基底以浅表现为陡立状,以深断裂产状逐渐变缓;与黄河主断裂间距约11.5km的最东侧马鞍山断裂,发育于黑山北,并收敛于F_V^{26}断裂,以北北西向消失于甜水河附近,向南发育同时期F_V^{32}断裂,走向与黄河断裂系南段各次级断裂一致,并同黄河断裂系止于金银滩镇北,展布长度约50km。空间上,两条断裂断面平直,表现为东倾的裙摆状特征。浅部F_V^{32}断裂地表特征明显,呈裸露状;马鞍山断裂无任何迹象,呈隐伏状(图4-22、图4-23)。

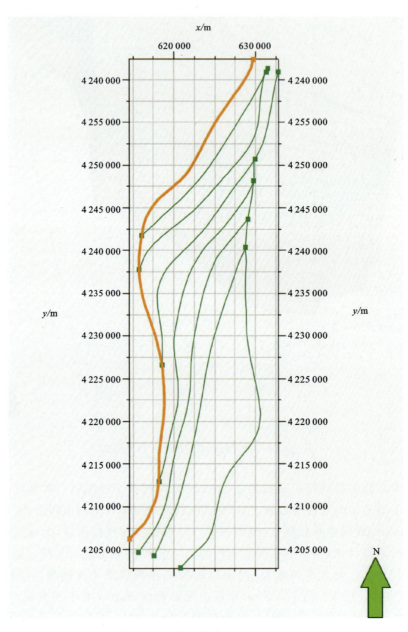

图4-22 黄河断裂系平面展布图

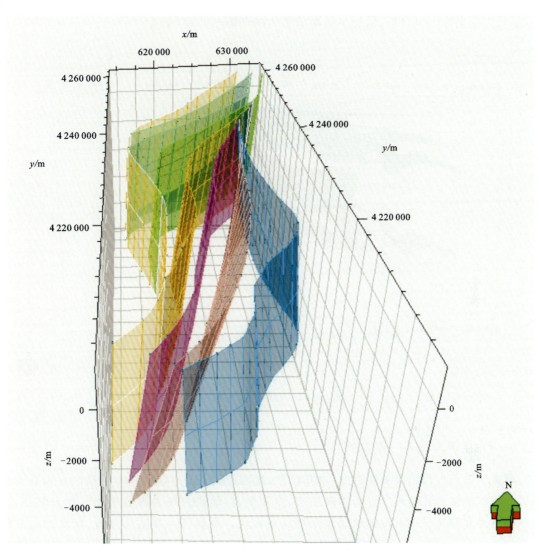

图 4-23　黄河断裂系空间展布图

二、主要地层展布特征

黄河断裂系主要地层为下伏寒武系—奥陶系储热层、上覆石炭系—二叠系隔热层及白垩系—新生界盖层。受北东向挤压应力及东西向拉张力的作用,黄河断裂系整体展布特征由北北东—近南北向,并形成凹凸相间的局部构造。受内部各次级断裂的控制,研究区由西至东形成 3 个局部构造异常带,西侧异常带夹持于黄河主断裂与 F_V^{22} 断裂之间,呈北北东向长条状展布,具有"三凸两凹"的构造格局,分别为通贵东凸起($\delta g-16$)、临河西凸起($\delta g-23$)及临河南凸起($\delta g-35$),临河凹陷的两个次凹构成西侧异常带内主要凹陷;中部异常带受黄河主断裂 F_{III}^1、F_V^{22} 及 F_V^{27} 次级断裂共同控制,整体表现为北北东—近南北向展布,由北至南发育临河东凸起（δg-26）及灵武东山凸起（δg-36）；东侧异常带除灵武东山南凸起（δg-39）外，表现为一宽缓的平台区，仅有少量幅值不大的凹陷与凸起（图4-24）。

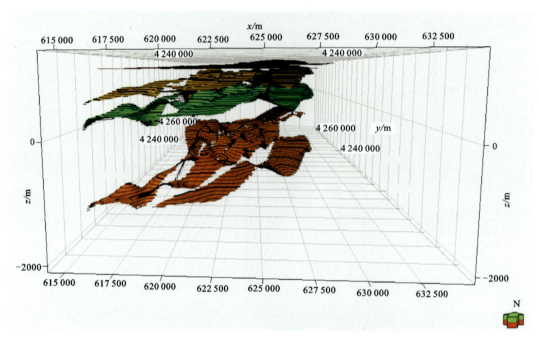

图4-24 地层顶面构造图

（一）古生界寒武系—奥陶系

覆盖于古元古代结晶基底之上，出露较差，仅在灵武黑山地区出露小面积的奥陶系天景山组。地层整体为北北东—近南北向展布，由北至南，地层表现为高低相间的构造特征，于天山海世界北部及灵武东山为地层顶面埋深最高点。根据任一井钻孔分析，该套地层沉积厚度约为1500m，为一套台地相碳酸盐岩沉积，在横向上岩性、岩相基本稳定，各地区沉积厚度变化不大，变化范围约200m以内，仅局部地区厚度变化较大，厚度最大区位于天山海世界西北部，约1950m（图4-25）。

（二）古生界石炭系—二叠系

覆盖于下伏寒武系—奥陶系之上，被埋于中生界及新生界覆盖层之下，未见出露。地层表现为北低南高的展布特征，于灵武东山地区为地层顶面埋深最高点。据天山海世界DRT-03井揭示，该套地层沉积厚度约450m，为一套滨海沼泽相—三角洲相含煤碎屑岩夹碳酸盐岩沉积，厚度变化不大，在300~600m之间，最厚处可达700m，位于研究区中部黄草坡西北侧（图4-26）。

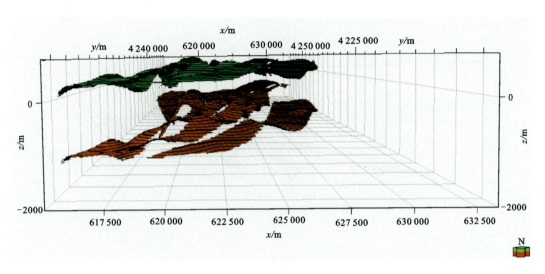

图 4-25 寒武系—奥陶系空间展布特征

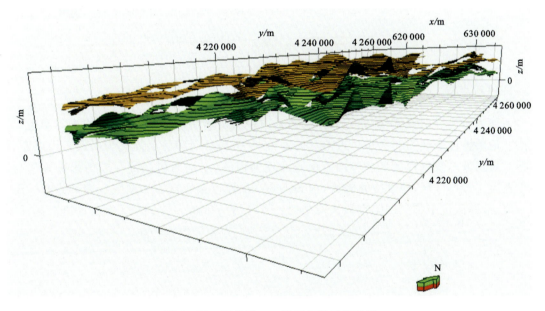

图 4-26 石炭系—二叠系空间展布特征

(三) 中生界白垩系

与下伏石炭系—二叠系呈不整合接触,于黑山以南崇兴镇以北大面积出露,出露面积约 163km²。地层整体继承了下伏地层的展布特征,厚度由南至北逐渐减薄,并于天山海世界 DRT-03 井处地层遭强烈剥蚀消失,以北地区缺失此套地层,属内陆湖泊相碎屑岩-蒸发岩建造,厚度变化较大,范围为 50~600m,最薄处位于北部天山海世界周缘及中南部灵武—甜水河一线,小于100m,厚度最大区位于中部灵武东山凸起以东黄草坡以西、灵武北—甜水河一线以北的平台区,厚度为400～600m(图4-27)。

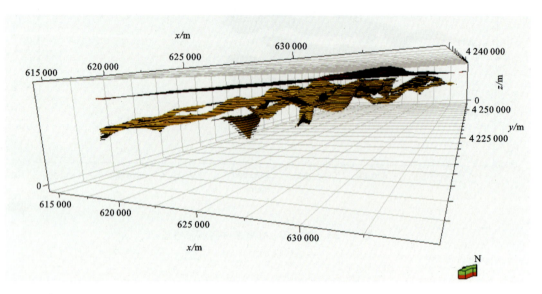

图4-27 白垩系—新生界空间展布特征

(四)新生界

下部为中生界白垩系,除研究区中部出露白垩系及奥陶系外,其余地区均出露新生界覆盖层。地层整体表现为北北东—近南北向展布,新生界顶面埋深最高点为灵武东山以东、横山堡—黄草坡一线以西区域。厚度由南至北逐渐增厚,至河东机场北—天山海世界南为新生界覆盖层最厚区域,厚度变化较大,为60～600m,厚度最小区位于研究区南部崇兴—海子湖一线,最厚区位于临河凹陷南段次凹中($\delta g-25$),约600m。

第五章 断裂活动性研究

　　石油地震剖面和深地震反射资料表明,银川盆地是一个明显的断陷盆地,盆地东、西两侧边界分别受两条北东向、相向倾斜的正断层控制,以西为贺兰山东麓断裂,以东为黄河断裂。黄河断裂是一条超壳断层,断裂在约 20km 处切割了"C"形反射带,向下穿过莫霍面。贺兰山东麓断裂为壳内断层,其在 28~29km 处交会在黄河断裂之上。三关口-牛首山断裂发育在盆地的西南边界,作为青藏高原北东向扩展的响应,该断裂控制着牛首山和银川盆地的分界,其最新活动向北东迁移至关马湖断层上(图 5-1)。

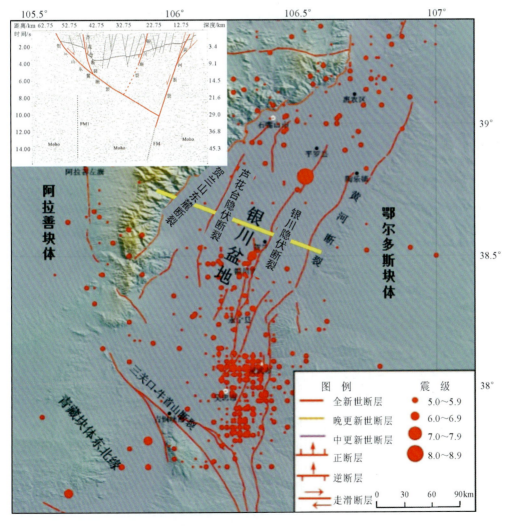

图 5-1　银川盆地地震构造图

此外，继承早期盆地的裂解活动，在两条边界断裂之间的盆地内部还形成了3个左阶斜列的次级凹陷，由北向南依次为平罗西凹陷、银川北凹陷和灵武次级凹陷。这些次级凹陷分别受不同隐伏活动断层控制。其中，平罗北次级凹陷受芦花台隐伏断层北段控制，银川北次级凹陷受芦花台隐伏断层和银川隐伏断层共同控制。芦花台隐伏断裂和银川隐伏断裂为两条相向倾斜的正断层，主体展布在银川盆地的中部、北部。在平面上，两条隐伏断裂走向与控盆边界断裂相平行。在剖面上，两条隐伏断裂分别在约12km和约19km处交会在贺兰山东麓断裂上。灵武凹陷受黄河断裂灵武段和新华桥隐伏断裂控制。新华桥隐伏断裂发育在盆地的东南段灵武市西侧，沿黄河展布。断裂控制灵武凹陷的西侧边界，在深地震反射剖面的双时程5s处交于黄河断裂之上，为一条东倾的正断层。本次研究区主要涉及银川盆地的南段灵武凹陷及其以西地区，区内主要涉及两个体系的断裂系，分别为南北向断裂系和北西向断裂系。

第一节 黄河断裂系活动性

黄河主断裂发育在银川盆地东缘，构成了银川盆地与鄂尔多斯台地的分界。断裂北起石嘴山惠农区东南的陶思兔，向南偏西方向经红崖子、陶乐、月牙湖、临河堡，后又折向南，经灵武东山西麓至大泉以南孙家滩附近，走向5°～40°，倾向北西西，倾角60°～80°，长度约150km。断裂以东地貌为台地或低山，古近系、新近系及其更老的地层出露地表，以西为银川平原，第四系厚度数百米至千余米，第四纪以来断层两盘的垂直差异运动显著。根据断裂的平面展布、活动时代、活动强度等特征，将黄河断裂划分为4条次级正断层，由北向南分别为红崖子—陶乐段、陶乐—横城段、横城—大泉段、大泉—孙家滩段。其中红崖子—陶乐段、陶乐—横城段和南段主体为隐伏段，仅在局部有所出露，根据这些露头，以及一些横跨断层的浅层地震测线得出这3段断层仍然为西倾的正断层，活动时代为晚更新世至全新世初期。中段横城—大泉段是该断裂全段出露地表，断裂主体走向近南北，近期的城市活断层探测结果显示该断裂为一条全新世活动断层。本次图幅仅涉及该断裂南段的大泉—孙家滩段。

一、红崖子—陶乐段

该段断层自红崖子向南西方向经红翔新村、庙庙湖，至陶乐东，总体走向北东，倾向北向，长约38.5km。断裂在该段的几何图像以往被认为是地表出露的红崖子陡坎，后期的浅层地震勘探结果和钻探结果均揭示该陡坎为侵蚀陡坎，陡坎前缘的滑动面为重力滑塌面（图5-2）。

红崖子1测线起点位于省道203向东拐弯，路西黄河边荒滩内，测线桩号2580m通过203省道，终点在203省道东193m处的戈壁内，测线长度2787m，完全控制了地貌陡坎。图5-3为获得的地震剖面，剖面揭示黄河断裂在该点处的主断层发育在陡坎以东370m处。断裂在剖面上表现为相向倾斜的6条断面，主断层倾向北西。为了进一步确定该断裂在该段的几何图像，陶乐活断层探测项目在该测线以南又布设了4条地震测线，地震勘探获得的断裂剖面形态基本一致，平面上向南终止在陶乐以东。

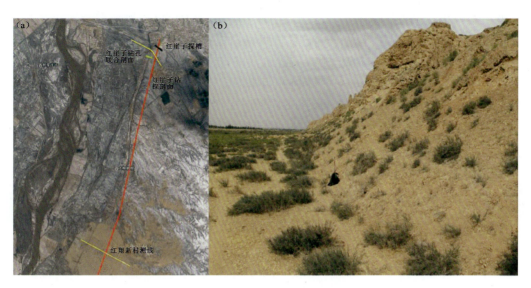

红线:实测断层线;黄线:浅层地震测线;绿线:钻探剖面;黑线:探槽位置。

图 5-2 红崖子陡坎分布图(a)和苦水河南侧陡崖(b)

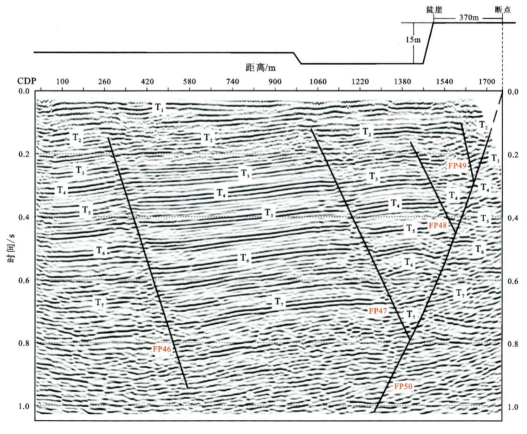

图 5-3 陡崖在红崖子 1 测线上的位置示意图

为了获得该段断裂的最新活动特征,在苦水河(兔思河)南岸横跨断裂布设了一个长50m、宽5m、深4.5m的探槽(图5-4)。探槽揭露的地层沉积稳定,基本连续,探槽下部两套地层均发育水平层理,没有被断错,亦无扰动的痕迹,且层②~④的顶底面均大致水平,表明断层未断至这一深度。说明断层在层④沉积以来没有活动过。层④底部地层样品测年结果为距今59.6ka BP,据此可以确定,黄河断裂陶乐—红崖子段距今59.6ka BP以来没有活动过,其活动时代不会晚于晚更新世中期,应属于晚更新世中期以前活动断层。

图5-4 红崖子探槽照片(a)和剖面素描图(b)
(据宁夏精细化工基地、陶乐镇规划区活动断层探测与活动性鉴定技术报告,2011)

二、陶乐—横城段

该断层位于陶乐—红崖子段以南,隐伏于地表之下。浅层地震勘探揭示断裂与北段在陶乐一带呈右阶羽列,阶区宽度4km左右。断裂北起陶乐以西,向南南西经青沙窝、高仁、月牙湖至横城,长57.7km。

图5-5是布设于陶乐镇南部、沿黄河边的一条北西-南东向测线,长约2km。测线剖面上可以分辨多个能量较强、连续性较好的反射波组,整个波组呈西倾的单斜形态,但西半部倾角大于东部。根据剖面波组特征,确定出5条特征明显的断层,FP18是本测线规模最大的一条断层,该点处黄河主断裂,呈高角度西倾。

为了鉴定该段断裂的活动性,在浅层地震勘探的基础上,于浅层地震剖面上布设一钻孔联合剖面(图5-6)。根据钻孔联合地质剖面分析,断层断错了标志层B1,根据地层样品年龄测定结果推算,此深度处地层的沉积年龄为距今28ka。说明该段断裂至少在此年龄之后还活动过。

以钻孔联合剖面确定的断层上断点为中心,垂直断层开挖了一个探槽,断层在距今3.6ka BP以来不再活动(图5-7)。其最新活动时代可限定在距今28~3.6ka BP之间,即属于晚更新世末至全新世初期活动断层。

第五章 断裂活动性研究

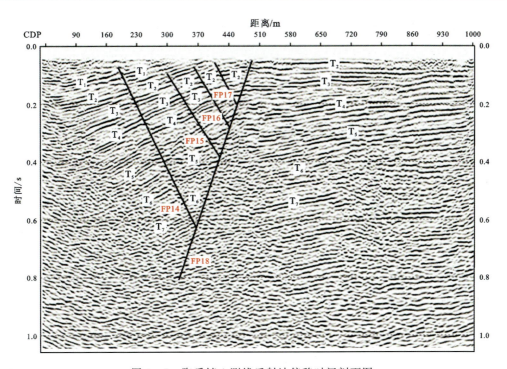

图 5-5 陶乐镇 1 测线反射波偏移时间剖面图

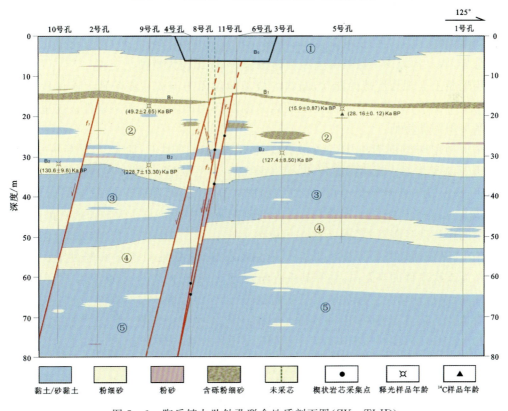

图 5-6 陶乐镇九队钻孔联合地质剖面图（ZK-TLJD）
（据宁夏精细化工基地、陶乐镇规划区活动断层探测与活动性鉴定技术报告，2011）

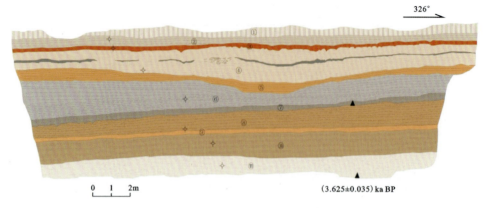

图 5-7 陶乐探槽剖面素描图(TC-TL)
(据宁夏精细化工基地、陶乐镇规划区活动断层探测与活动性鉴定技术报告,2011)

三、横城—大泉段

该段又称为灵武断裂或灵武东山西麓断裂,展布于银川河东机场东、灵武东山西麓至大泉一线,走向近南北,为断面向西倾斜的正断层,长约48km。塌鼻子沟以北,断裂走向北东40°,在银古公路以南至双叉沟之间,该断层又分解为不连续的3条,最短的仅2.6km,最长的7km,两个间断点分别位于井沟南和天池沟北(柴炽章等,2001)。在双叉沟附近,断裂走向逐渐向南偏转,呈向西凸出的弧形,向南终止于塌鼻子沟沟口之西,东支构成山地和洪积台地的分界,双叉沟以南一段航片上线性影像清晰,以北较为模糊。

断层地貌上表现为清楚的陡坎,断错的最新地貌面为河流Ⅰ级阶地。沿该段断层前人曾开挖了多个探槽,揭露出晚更新世晚期以来断层活动的多次古地震事件。这里仅列举几个说明其最新活动特征。

河东机场东探槽剖面位于一条被袭夺冲沟的北岸阶地上,阶地上发育小断层陡坎。图5-8是其南壁剖面。探槽揭露出11套地层和1条主断层。层A为冲洪积砾石层;层B为粉砂土;层C为冲洪积粗砾石层;层D为崩积砾石层;层E为粉砂土;层F为崩积砾石层;层G为粉砂土;层H为砂土,底部有10~20cm厚的次生红土;层I为含砾钙质黄土;层J为上宽下窄的崩积杂乱砾石;层K为表层风成黄土。

事件Ⅰ:断层活动在下降盘堆积层D崩积砾石层,之后堆积了层E粉砂土。若以崩积楔高度作为该次事件的半距离,估算其垂直断距为1.45m。

事件Ⅱ:断层活动在下降盘堆积层F崩积砾石层,之后堆积层G粉砂土、层H砂土、层I含砾钙质黄土。层E上部和层G下部^{14}C样品测试年龄分别是(27.56±0.22)ka BP和(24.93±0.46)ka BP,反映该次事件发生在(27.56±0.22)ka BP之后,(24.93±0.46)ka BP之前,该次事件的垂直断距为1.05m。

事件Ⅲ:断层活动错动层G粉砂土、层H砂土、层I含砾钙质黄土,在下降盘堆积倒三角形崩积砾石层。层I底部热释光样品测试年龄是(13.20±0.01)ka BP,反映该次事件发生在(13.20±0.01)ka BP之后。

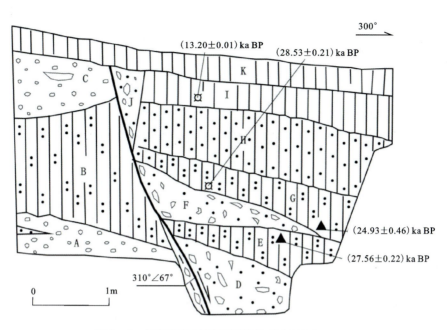

图 5-8　河东机场探槽南壁剖面(据柴炽章等,2000)

图 5-9 是位于塌鼻子沟的一个探槽剖面,断层下盘的下部为冲洪积砾石层夹砂土透镜体,上部为浅灰色砂土、砂砾混合层;断层上盘下部为冲洪积砾石层和崩积砾石层,上部以含砾黄土状土为主,夹崩积砾石层。断层顶部被地表黄土状土覆盖。

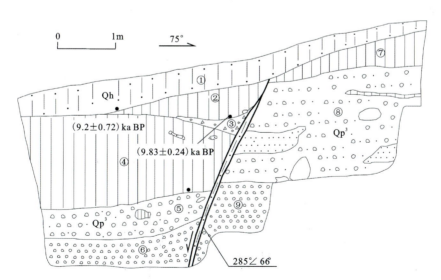

①地表土层;②粉砂土层;③崩积砾石层;④土层含少量的砾石;⑤崩积砾石层;
⑥冲洪积砾石层;⑦土层;⑧砂砾石层夹粉砂土透镜;⑨冲洪积砾石层。

图 5-9　塌鼻子沟探槽北壁剖面(据廖玉华等,2000,略改)

在北壁剖面中,层⑧和层④底部采集了无机碳样,测年结果为距今(9.83±0.24)ka BP 和(13.3±0.12)ka BP。覆盖断层的层⑨底部年龄为距今(9.2±0.72)ka BP,说明断层最新活动时代为晚更新世晚期—全新世初期。

大泉探槽位(TC-DQ)于大泉湖东岸Ⅰ级阶地前缘的小断崖上,实测断崖高0.98m,呈折线延伸,总体为南北向。剖面中,断层下盘是灰色、锈黄色中—粗粒砾石层,层理清楚。上盘底部为灰色含砾砂,中部是淡黄色中—细粒砂,顶部为灰黑色细砂,盖在断层之上,盖层的年龄为(5.42±0.042)ka BP,表明断层的最后一次活动发生在全新世中期(图5-10)。

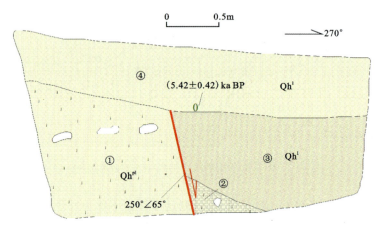

图5-10 大泉探槽剖面图(据柴炽章等,2001)

断裂错断Ⅰ级阶地,根据年龄测定数据,最新活动时代为全新世中期。跨断层地形剖面测量获得了冲沟Ⅰ、Ⅱ、Ⅲ级阶地和高洪积台地的垂直位移(图5-11)。对天池沟、红柳湾、塌鼻子沟Ⅱ级阶地陡坎剖面的实测,结合探槽资料,获Ⅱ级阶地形成以来断裂的垂直位移量分别是3.88m、5.63m和5.33m。Ⅱ级阶地的形成年龄平均为(24.75±1.51)ka BP,求得垂直位移速率约0.16mm/a、0.23mm/a、0.22mm/a(柴炽章等,2001a)。结合这些层状地貌面的年龄,计算得到断裂第四纪晚期以来的垂直位移速率为0.23~0.25mm/a(廖玉华等,2000)。

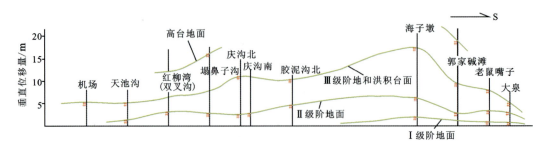

图5-11 黄河断裂中段垂直位移分布曲线(据廖玉华等,2000)

综合该段上前人开挖探槽的资料,灵武断裂在距今 28ka BP 以来发生过 5 次古地震。根据破裂长度、同震位错、发生地表破裂的最小震级以及震例的对比分析,估计古地震的震级为 7 级左右。

综上所述,该段为全新世活动断层,距今 28ka BP 以来有过多次错动,具有发生 7 级地震的构造背景。

四、大泉—孙家滩段

该段从大泉向南南西经白土岗子、五里坡、张家沟东至孙家滩以东,长约 50km。总体走向近南北,局部地段北北东或北北西,为一条断面向西倾斜的正断层,断层地貌总体特征不显示。五里坡以北断层分布在银川盆地东南侧,构成盆地东侧构造边界。张家沟村以南,断层基本沿苦水河东岸展布,依据前人资料为推测断层。东盘中生代地层出露,西盘主要为新近系,上覆较厚的第四系,地貌上表现为东高西低特征,反映断裂仍然控制着现今地貌。

前人在新建一村北侧苦水河Ⅱ级阶地沟壁见断层露头(图 5-12),断层向上错断了冲沟Ⅱ级阶地中的淡红色黏质砂土和砂,根据Ⅱ级阶地 19m 拔河高度,结合该段断裂构造地貌特征,初步判断该段断裂为晚更新世早期活动的西倾正断层。

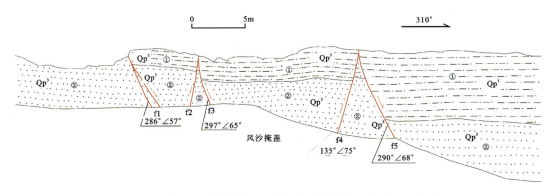

图 5-12 新建一村苦水河支流南壁断层示意剖面(PM-XJYC)

综上所述,黄河断裂 4 段活动性鉴定如下。

(1)红崖子—陶乐段为晚更新世中期以前活动断层,最新活动时代为晚更新世早期,难以识别和区分古地震事件期次。

(2)陶乐—横城段属于晚更新世末至全新世初期活动断层,难以识别和区分古地震事件期次。

(3)横城—大泉段为全新世活动断层,根据在该断裂开挖的 6 个探槽的资料,该段断裂在距今 28ka BP 以来有过 5 次古地震事件(图 5-13):第一次为(27.23±0.32)ka BP,第二次为(20.0±0.32)ka BP,第三次为(13.1±0.06)ka BP,第四次为(10.68±0.06)ka BP,第五次为(6.0±0.5)ka BP。第一次和第二次间隔 7000a 左右,第二次和第三次间隔 7000a 左右,第三次和第四次间隔 2000a 左右,第四次和第五次间隔 5000a 左右,平均间隔 5250a 左右。第四纪晚期以来断层中段垂直位移速率 0.23~0.25mm/a。根据古地震的破裂长度、同震位错、发生地表破裂的最小震级以及震例的对比分析,古地震震级为 7 级左右。

(4)大泉—孙家滩段为晚更新世活动断层,难以识别和区分古地震事件期次。

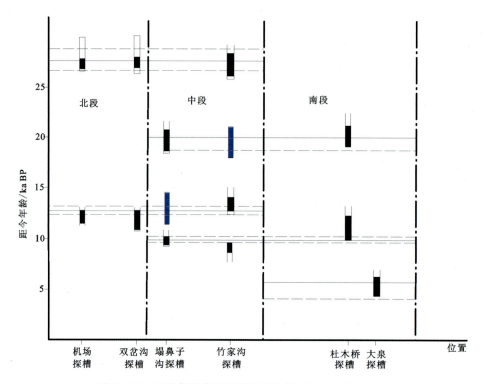

图 5-13 灵武断裂古地震综合对比图(据柴炽章等,2001)

第二节 银川断裂系活动性

银川断裂系中断裂均呈隐伏状态,本次开展活动性研究的断裂包括崇兴隐伏断裂与新华桥隐伏断裂。

一、崇兴隐伏断裂

该断裂是发育在银川盆地内灵武凹陷内,该凹陷区以东为黄河断裂灵武段,以西受新华桥隐伏断裂控制,崇兴隐伏断裂以近南北走向、高角度从凹陷区中部穿过,向南切过凹陷的南端,具体分布在吴忠市东侧,深地震反射剖面揭示该断层为一条近直立的正断层(图 5-14)。

为查明该断裂的具体展布,吴忠市活断层探测项目分别在世纪大道、巴浪湖、吴家桥、杨马湖和王家嘴共布设了 5 条浅层地震测线,确定出该断裂在吴忠东的展布位置,断裂在该段南起巴浪湖附近,沿北东方向经杨马湖、吴家桥,越过世纪大道,向北至灵武市北侧,走向北东 18°,长约 21km。

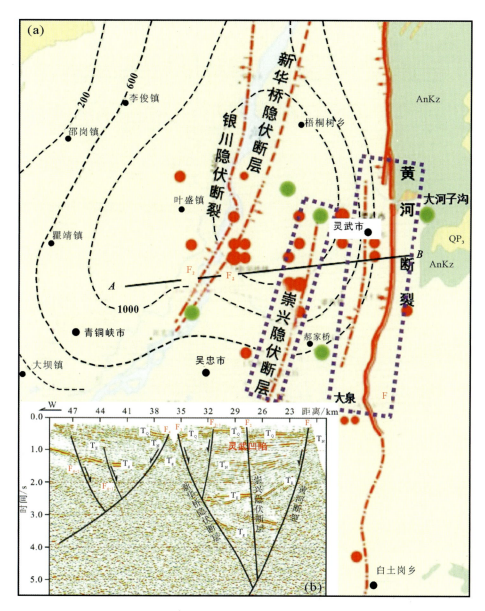

图 5-14 灵武凹陷构造框架图
(a)灵武凹陷主要断裂平面分布图;(b)横穿灵武凹陷的深地震反射剖面图

图 5-15 为王家嘴测线时间剖面的局部揭示断层的段落,从该图中可以清楚地看到一条高角度西倾正断层,上断点埋深 80~85m,为了进一步确定断裂的活动时代,沿该剖面开展了一条钻孔联合剖面(图 5-16),剖面揭露出两条西倾正断层,断层向上明显错断标志层 B2 及 B3、B4,被砾石层所压盖,断层的上断点埋深为 34~41m,最新活动发生于距今(43.9±4.75)ka BP,属晚更新世中期活动断层。

综上所述,崇兴隐伏断裂是发育银川盆地灵武凹陷内的一条晚更新世活动的正断层。

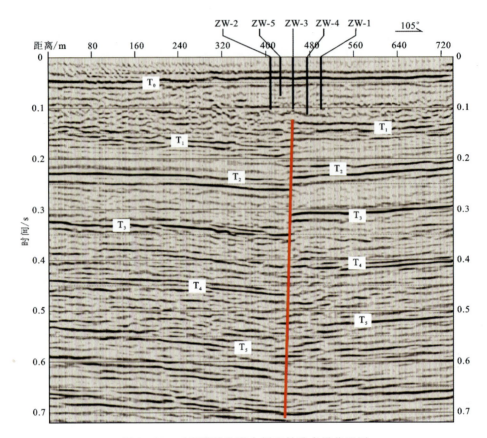

图 5-15 王家嘴钻孔联合剖面钻孔布设位置图

二、新华桥隐伏断层

新华桥隐伏断层（F_2）总体走向北东 25°，倾向南东，倾角较陡，长度约 40km。在目标区内沿黄河分布，延伸长 2.5~4km，走向北东 40°，目标区以北分布于黄河以东，沿北北东方向延伸。

1. 浅层地震探测

根据地震深反射东西向测线探测结果，F_2 为断面向东倾斜的正断层，为查明其分布，首先在铁路北黄河西岸河滩上由东向西布施了一条道间距 1m 的浅层地震测线（编号 TLB），结果在距黄河西岸 148m 处捕捉到了断层，其叠加剖面和偏移剖面如图 5-17 所示。断层错断了 T_0 以下地层界面，上断点埋深 99~105m。

随后，在叶盛附近的黄河东岸布施了叶盛大桥东测线和叶盛大桥北 2 线（YSD）。图 5-18 为叶盛大桥东测线的时间剖面，断层上断点埋深 138~145m。

图 5-19 为叶盛桥北 2 线的地震反射波叠加时间剖面（YSB2），断层上断点埋深 110~120m。

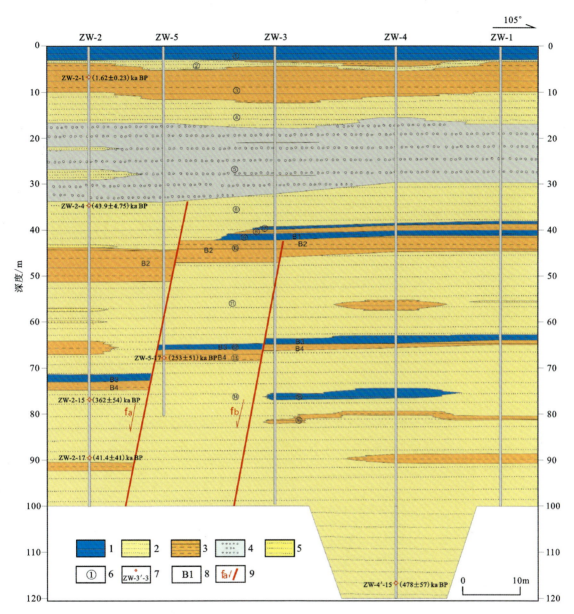

1. 黏土；2. 粉细砂；3. 砂黏土；4. 砾石；5. 细砂；6. 地层编号；
7. OSL 或 ESR 样品位置及编号；8. 标志层编号；9. 正断层。

图 5-16 王家嘴钻孔联合剖面图

铁路北、叶盛大桥东、叶盛大桥北 2 线的局部截图如图 5-20 所示。铁路北测线、叶盛大桥北 2 测线和叶盛大桥东测线上的断层均为向东倾的正断层，断层向上错断了 T_{02} 界面。平面上，它们与深地震反射剖面（东西线）的断点 D_2 为同一条断层，即新华桥隐伏断层（F_2）。该断层自铁路北断点向北东越过黄河与叶盛大桥东、叶盛大桥北 2 线上的断点相连。断层走向北东 40°，倾向南东。

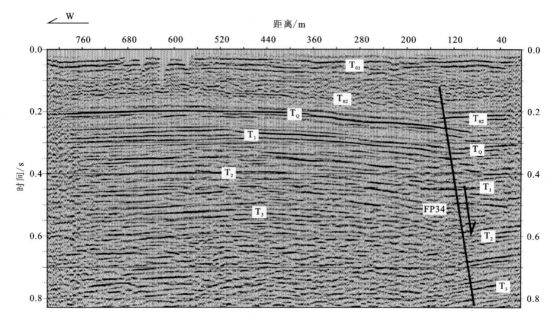

图 5-17 铁路北测线时间剖面图(TLB)

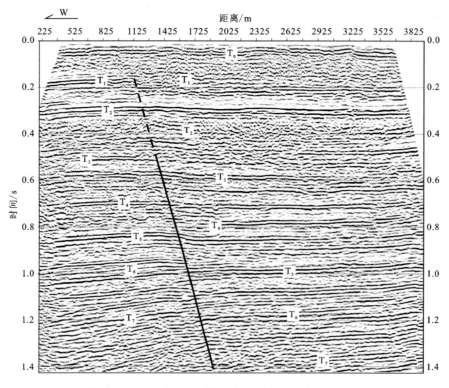

图 5-18 叶盛大桥东测线反射波叠加时间剖面(YSD)

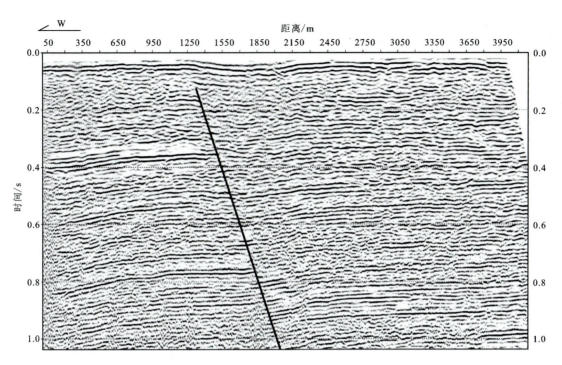

图 5-19 叶盛大桥北 2 线时间剖面（YSB2）

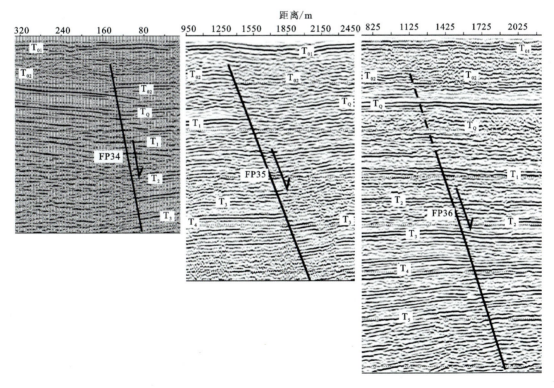

图 5-20 铁路北测线、叶盛大桥北 2 测线、叶盛大桥东测线剖面局部截图

中原油田分公司勘探开发科学研究院绘有一张银川盆地新生界底断裂分布图,此图中在本项目目标区东北有一条走向北东、倾向南东的正断层。这条断层的南段与 F_2 断层相当。据此,认为新华桥隐伏断层可能向北东延伸至通桥附近,断层长约 40km,总体走向北东 25°。

断层 F_2 向南西延伸进入黄河河道,由于有 SBW2 - YTC3D - SJDD 组合测线控制,断层应终止于 YTC3D 测线以北,其长度为 4~5km。由于 TLB 测线发现断层的断点,而断层又终止于 YTC3D 测线,根据惯例,绘图时将断层终止点绘于此两测线之间,即断层进入目标区约 2.5km。根据以上分析,确定 F_2 在目标区内的延伸长度定为 2.5~4km。

2. 断层活动性鉴定

在新华桥隐伏断层(F_2)的浅层地震勘探叶盛大桥北 2 线以北 30m,与测线平行布设了一条钻孔联合剖面线(YHQ),剖面方向南东 115°。浅层地震勘测线解释的断层上断点地面投影位于 1360m 处,断面向东倾。据此于测线桩号 1320m 处布设了钻孔 ZY-1 作为剖面西端,桩号 1409m 处布设钻孔 ZY-2 作为剖面东端。钻孔联合剖面全长 89m,共布设 4 个钻孔,钻进总进尺 387.77m,单孔深度最大 100.93m,最小 87.02m,孔间距最大 40.0m,孔间距最小 12.0m,其钻孔联合剖面图如图 5-21 所示。

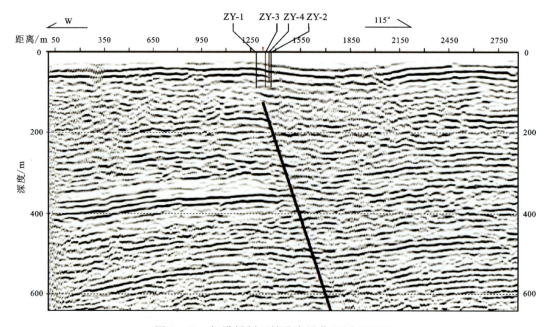

图 5-21 杨洪桥剖面钻孔布设位置图(YHQ)

根据钻孔编录柱状图及钻孔岩芯描述,将杨洪桥钻孔联合剖面的岩性归并为 16 层。可以看出,断层错断了层⑪以下地层,而被层⑧压盖。断层上升盘的层⑪顶界埋深 61.7m,压盖层⑧的底界埋深 49.74m。因此,断层的钻探可识别上断点埋深应介于 61.7~49.7m 之间,其下限深度为 61.7m,上限深度为 49.7m,即断层上断点埋深不会浅于 49m。断层上断点位于浅层地震测线桩号1377m,相对于浅层地震勘探给出的上断点位置(1360m)偏东17m(图5-22)。

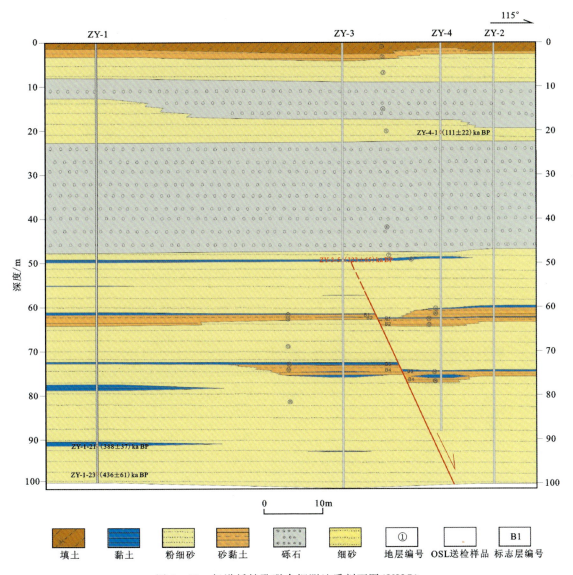

图5-22 杨洪桥钻孔联合探测地质剖面图(YHQ)

为分析断层断错地层情况,选择4个层位作为标志层,将其编号为B1、B2、B3和B4。与地层层序对应,标志层B1对应于层⑪,B2对应于层⑫,B3对应于层⑭,B4对应于层⑭。标志层在各孔中的埋深和厚度列于表5-1,各标志层在断层上、下盘的相关数据及各标志层的断距列于表5-2。

表 5-1 杨洪桥钻孔联合剖面主要标志地层埋深及厚度统计表   单位:m

标志层编号		ZY-1	ZY-3	ZY-4	ZY-2
B1	顶界	61.05	61.49	62.43	62.28
B1	底界	61.80	61.70	62.56	62.36
B1	厚度	0.75	0.21	0.13	0.08
B2	顶界	61.80	61.70	62.56	62.36
B2	底界	64.13	62.89	64.33	63.32
B2	厚度	2.33	1.19	1.77	0.96
B3	顶界	72.43	72.74	74.72	74.45
B3	底界	72.78	73.24	74.83	74.85
B3	厚度	0.35	0.50	0.11	0.40
B4	顶界	—	73.24	74.83	74.85
B4	底界	—	75.69	77.33	75.95
B4	厚度	—	2.45	2.50	1.10

表 5-2 杨洪桥钻孔联合剖面断层附近主要标志层断距一览表

标志层编号	地层岩性	下盘(上升盘)			上盘(下降盘)			断距/m
			埋深/m	厚度/m		埋深/m	厚度/m	
B1	黏土	顶界	61.49	0.21	顶界	62.35	0.21	0.86
B1	黏土	底界	61.70	0.21	底界	62.56	0.21	0.86
B2	砂黏土	顶界	61.70	1.19	顶界	62.56	1.77	0.86
B2	砂黏土	底界	62.89	1.19	底界	64.33	1.77	1.44
B3	黏土	顶界	72.74	0.50	顶界	74.33	0.50	1.59
B3	黏土	底界	73.24	0.50	底界	74.83	0.50	1.59
B4	砂黏土	顶界	73.24	2.45	顶界	74.83	2.50	1.59
B4	砂黏土	底界	75.69	2.45	底界	77.33	2.50	1.64

以各标志层的底界为据,断层的断距自上而下为:0.86m、1.44m、1.59m、1.64m,此结果表明新华桥隐伏断层(F_2)为一条生长断层,但在勘探深度范围内断层的断距变化不大。

为查明新华桥隐伏断层 F_2 的活动性,在钻孔中采集了光释光样品送实验室进行了地层样品沉积年龄测试,测试结果列于表 5-3。

杨洪桥钻孔联合剖面中断层上断点埋深49m,剖面显示断层明显错断标志层B1、B2、B3及B4,被层⑧所压盖。层⑧中ZY-3-5样品位于砾石层之下,埋深49.67m,测试年龄为(323±65)ka BP。而王家嘴ZW2-4样品同样处于砾石层之下,年龄为(43.9±

4.75)ka BP,唯埋深为 34.75m,二者沉积年龄相差 7.5 倍。我们认为 ZY3-5 样品测得的年龄偏老。参考王家嘴剖面地层样品测年结果,新华桥断层最新活动时代应为晚更新世早—中期。

表 5-3　杨洪桥钻孔联合地质剖面钻孔样品年龄测试结果

（地震动力学国家重点实验室测试）

样品编号	测试方法	所处构造位置	样品埋深/m	距今年龄/ka BP
ZY-4-1	ESR	压盖层	20.58	111±22
ZY-3-5	ESR	压盖层	49.67	323±65
ZY-1-21	ESR	断层下盘	91.48	388±37
ZY-1-23	ESR	断层下盘	98.00	436±61

第三节　宁东断裂系活动性

鄂尔多斯台地在地质历史期间表现非常稳定,内部没有明显的变形作用,仅表现为整体性的升降和掀斜运动。灵盐台地位于鄂尔多斯台地西南一隅,高出银川盆地二三百米,长期处于剥蚀状态,台地上松散沉积物很薄。台地西缘为灵武东山(为马鞍山、猪头岭、面子山和杨家窑山等孤立的南北向山地统称),面子山、猪头岭沿北东方向展布,西侧沙地、沙丘广布,两侧高差明显,南段 40～50m,往北变小,为 10 余米。线性影像明显,推测可能断层控制。

"吴忠市活断层探测与地震危险性评价"项目中对其狼皮子梁附近进行了初步调查,推测为晚更新世活动断层,狼皮子梁以北未开展工作。在宁夏回族自治区地震工程院以往开展的地震安全性评价工作中发现,在宁东镇北东方向,秃葫芦墩至清水营一线,有一线性延伸的地形坎,东南侧为低山,北西侧倾斜平原,两者有 50m 左右的高差,高速公路以南,该地形坎的高度降低到 10m 以下,走向北东 40°～50°,长 14km。调查初步判定为正断层,晚更新世晚期以来没有活动。两条断层均未开展深入研究,本次工作对两条断层开展野外调查及开挖探槽,鉴定断层活动性。

面子山-清水营断层南起长流水南侧地貌陡坎,向北展布于狼皮子梁西面子山山前,向北继续沿面子山、六道沟梁、猪头岭山前展布,走向 20°～40°,过宁东镇新东路后,走向转为 60°左右,过马跑泉西,沿山前向北东方向延伸至清水营南。向北,地貌上已无迹象。断层长约 53km(图 5-23)。

断层在第四纪以来的地表出露的断层迹线总体呈向北西凸起的弧形,断续出露。从几何结构和活动性分析,将断层分为面子山断层(南段 F_1)、清水营断层(北段 F_2)。

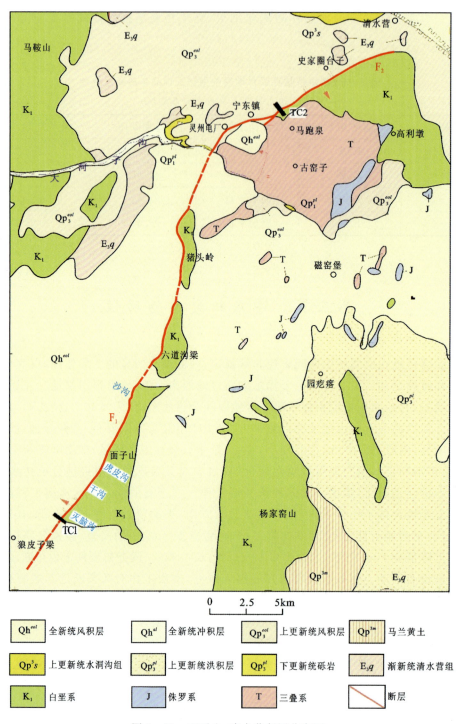

图 5-23 面子山-清水营断层分布图

一、面子山断层

该段断层分布于面子山、六道沟梁、猪头岭一线山体西侧山前,长约37km。走向20°~40°,陡坎地貌明显,断层西侧为白垩系灰白色砾岩山体,地表有零星的风积砂分布,断层西侧为山前洪积台地,向西缓倾,地表沙丘广布。两侧高差40~50m,向北逐渐变小,过猪头岭至大河子沟段,地表风积砂覆盖,地貌上已无迹象。

1. 断层几何结构特征

狼皮子梁西有一垃圾填埋场,原为采砂场,砂坑西侧见一残留白垩纪基岩陡壁(图5-24),陡壁光滑平直,判断应为断层面,产状323°∠84°。其上见擦痕,擦痕沿断面向下。

图5-24 狼皮子梁西垃圾填埋场断层面

向南地貌陡坎发育,长流水沟南见陡坎变缓,其上发育两条北东向谷地,见灰绿色砂岩出露地表,地表多为风积砂覆盖。高速公路向南,地貌上已不可见,从延伸方向推测,断层可能延至白土岗与灵武断裂相交。

灭脑沟沟口,地貌上有陡坎,冲沟北岸,发育两级阶地(图5-25),Ⅰ级阶地拔河高度5m,Ⅱ级阶地有落差,高差4m,应为断层活动所致。

灭脑沟北,一无名冲沟沟口,见高约6.3m陡坎(图5-26),陡坎两侧均为第四纪冲洪积物,地表覆盖风积砂,位置与山体西缘地貌陡坎一致,推测应为断层活动所致。

干沟以北,地貌陡坎发育,陡坎北西有一反向陡坎(图5-27),坎高4m,为反向次级断层活动所致。

图 5-25 灭脑沟北岸断层断错二级阶地（镜向：北东）

图 5-26 灭脑沟北冲沟沟口断层陡坎（镜向：南）

虎皮沟北，一冲沟沟口见基岩出露，边缘处岩层陡立（图5-28），应为断层破碎带，宽2~3m，断层产状260°∠61°。基岩与第四纪地层之间未见清晰滑动面。

虎皮沟向北，地貌陡坎持续发育，延伸2km左右，陡坎消失，地表冲洪积砂砾石和风积砂，未见断点与断层地貌。沙沟北，地貌陡坎再现，且在西侧约700m处见反向陡坎连续分布，陡坎高5~6m，推测可能存在断层（图5-29）。

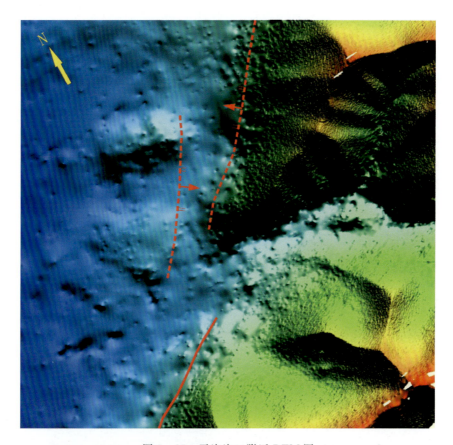

图 5-27　干沟沟口附近 DEM 图

图 5-28　虎皮沟北基岩破碎带

1. 跨陡坎高程剖面1位置;C. 断层剖面位置;D. 反向陡坎照片位置

图 5-29 沙沟沟口附近 DEM 图、反向陡坎及断层剖面图

(a)DEM 图;(b)跨陡坎高程剖面1;(c)断层剖面;(d)反向陡坎照片(镜向:北)

沙沟以北六道沟梁东侧,地貌陡坎变低,为10余米,覆盖风积砂,冲沟不发育,未见断层出露(图 5-30)。

木瓜豁子发育冲沟,地表多为风积砂覆盖,地貌上有陡坎发育,沟内见基岩出露(图 5-31),可见基岩产状135°∠16°逐渐变化到110°∠31°,西侧为风积砂,未见断面出露,根据岩层变化及地貌陡坎推测断层通过该处。

猪头岭西,甜磁公路北侧,公路施工出露白垩纪砾岩剖面(图 5-32),剖面上发育断层,断层产状100°∠64°,产状与前几个断点不一致,且地貌陡坎在该点以西,推测断层在该点西侧陡坎处。

过大河子沟后,新东路南见断层剖面(图 5-33),断层产状310°∠65°,断层东侧底部为棕红色泥岩,其上有黄灰色砾岩,表层为黄土,地表见砾石;西侧为第四纪堆积物,下部为砂砾石层,上部为黄土。

图 5-30　六道沟梁东断层地貌陡坎(镜向:南东)

图 5-31　木瓜豁子基岩出露(镜向:北东)

2. 断层活动性鉴定

野外调查中,断层断错现象明显,断层陡坎清晰,发现多个断点,确定了断层的展布位置。但断层断错最新地层不明确,难以确定断层最新活动时代。选取两个断层明确通过的位置,并且上有覆盖层,开挖探槽(TC1),研究断层最新活动时代与古地震。

图 5-32 猪头岭基岩断层剖面（镜向：北东）

图 5-33 宁东镇新中路南断层剖面（镜向：南）

狼皮子梁东，见基岩断层面（图 5-34），断面延伸处，地貌上形成陡坎，地表多为风积砂覆盖。该处使用无人机进行摄影测量，处理得到数字高程图（DEM），断层迹象线性较好，陡坎两侧高差近 30m。

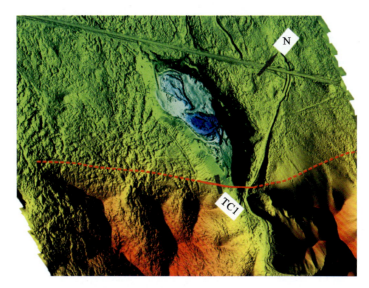

图 5-34　狼皮子梁探槽(TC1)附近范围 DEM 图

砂坑壁见第四纪地层覆盖,于该处开挖探槽(图 5-35)。探槽剖面(图 5-36)揭露风积砂、冲洪积层、白垩纪砾岩 3 套地层。剖面上发育两条断层,f1 发育在基岩处,断错白垩纪砾岩,形成断层破碎带,上覆⑯层与基岩间已无断层活动迹象。f2 发育在破碎带第四纪地层之间,向上延伸,断错地层⑧～⑰,地层⑥中断层已不可见,但⑥地层下部有变形,有斜层理,故断层可能断错层⑥下部,其上①～⑤地层未见断层活动迹象。⑤层内采集年龄样品,测得年龄为 40.3ka BP,可判断断层最新活动时代为晚更新世晚期。

图 5-35　狼皮子梁探槽(TC1)照片(镜向:南)

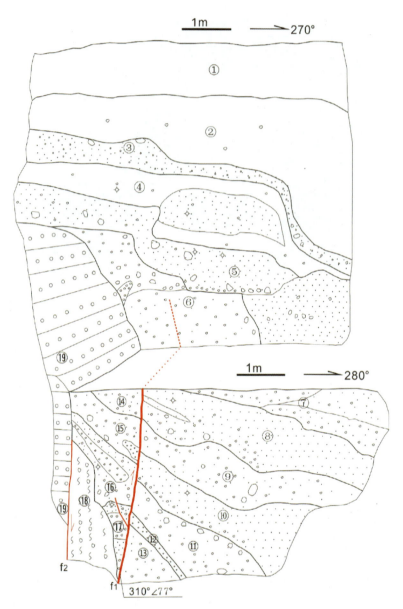

①土黄色风积砂;②土黄色粉细砂,偶含砾;③土黄粉细砂、砾;④灰白色粉细砂、粉土,质硬,偶含砾,夹黄灰色粉细砂层;⑤黄灰色、浅红色粉细砂、砾;⑥黄灰色砾砂,底部隐约可见斜层理;⑦黄灰色、灰白色砂砾石,粉细砂;⑧黄灰色粉细砂,底部含砾;⑨灰白色砾砂;⑩黄灰色粉细砂,底部夹一砾石薄层;⑪灰白色砂砾石;⑫灰白色细砾;⑬黄灰色砾砂;⑭黄灰色砾砂;⑮灰白色砂砾,含细砾透镜体;⑯黄灰色含砾粉细砂,夹砾石层透镜体;⑰黄灰色、灰白色砂砾夹粉细砂;⑱灰色砾岩破碎带;⑲灰白、紫红色砾岩,胶结较好;○释光采样点

图 5-36 狼皮子梁探槽(TC1)剖面素描图

f1 断层两侧地层难以比对,剖面上不能分析古地震事件。另外,剖面上见断层擦痕,擦痕侧伏向 235°,侧伏角 68°。揭示断层有水平运动。

二、清水营断层

南起宁东镇新中路北,过青银高速公路后,沿地貌陡坎展布,清水营南,线性陡坎已消失,断层可能终止,断层全长约13km,走向约为60°。

(一)断层几何结构特征

断层过新中路后,南东盘向北西盘逆冲,地貌上有陡坎显示,灵州电厂南见断层出露(图5-37),橘红色泥岩向北西逆冲于黄土之上,断层产状25°/SE∠61°,断面上见断层擦痕。

图5-37 灵州电厂南断层剖面(镜向:北东)

马跑泉西秃葫芦墩冲沟内见断层出露,东侧山体为白垩纪砾岩,西侧为黄土覆盖,破碎带内见红色泥岩,断层产状69°/SE∠71°,为南东倾向逆断层,断层断错黄土层(图5-38)。

图5-38 马跑泉西秃葫芦墩断层剖面(镜向:北东)

史家圈台子东,工程施工开挖后遗留陡坎,陡坎东为白垩系灰白色砾岩,西侧黄土多被挖除,残留陡壁为一断层面[图 5-39(a)],产状 75°/SE∠65°。在陡坎南端[图 5-39(b)],断面上见擦痕,擦痕侧伏角 55°,侧伏向 170°,揭示断层有走滑运动。

图 5-39　史家圈台子东断层剖面
(a)、(b)断层剖面(镜向:北东);(c)断面擦痕

史家圈台子以北,陡坎逐渐变缓,且近年来宁东工业园区施工,断层陡坎已难辨识,至清水营南,陡坎已完全消失,断层可能已不再向北东延伸。

(二)断层活动性鉴定

马跑泉西探槽(TC2)

马跑泉西,地貌上形成陡坎,冲沟内见断层面(图 5-40),断面向上延伸处,地表黄土覆盖。该处使用无人机进行摄影测量,处理得到数字高程图(DEM),断层迹象线性较好,陡坎两侧高差约 36m。

沿冲沟方向于侧壁开挖探槽(TC2)(图 5-41)。探槽剖面揭露出冲洪积层、白垩纪砾岩两套地层,断层处见砖红色泥岩,岩层破碎,为断层破碎带。

a 剖面(图 5-42)上发育 3 条断层,f1 断错白垩系砾岩其上被卵、砾石层覆盖,活动时代可能较老。f3 断错层③,其上被层②覆盖。f2 断错层①~④,往上延伸追溯,可在 b 剖面上发现该断层。另外,剖面底部见断层擦痕,擦痕侧伏角 51°,侧伏向 240°,揭示断层有走滑运动。

图 5-40　马跑泉西探槽（TC2）附近范围 DEM 图

a.剖面位置；b.剖面位置；c.断层擦痕。

图 5-41　马跑泉西探槽 TC2 照片（镜向：北东）

b 剖面（图 5-43）上发育两条断层，f2 断层与 a 剖面中的 f2 断层产状相近，可能是同一条断层，断层断错了④⑤⑥⑧地层，在⑤层顶部形成断层陡坎，有坎前堆积，层②覆盖其上。

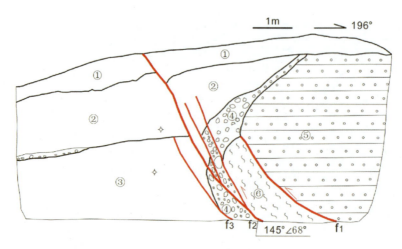

①黄灰色粉细砂；②灰白色粉细砂，北侧层底夹砾石薄层，水平层理；③灰黄色粉细砂；④坡积、洪积卵、砾石层；⑤白垩系灰白色砾岩；⑥砖红色破碎带，原岩为清水营组泥岩；✡释光采样点。

图 5-42 马跑泉西探槽(TC2)a 剖面素描图

另外，在层④下部 f2 断层附近，砂层有明显的扰动痕迹，层理向下弯曲，可能是地震造成的砂土液化所致。f4 断错层③④和层①的底部，形成陡坎并有坎前堆积，剖面上见有裂缝延伸至地表，断层可能向上断错。

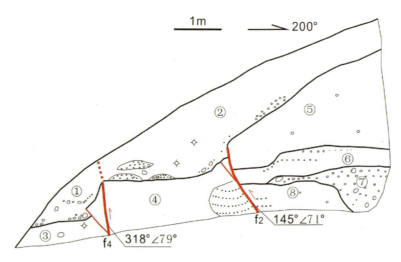

①黄灰色粉细砂、砾石；②黄灰色粉细砂，下部含砾及砂砾透镜体；③灰黄色粉细砂，含砾；④灰黄色粉细砂，含砾；⑤灰黄色粉细砂，含砾；⑥黄灰色粉细砂，夹砾石薄层，有水平层理；⑦砾石层；⑧灰黄色粉细砂，含砾。✡释光采样点。

图 5-43 马跑泉西探槽(TC2)b 剖面素描图

在两个剖面上可以综合分析出两次地震事件。第一次事件断层断错 a 剖面层③,后沉积地层②,测得年龄为 57ka BP。第二次地震事件断层断错 a 剖面①②地层、b 剖面④⑤地层,后沉积层②,测得年龄为 54ka BP。

三、水平滑动速率

前述中 TC1、TC2 探槽剖面上发现擦痕,史家圈台子处断层面上亦见断层擦痕,表明断层具有水平走滑运动。灭脑沟沟口,陡坎地貌明显,两侧高差约 60m,外延冲沟南东侧,有一平行于冲沟的槽地展布,推测可能为断层活动造成的冲沟错动。

在该处通过差分 GPS 和无人机航拍两种工具的联合测量,获得断层较大区域的高分辨率影像和数字高程图(DEM)(图 5-44),之后依据两种影像并结合现场人工手持测距仪测量,综合分析确定灭脑沟左岸实际位错 393m,右岸实际位错 388m,平均 390.5m。

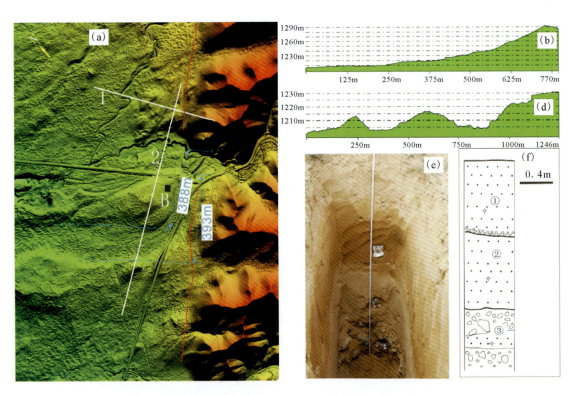

1.跨陡坎高程剖面 1 位置;2.跨冲沟高程剖面 2 位置;B.探坑位置。
①棕色粉砂,底部发育一灰白色薄层砾石;②灰白色细砂;③灰白色砾石层,次圆状,中夹棕色粉细砂层。

图 5-44 灭脑沟沟口附近 DEM 图和探坑剖面图
(a)DEM 图;(b)跨陡坎高程剖面 1;(c)跨冲沟高程剖面 2;(d)探坑照片(镜向:南);(e)探坑剖面素描图

在冲沟Ⅱ级阶地上开挖探坑,在层③与层②中采集年龄样品,用以限定阶地形成年龄,测得年龄为××ka BP,计算得到断层的水平滑动速率为××mm/a。

第四节 吴忠断裂系活动性

一、柳木高断层

北起小柳木高,向南东沿 140°～160°方向延伸,经大柳木高、大沙沟、红崖子至青铜峡铝厂西,全长约 32km。断面总体倾向北东,倾角 60°～80°,第四纪晚期主要表现为正断活动特征。根据断层的活动时代,大致以大沙沟为界分为两段。北段活动时代为全新世,长约 18km,南段为晚更新世活动断层,长约 14km。

1. 北段

断层南西盘为白垩纪砂砾岩和侏罗纪砂岩、砂砾岩,北东盘以新近纪红色砂岩为主,大沙沟一带为白垩系。地貌上,断层南西盘为基岩山地,海拔高程 1350～1500m,北东盘基岩出露较少,多被第四纪冲洪积物覆盖,海拔高程 1270～1300m。断层地貌主要表现为向北东倾斜的断层陡坎,坎高一般为几米至十几米。

断层北段的小口子一带,形成较连续的断层陡坎,坎高 5～10m,构成南西盘早白垩世砂砾岩和北东盘晚更新世洪积层的分界线,地貌特征明显(图 5-45)。

图 5-45 小口子一带断层地貌(焦德成摄,镜向:南南西)

该处一条横跨断层的"V"形冲沟南壁,见到清楚的断层面。断层走向近南北,断面向东倾斜,倾角 60°左右,断错晚更新世砂砾石层(图 5-46)。

小柳木高向南采石场一带,断裂走向北北西,地貌上表现为醒目的基岩断层崖。崖面高 2～5m,走向平直。断层西盘为寒武纪灰岩,东盘是中新世砾岩。大柳木高向南至大沙沟一

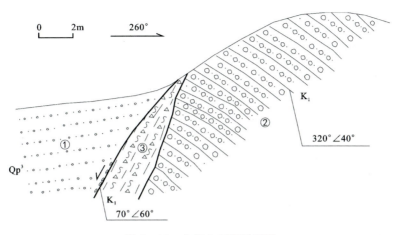

图 5-46 小柳木高断层剖面

带,断层走向335°,线性映象清晰,地貌特征明显,常显示为高约1m的断层崖及陡坎。东盘为海拔1230～1280m的洪积台地,主要由晚更新世洪积物构成;西盘是海拔1310～1350m的剥蚀残丘,由白垩纪砾岩和侏罗系砂岩构成。两盘高差80m左右(图5-47)。

图 5-47 小口子断层剖面照片(焦德成摄,镜向:南南东)

采砂场南东约5km处,一条冲沟南壁见到清楚的断层面,断面走向北北西,向北东东陡倾,断错全新统和上更新统(图5-48、图5-49)。剖面中,层①上部被剥蚀,按断层下盘层①底面自然延伸到断面的高度,其垂直位错量约为0.6m。该层释光样测年结果为(8.61±0.66)ka BP;层②厚度约1m,释光样测年结果为(16.94±1.24)ka BP,其底界位垂直位错量约0.6m;层③底界在断层上盘未揭露出。层①和层②垂直位错量均为0.6m左右,为同一次古地震事件,发生在(8.61±0.66)ka BP之后。由于剖面深度有限,更早的古地震事件尚未被揭露出来。

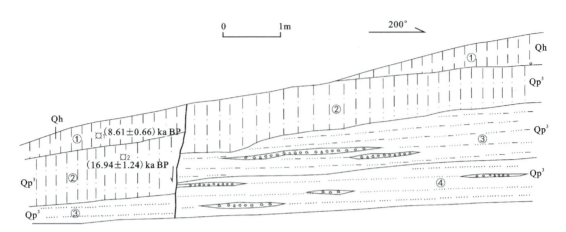

①全新世深灰色黄土状粉土,偶含细砾和薄层砂细砾,胶结较松散,层理不清;②晚更新世浅灰色、淡土红色黄土状粉土,胶结较硬,层理不清;③橘黄色、淡土红色粉土,粉砂,夹砾石透镜体,具水平层理,胶结坚硬;④紫红色粉砂、细砂,夹砾石层透镜体,胶结坚硬,水平层理清晰;☼1 释光样采集位置及编号。

图 5-48 采砂场南东约 5km 处断层剖面

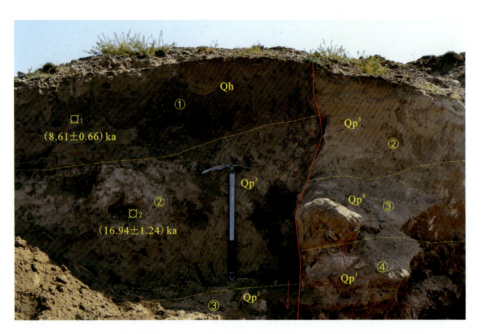

图 5-49 采砂场南东约 5km 处断层剖面局部照片(焦德成摄,镜向:南南东)

2. 南段

大沙沟向南东,断层发育于白垩系或新近系中,断层地貌特征不如北段清楚,一些地段被全新世洪积物覆盖,呈半隐伏状态。

在大沙沟南侧,中国地震局地震预测研究所曾开挖过一个探槽,位于山前冲洪积台地上,探槽揭示出断层断错了晚更新世地层,以及在断层破碎带中发育的充填楔等(图5-50)。可见破碎带宽2.5~3.5m,发育两个较为清楚的断层面:基岩断层面(f1)和发育在破碎带中的较新断层面(f2),断面产状分别为:62°∠76°和65°∠66°。探槽处地表浅部发育厚0~0.6m的全新世坡冲积粉砂砾石层,覆盖于断面之上,其中未发现断层作用形迹。

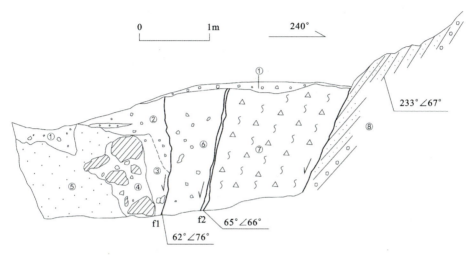

①全新世晚期坡冲积层;②灰黄色中粗砂充填构造体,含碳屑,少量细砾;③棕黄灰色含紫红色黏土团块中细砂充填构造体;④黏土团块、角砾、黏土混杂构造体;⑤晚更新世棕黄色中细砂层;⑥含角砾细构造碎裂岩;⑦粗构造碎裂岩;⑧白垩系紫红色砂岩、砾岩。

图5-50 大沙沟南槽探剖面素描图(据中国地震局地震预测研究所,2009,有改动)

断层破碎带主要由三部分组成:一是靠近基岩一侧的基岩碎裂岩带(层⑦),宽1.5~2.3m,岩性特征为钙质、泥质胶结的紫红色岩屑、砂砾岩构造角砾;二是中间带,为含角砾细碎裂岩带(层⑥),岩性为粉碎状紫红色砂岩含少量角砾、紫红色黏土含细小灰白色砂岩细砾,少量砾石,带宽0.5~0.8m;三是靠近断层上盘一侧构造带,由基岩角砾、紫红色黏土团块为骨架,灰黄色中细砂、紫红色粉砂质黏土为基质构成的具有间架结构特点的构造碎裂带(层④)。早期充填楔层③和晚期充填楔层②发育在断层破碎带层⑥和构造混杂体层④之间。这种现象可能反映了柳木高断层南段几次快速活动过程,但由于识别的标志不够明显,目前还不能够作为识别古地震期次的证据。

红崖子附近,白垩纪砂砾岩中见断裂由多个断面构成,地层破碎,宽200m左右(图5-51)。剖面中北段几个断面显示挤压逆冲特征,南西段向北东倾斜的断面显示正断特征,可能反映了断层早期挤压、晚期正断的活动特征。根据对庙山湖断层的野外调查结果,断面倾向南西,表现为逆冲活动特征,其活动时代为早中更新世。该断层与柳木高断层平行延伸,相距较近。由此分析,柳木高断层南段在第四纪早期可能以逆冲活动为主,第四纪中晚期则以正断活动为主。红崖子向南,断裂被第四纪晚期冲洪积、风积物掩盖。

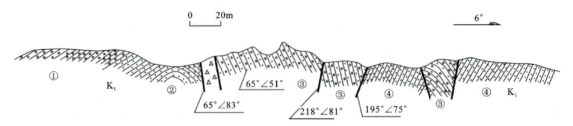

①早白垩世砾岩，钙质、铁质胶结，坚硬；②砖红色粗砂岩；③砖红色砂岩、砾岩；④紫红色砂岩夹砾岩。

图 5-51 红崖子附近断层剖面

3. 断层活动性鉴定

柳木高断层北段，断层陡坎清晰，地貌特征明显。根据探槽和测年结果，断层断错的最新地层为(8.61±0.66)ka BP，垂直位错量约0.6m，活动时代为全新世。与关马湖断层古地震垂直位错量进行对比，其古地震震级初步判断为6.5级左右。

柳木高断层南段，断层地貌特征不明显。野外调查和探槽揭露错断的最新地层为上更新统，被全新世冲洪积物覆盖，最新活动时代判断为晚更新世，探槽揭露可能反映了柳木高断层南段几次快速活动过程，但由于识别的标志不够明显，目前还不能够作为识别古地震期次的依据。

二、关马湖断层

(一)地质地貌调查

关马湖断层是银川地堑南西侧第四纪盆地的边界，西段走向北西西，东段走向北西，略呈向北东凸出的弧形展布，长约25km。地貌上表现为南西高而北东低的地形陡坎，发育在牛首山北东麓洪积台地前缘，形成高度为几米至二三十米的陡坎。台地基座为新近纪红色砂岩、泥岩夹砾岩，上覆早一中更新世砾石层和晚更新世冲洪积砂、砾石、黄土。

前人曾对该地貌陡坎进行过多次调查，未发现断层露头。由于该陡坎成因的重要性，本项目对其进行了详细追踪调查。沿地貌陡坎，基本已被人工改造，个别地点可看到大体轮廓。如在断层西段的峡口乡东见到走向北西290°、倾向北东、保存较好的陡坎(图5-52)，坎高3~4m。陡坎发育在切割牛首山山前台地的冲沟形成的洪积扇前缘，该洪积扇主要由一些青灰色砾石层和灰白色砂组成，砂砾石发育水平层理，在靠近陡坎处，地层略向北东倾斜，倾角10°左右，可能为断层运动的牵引所致。向东到东团山，该陡坎呈断续状向南东继续延伸，地貌上发育一个高8m左右的陡坎，陡坎走向北东，倾向北东，构成了牛首山山前台地与银川盆地的界线。

扁担沟镇以西见到保留比较完整的断层陡坎，该处陡坎倾向北东东，高约17m，仍构成了牛首山山前台地与银川盆地的界线。在陡坎的下方，见到了一系列向东倾的阶梯状正断层面，走向330°，倾向北东，倾角54°。断层面上可见清晰的擦痕，其侧伏向南南东，侧伏角

图 5-52 峡口乡东断层陡坎照片(杜鹏摄,镜向:南东)

80°左右,反映该断层运动方式以正断运动为主,并兼有较少的右旋分量。一些地段,断层陡坎坡角较缓,一般小于10°。

扁担沟南侧洪积台地顶部取得3个释光年龄样品(图5-53),由上至下测年结果分别为(130.0±9.1)ka BP、(116.3±4.9)ka BP 和(123.2±4.9)ka BP,平均(123.16±3.8)ka BP。虽然年龄有倒置现象,但取样位置较接近,大致反映了台地形成时代为中更新世末期。

图5-54是位于断层中段扁担沟西的一个陡坎剖面,高度5～8m,断层南西盘为新近纪红色砂岩、泥岩,北东盘为晚更新世浅红色黄土状土,顶部被厚约1m的青灰色粉土覆盖,其形成年代推测为晚更新世晚期至全新世。

沿断层陡坎继续追踪,在烽火墩村南侧一河床拐折处见一断层露头(图5-55),断层发育在牛首山山前台地与河床Ⅱ级阶地的分界处,地貌上形成高18m左右的陡坎。断层走向320°,倾向北东,倾角76°,错断了中新世橘红色砂岩和晚更新世的砂砾石层,之后被全新世的风积砂所压盖。

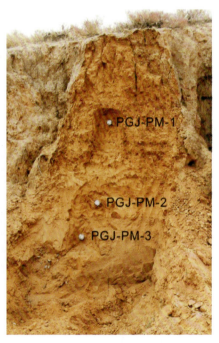

图 5-53 扁担沟南侧洪积台地顶部取样剖面(杜鹏摄,镜向:南)

在关马湖断层北侧,地貌上还存在另一条规模小的陡坎,总体走向北西西,距关马湖断层陡坎的距离不等,西段仅数百米,向东逐渐增大到数千米。陡坎发育在晚更新世冲洪积砂、粉砂、砾石层构成的低一级地貌前缘,北东侧主要

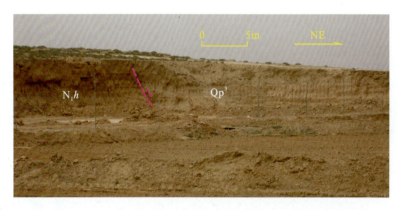

图 5-54 扁担沟镇西断层陡坎照片（焦德成摄，镜向：北西）

出露全新世和晚更新世冲积砂、粉土和黏性土。陡坎平面分布上连续性差，线性特征不明显，参差不齐。高度两三米至十多米不等，人为改造严重。陡坎附近第四系平缓延伸，未见扰动或其他变形现象，野外详细调查，也未发现断层面。

根据以上野外调查结果，认为关马湖南侧陡坎为构造成因，该断层发育在牛首山北东麓山前洪积台地前缘，控制着银川盆地的西南边界。断层走向北西至北西西，倾向北东，运动方式以正断为主，兼有右旋走滑分量。

图 5-55 烽火墩村南断层露头照片（焦德成摄，镜向：南东）

(二) 浅层地震勘探

为了探测关马湖断层北侧地貌陡坎成因，在关马湖断层中段一带，跨北侧地貌陡坎布置了两条近南北向浅层地震勘探测线，两条测线相距约6km。其中：东侧慈善大道2测线向北与目标区内的慈善大道测线基本相接,向南跨过关马湖南侧断层陡坎,全长 18.747km,控制了目标区至关马湖断层南侧一带近东西向构造;西侧沙渠稍子测线仅跨过关马湖北侧陡坎,长 1.44km。

1. 慈善大道 2 测线(CSDD2)

该测线由北向南沿慈善大道布置,图 5-56 是地震反射时间剖面,从图可以看出,剖面反射能量较强,反射震相较为丰富,可以识别出 7 组反射震相(T_{01}、T_{02}、T_Q、$T_1 \sim T_3$、T_g),T_g 是基底反射。从这 7 组反射同相轴的形态来看,测线南段(剖面桩号 13 880m 以南)反射波能量强,反射同相轴由南向北向下倾伏;在测线中段(剖面桩号 13 880m 与 6020m 之间)反射波能量纵横向分布极不均衡,同相轴局部扭曲严重,甚至出现了同相轴的中断与消失;在测线北段(剖面桩号 6020m 以北)600ms 以上反射波能量强,同相轴连续性好,基本呈水平展布。

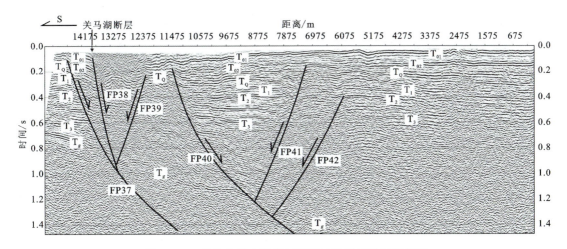

图 5-56 慈善大道 2 测线(CSDD2)地震反射时间剖面

野外调查的关马湖断层北侧陡坎,在慈善大道 2 测线上的位置位于 FP40 和 FP41 之间,距离 FP41 较近,约 0.5km,且地貌陡坎向北倾斜,断点 FP41 向南倾斜。因此关马湖断层北侧陡坎在本测线剖面中没有显示(图 5-57)。

根据该测线时间剖面反射震相特征和同相轴横向展布形态,在剖面桩号 14 480m 两侧,T_{02} 及以下各反射波同相轴横向展布特征差异较大,南侧反射波能量强,同相轴连续性好,而北侧反射波能量迅速衰减,同相轴自南向北以更大角度向下倾伏,故在此处解释为 1 个视倾向北的正断层,标识为 FP37,向上错断 T_0 23~5m,可分辨上断点埋深为 109~115m;在剖面桩号 13 874m 附近可以明显看到反射波同相轴扭曲、中断与消失,解释了一条向北倾的正断层,标识为 FP38,可分辨上断点埋深为 73~77m;在剖面桩号 120 06m 附近解释了一条南倾正断层,标识为 FP39,错断 T_Q 3~8m,可分辨上断点埋深分别为 177~182m;在剖面桩号 11 230m 附近也可以看到反射能量的变化与同相轴的扭曲中断,解释为 1 个视倾向北的正

图 5-57 关马湖断层北侧陡坎与浅层地震探测的断点平面位置示意图

断层,标识为 FP40,向上错断 T_0 24～10m,可分辨上断点埋深为 142～147m;在剖面桩号 7186m 和 6023m 附近,解释了 2 个南倾的正断层,分别标识为 FP41 和 FP42,其分别错断 T_0 23～8m、T_2 6～11m,可分辨上断点埋深分别为 125～129m 和 378～383m。

根据野外调查,慈善大道 2 测线剖面中由南向北,FP37 断点为洪积台地内部的一条断层,解释的上断点埋深 109～115m;FP38 断点为关马湖断层,解释的上断点埋深为 73～77m,其位置与关马湖断层上开挖的扁担沟探槽一致;FP39 为向南反倾次级断层,上断点埋深 177～182m,地貌上无显示;FP40 向北倾斜,上断点埋深为 142～147m,地貌上无显示,对应罗山东麓断层北段;FP41 和 FP42 为两条向南反倾断面,向下延伸终止于 FP40 断层上,上断点埋深分别为 125～129m 和 378～383m,地貌上无显示。

2. 沙渠稍子测线(SQSZ)

沙渠稍子测线跨关马湖断层北侧地貌陡坎布置,2m 道间距,人工爆破震源,长 1.44km (图 5-58)。

剖面中从上到下可以识别出 6 组地层界面反射(T_{01}、T_{02}、T_Q、$T_1 \sim T_3$)。其中界面反射 T_{01} 反射能量强,同相轴连续性好,地层界面呈南低北高形态;界面反射 $T_{02} \sim T_3$ 反射能量相对较弱,但反射同相轴仍能连续追踪,地层界面基本呈水平展布。根据反射波组关系和反射同相轴的连续特征来看,$T_{01} \sim T_3$ 各反射同相轴不存在波形畸变和同相轴扭曲、错断等现象,因此认为在该测线没有断层通过。

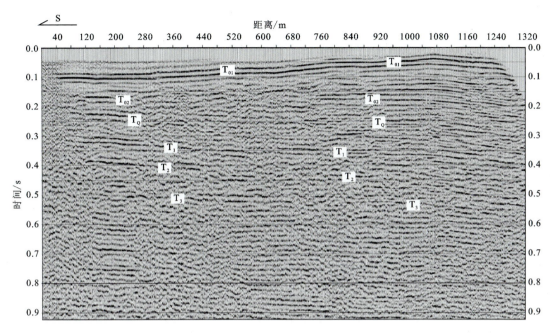

图 5-58 沙渠稍子跨关马湖断层北侧地貌陡坎浅层地震时间剖面(SQSZ)

(三) 探槽开挖与古地震分析

为了进一步探测该断裂的活动强度、古地震事件和最新活动时代,在焦化厂、扁担沟和烽火墩处开挖了 4 个探槽。由于烽火堆Ⅰ级阶地探测开挖至 6m 深时出现坍塌,未揭露出断层,所以只对其他 3 个探测结果逐一介绍。

1. 焦化厂探槽(TC-JHC)

该探槽布设位置宏观上处在牛首山北麓山前台地与银川盆地的分界处,具体位于焦化厂一近南北走向冲沟的东侧,该冲沟切割山前台地,在台地前缘新形成了一个晚更新世冲、洪积扇[图 5-59(a)],该洪积扇主体由青灰色砂砾石层组成,发育水平层理。关马湖断裂错断了该洪积扇,并且在洪积扇前缘形成了一条北西西向断层陡坎。陡坎倾向北北东,高 5m 左右[图 5-59(b)]。

受该地区残留地貌的限制,焦化厂探槽近垂直该陡坎布设,开挖宽度 4m,深 4.5m,长 12m(图 5-60)。

探槽揭露的断面基本位于现今陡坎处。槽内采得光释光年龄样品 9 件,送实验室测试 7 件(图 5-61)。

该探槽揭露的地层主要由砾石和粉砂组成,其中断层下盘由一些粗颗粒的砾石层夹薄层中、粗砂组成,发育水平层理,表现为洪积扇的主体堆积。断层上盘主体由粉砂层组成,并夹有少量透镜状砾石层,除顶层的坡积物外,均发育水平层理,表现为洪积扇边缘的细粒堆

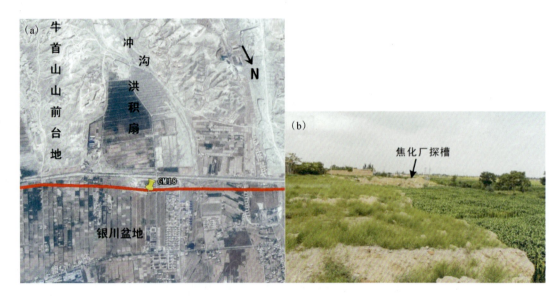

图 5-59 焦化厂探槽所处地貌特征

(a)焦化厂处的宏观地貌；(b)探槽开挖处的微地貌（杜鹏摄，镜向：北西），位于图(a)中的黄点标识处

图 5-60 焦化厂探槽（TC-JHC）南东壁 1m×1m 照片正射校正图

积。根据地层的岩性、色调、结构和沉积相，共分 10 层。地层编号由上至下，由新到老，各层岩性特征简述如下：①人工回填土，以砂、碎石、粉土为主，混杂堆积，总体呈灰色。②坡积、风积浅灰色粉砂土，含少量细砾，磨圆呈次棱角到次圆状，砾径 0.5～1cm。下部夹薄层透镜状砂细砾石层。③坎前楔状堆积物，主要为坎前灰绿色粉砂堆积，较为纯净，不发育层理。④构造充填楔，整体形态呈锥形，最大宽度为 0.5m。其地层主要由浅红色的砂黏土和砾石

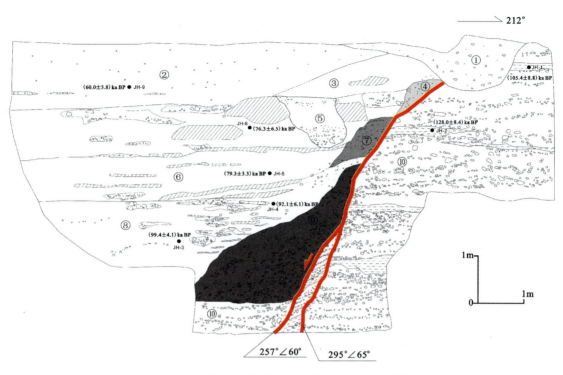

图 5-61 焦化厂探槽(TC-JHC)南东壁剖面素描图

组成,两者呈杂乱堆积。砾石磨圆呈次棱角状,砾径一般为 0.5~2cm,个别达到 15cm 左右。⑤古冲沟沟床堆积,主要由青灰色砾石层与粉砂组成,发育水平层理。⑥冲、洪积灰绿色粉砂,较纯净,发育水平层理,夹有薄层泛红的黏质粉砂和透镜状青灰色砾石层。砾石磨圆呈次棱角状,砾径一般为 1~3cm,个别达 15cm 左右,分选一般。⑦崩积楔,整体形态呈三角状。其地层岩性特征同层③。⑧冲、洪积灰绿色粉砂,发育水平层理,砂内夹有薄层泛红的黏质粉砂和透镜状青灰色砾石层。砾石磨圆呈次棱角状,主要砾径为 1~3cm,个别到 10~15cm,分选一般。⑨崩积楔,整体形态呈三角状。砂黏土和砾石组成的楔状堆积,砾石略显崩积过程中形成的倾向北东的堆积层理。⑩冲、洪积青灰色砾石层,夹薄层浅灰色中、粗砂,发育水平层理。砾石呈次棱角状,分选一般。砾石 ab 面以向南西倾斜为主,物源来自断层南西盘的牛首山。砾径为 5~10cm,个别为 15~20cm。

探槽内揭露的古地震遗迹及其相应的构造现象是识别古地震事件的重要标志。该探槽开挖于洪积扇前缘,其揭露的地层主要由松散的砂砾石层组成。探槽两壁剖面上显示为一个向北东倾斜的正断层。根据断层的滑动面、地层岩性特征、分布形态、接触关系及探槽两壁对比分析,认为断层错断了层①以下所有地层,被层①压盖。在断层活动后的间歇期间,于断层带内和其上盘形成了构造充填楔、崩积楔和坎前堆积物等古地震遗迹。以下按照探槽内地层的沉积史,从老到新分析探槽内可识别出的古地震事件。

第一次古地震事件发生在层⑩洪积砂砾石层堆积之后,并在地貌上形成了一个向北东倾斜的陡坎,受重力作用在坎前崩积了一套由砂黏土和砾石组成的楔状堆积(层⑨),其物源主要来自断层下盘附近。该堆积物剖面呈三角状,揭露出的高度为2.8m,代表该次古地震垂直位移的下限。之后较长稳定时期内,在断层的上盘沉积了一套粉砂(层⑧)。第一次事件应发生在(105.4±8.8)ka BP之后,(99.4±4.1)ka BP之前。

第二次古地震事件错断了层⑧及其以下地层,地貌上之前的陡坎再一次被加高,并且快速在坎前堆积了崩积楔层⑦,其沉积物和形态类似层⑨,崩积物高度0.9m,说明该次地震的同震位移应不小于0.9m。之后,断层的上盘继续接受正常沉积(层⑥),该次事件应发生在(79.0±3.3)ka BP之前,(92.1±6.1)ka BP之后。

第三次古地震事件错断了层⑥及其以下地层,地貌上新形成了一个陡坎,并在陡坎前断层带内形成了一个构造充填楔(层④)。之后在较长的一段时间内,堆积了一套灰绿色粉砂(层③)。之后继续坡积了层②。该次事件应发生在层③和层②堆积之前,层⑥堆积之后,即(60.0±3.8)ka BP之前,(76.3±6.5)ka BP之后,均值约68.1ka BP左右。

第四次古地震事件错断了层②和层③,由于断层顶部遭受后期侵蚀,被最新的层①覆盖,其垂直断距大致以层②和层③推断,约1.2m。该次事件应发生在层②堆积之后,即(60.0±3.8)ka BP之后。

2. 扁担沟探槽(TC-BDG)

探槽位于扁担沟村南侧,陡坎走向北西,倾向北东,高15m,斜坡长81m,坡角11°左右(图5-62)。

图5-62 扁担沟探槽所处地貌位置(杜鹏摄,镜向:南东)

陡坎以南为牛首山北麓山前冲、洪积基座台地,基座主要由中新世橘红色泥岩构成,上覆早中更新世的砂岩、砾岩和晚更新世砂砾石层。洪积台地顶部采得3个光释光年龄样品,测年结果分别为(130.0±9.1)ka BP、(116.3±4.9)ka BP 和(123.2±4.9)ka BP,平均(123.0±9.1)ka BP 左右,属中更新世末期。至晚更新世,随着台地面的抬升,主要处于剥蚀状态,陡坎以北为银川盆地。

探槽垂直陡坎布设,开挖于陡坎斜坡的中、下部,长 18m,宽 5m,深 4.5m。揭露的主断层面基本位于陡坎斜坡的中下方(图 5-63)。

图 5-63 扁担沟探槽(TC-BDG)南东壁 1m×1m 照片正射校正图

探槽揭露的地层由砾石、细砂、粉砂、粉土和次生黏土组成。其中,断层下盘主要为洪积扇前缘细粒堆积,夹有砂砾石层,水平层理清晰。断层上盘,表现为断层坎前堆积,层理不发育。根据地层的岩性、色调、结构和沉积相,探槽剖面共分为 7 层。槽内采得光释光年龄样品 11 个,全部进行了实验室测试,基本控制了各层及古地震事件年龄。地层由上至下、由新到老进行编号,并对各层岩性特征进行了简述(图 5-64):①风成浅灰褐色粉土、粉砂,局部含蓝灰色斑块。结构较疏松,纯净,无层理。②古土壤层。成分为红褐色含砾粉砂、粉土,层厚 20~30cm。砾石呈次棱角—次圆状,砾径 0.5~1cm,主要分布在粉砂的表层。砾石层厚度 5cm 左右。③黄绿色粉质砂土,结构较松散,无层理。偶含橘红色团窝状粉砂。该层与层②的界线除颜色外,并无明显的分界线,且颜色界线呈现出渐变过渡特征,沉积相应与层②为同一大层。④古土壤。成分为红褐色含砾粉砂、粉土,层厚 20~30cm。砾石呈棱角—次棱角状,砾径 0.5~2cm。砾石层厚度 5cm 左右。⑤黄绿色粉质砂土,结构较松散,无层理。在靠近断层处发育液化脉、裂隙。该层与层④的界线除颜色外,并无明显的分界,且颜色界线呈现出渐变过渡特征,沉积相应与层④为同一大层。⑥冲、洪积相浅红色粉砂,粉土,发育水平层理,呈薄层状,并夹有红褐色薄层黏砂土。该层曾发生过轻微扰动变形,呈现出舒缓蛇曲状,可能是受到古地震液化和构造共同作用影响所致。⑦冲、洪积红褐色砂黏土,黏土与蓝灰色、灰绿色砾石层,青灰色粉砂,细砂互层,发育水平层理。砾石呈次棱角状,主要砾径 0.5~2cm。

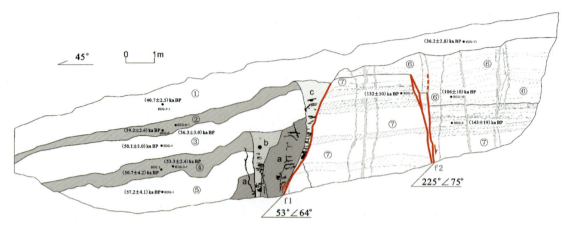

图 5-64　扁担沟探槽(TC-BDG)南东壁素描图

该探槽开挖于洪积扇边缘,揭露的地层主要由细粒的砂黏土和粉砂组成。探槽内共揭露出两条相背倾斜的正断层面(f1、f2),主断面(f2)倾向北东,在其下盘发育一条反向正断层(f1),形成一个古地垒。主断层 f2 错断了层②及其以前所有地层,之后被层①压盖。断层的多次活动,于断层带及其附近先后形成了构造充填楔、张剪性节理脉和液化脉等古地震遗迹。以下我们根据这些古地震遗迹,结合探槽内地层的沉积史,从老到新分析探槽内可识别出的古地震事件:

第一次古地震事件表现为断面 f1 和 f2 的同时活动,均断错了层⑦和层⑥下部,地貌上形成了一个地垒。其中 f2 垂直断距 1.1m,f1 断层上盘未揭露出层⑦,作为主断层,初步判断其垂直断距不应小于 1.1m。之后,洪积扇继续接受沉积,在地垒之上沉积了一套粉砂层(层⑥)。该次事件应发生在层⑥下部堆积之后,层⑥上部堆积之前,即(106±10)ka BP 之后。

第二次古地震事件,断层 f1 没有活动,仅表现为断层 f1 断错了层⑦和层⑥上部。由于开挖深度有限,没有揭露出 f1 上盘层⑥及断错后形成的明显古地震遗迹,仅在断层下盘见到与该次事件同期形成的数条纵向张剪性节理脉。这些节理脉在探槽内主断层下盘广泛分布,且在探槽内两壁均有发育,其走向与断层走向或呈小角度相交(7°左右)或基本一致,表明其形成与断层活动具有密切的关系。在平面上,节理脉顺断层方向延伸较远,野外调查表明,节理脉顺断层方向延伸长度大于 50m。在剖面上,大部分节理脉近于直立,节理脉的宽度 1~7cm 不等,而单个节理脉的宽度上下基本一致,其充填物由条带状的砂黏土和黏砂土组成,脉壁比较光滑。节理脉切过层⑦、层⑥和断层面 f1,再向上被层①压盖,表现为同一期形成。同时,可以见到层⑥内的粉砂发生了轻微变形,其原始的水平层理在液化作用下变成了蛇曲状。这次事件应发生在层⑥堆积之后,由于缺少上限年龄控制,大致判断为(106±10)ka BP 之后。

第三次古地震事件沿主断面 f1 再次错动,形成新的断层陡坎,并在坎前堆积了层 a 次生黏土、黏质粉土组成的红褐色混杂堆积物。由于探槽揭露地层剖面深度的限制,我们无法确定该次事件的实际发生年代。在此之后,牛首山北麓山前洪积扇终于抬升为洪积台地,其上不再接受山前的冲、洪积堆积,仅在台地前缘的陡坎斜坡处沉积了坎前坡积物(层⑤和层④),之后在其顶部形成了厚约50cm的古土壤层(层④)。这次事件缺少下限年龄控制,应发生在层⑤堆积之前,即(57.2±4.1)ka BP之前。

第四次古地震事件表现为断层面f1继续活动,错断了古土壤层④及其以下所有地层,并且形成地表陡坎、构造充填楔b和液化脉。其中构造充填楔发育在层a、层⑤与层④之间,为一个高2.1m,最大宽度为1.1m的楔形椎,楔内快速充填了黄绿色粉砂和红色黏砂土。地震时发生了液化现象,液化脉沿两个通道分别侵入到层a和构造充填楔b内,但没有穿透层a和b,液化脉还形成了横向液化条带。之后,断层再次进入闭锁期,主断层陡坎前低洼地带再次接受沉积物(层③和层②),其厚度基本可以代表第四次古地震事件的同震位移,之后在其顶部形成了厚度30cm左右的古土壤层(层②)。这次事件应发生在层④堆积之后,层③堆积之前。层④中采得两个光释光样品,测年结果分别为(53.3±2.4)ka BP和(50.7±4.2)ka BP,平均值为(52.0±4.8)ka BP,所以第四次事件应发生在(52.0±4.8)ka BP和(50.1±3.0)ka BP之间,取平均值为(51.1±5.7)ka BP。

第五次古地震事件仍表现为沿断层面f1继续活动,错断了古土壤层②及其以下所有地层,又一次形成地表陡坎、构造充填楔c和液化脉。构造充填楔发育在主断面与层②~层⑤之间,为一个高3m、最大宽度1m的楔形椎。同时,再次引发液化现象,液化脉向上一直延伸到构造充填楔c的顶部终止,其形态特征同层a液化脉。此后,断层进入闭锁期,在陡坎前沉积了粉砂层(层①),该粉砂层厚度与最后一次事件的同震位移基本相同。这次事件发生在层②古土壤层形成之后,层①形成之前。层②中采得两个光释光样品,测年结果分别为(36.3±3.0)ka BP和(39.2±2.6)ka BP,平均值为(37.75±3.0)ka BP。而层①测年结果为(40.7±2.5)ka BP,层①和层②出现年龄倒置。由于层②中有两个年龄样控制,可靠性较层①高,因此取层②中更接近层①的年龄作为这次事件的下限,即第五次事件应发生在(39.2±2.6)ka BP之后。

3. 烽火墩探槽(TC-FHD)

探槽位于烽火墩村南侧的一条较大冲沟南岸,冲沟发育有Ⅰ级、Ⅱ级阶地,主要由松散砂砾石层构成,拔河高度分别为6m和16m。断层从牛首山北东麓洪积台地前缘与Ⅱ级阶地的分界处通过,地貌上形成了一个高约18m的北西向陡坎(图5-65)。

探槽垂直陡坎走向布设,沿发育在Ⅰ级阶地上的一条冲沟北岸开挖。剖面宽10m,高7m左右(图5-66)。

揭露的地层主要由粉砂、砾石和新近纪泥岩组成。根据地层的岩性、色调、结构,共分6层。槽内采得光释光年龄样品5个,送实验室测试4件(图5-67)。地层由上至下,由新到老编号,各层岩性特征简述如下:①冲积土黄色粉砂,纯净,发育水平层理,结构疏松。②冲积土黄色粉砂,纯净,发育斜层理,结构疏松。③冲积土黄色粉细砂,纯净,发育水平层理,结构疏松。在砂层内夹有薄层细砾层,砾径多为0.5~1cm,砾石磨圆呈次圆状。④冲积浅红色粉细砂、中粗砂和砾石互层,发育水平层里。在砂层内夹有薄层细砾层和黏质粉土。在靠近

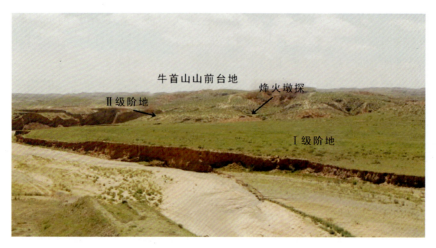

图 5-65　烽火墩探槽地貌位置图(杜鹏摄,镜向:南东)

图 5-66　烽火墩探槽(TC-FHD)西壁 1m×1m 照片正射校正图

断层带处,地层拱起呈背形。⑤冲积浅红色粉土与灰白色粉细砂互层,发育水平层理。在粉土内夹有薄层桔红色砂黏土。受液化影响,地层发生轻微变形,呈蛇曲状。⑥中新世橘红色泥岩、粉砂岩,地层产状为 15°∠14°。

探槽开挖于Ⅰ级阶地后缘,其揭露的地层主要由冲积砂、砂砾石层组成,探槽内共揭露出两条相向倾斜的断层(f1、f2)。其中,f1 为主断层,断层走向 305°,倾向北东,表现为一个南西盘上升、北东盘下降的正断层,构成层⑤和层⑥之间的分界线,断距较大。f2 为与主断

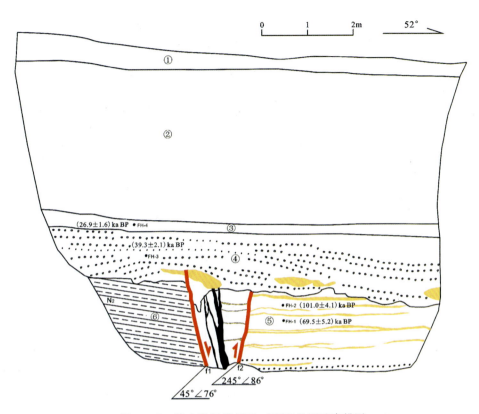

图 5-67 烽火墩探槽(TC-FHD)北西壁素描图

层配套的次级断层,断层走向 325°,倾向南西,表现为一个南西盘上升、北东盘下降的逆断层,发育在层⑤中,断距较小。两条断层均错断了层⑤及其以下地层,层④仅受到了扰动,地层内发育微断层。地震期间受张剪应力作用,在断层带附件发育张剪性节理脉,节理脉宽度 3~6cm,主要充填了一些青灰色黏质粉土、粉质黏土,并夹有浅红色泥质条带。同时使得层④、层⑤地层发生了轻微液化。液化使得原本水平的地层层理发生了变形,其中层⑤的地层变形呈蛇曲状,层④地层在断层带附近变形表现为背形特征。

依据以上探槽剖面揭露出的构造现象和古地震遗迹,该探槽内分析出两次古地震事件。第一次事件发生在层⑤堆积之后,层④堆积之前,断层明显错断了层⑤及其以下地层。该层两个年龄样倒置,从层④、层③测年结果及本地区地层对比综合分析,认为(69.5±5.2)ka BP 更为合理,因此该次事件应发生在(69.5±5.2)ka BP 之后,(39.3±2.1)ka BP 之前。两个样品分别采在层⑤和层④中部附近,到两层界面的距离基本相当,事件发生年代接近其平均值(54.4±5.2)ka BP;第二次事件发生在层④堆积以后,层③堆积之前,层④下部地层受到了轻微断错,上部地层发生扰动变形,并且在层⑤、层④内靠近断层的位置发育一些张剪性节理脉。同期,还使得层⑤、层④地层发生了液化现象。层③及以上地层未遭受变形和断错。因此,第二次事件应发生在层④堆积之后,层③堆积之前,即(39.3±2.1)ka BP 之后,(26.9±1.6)ka BP 之前。由于层③厚度较薄,采样位置接近于层④接触面,故这次事件发生年代更接近于(26.9±1.6)ka BP。但考虑到层③和层④之间有沉积间断,将这次事件判断为(33.1±2.6)ka BP左右。

(四)断层活动性鉴定

关马湖断层总体呈向北东略凸出的弧形展布,走向北西西至北西,为断面向北东倾斜、倾角70°左右的正断层,长25km。断错的最新地层为晚更新世,揭露出的断面均被全新统覆盖,活动时代为晚更新世中—晚期。

1. 古地震事件确定

图5-68是3个探槽古地震事件综合分析结果,共识别出5次古地震事件。

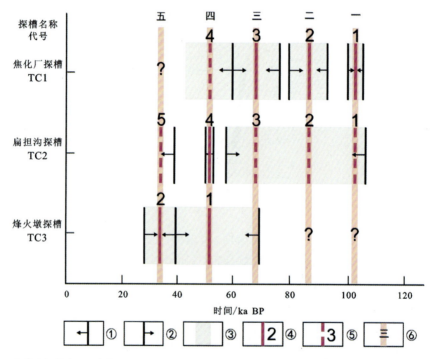

①单个探槽古地震事件下限;②单个探槽古地震事件上限;③单个探槽古地震事件控制的时限范围;④有上、下限控制的单个探槽分析的古地震事件及其序号;⑤只有上限或下限控制,并结合其他探槽分析的古地震事件及其序号;⑥综合分析的古地震事件及其序号。

图5-68 关马湖断层古地震事件综合对比分析图

第一次、第二次和第三次事件在TC1和TC2中可识别,TC3受到探槽深度限制未揭露出来。第四次事件在3个探槽中均可识别。第五次事件在TC2和TC3中可识别,TC1中由于受到层①侵蚀分辨不出来。其中:第一次事件下限由TC1和TC2两个年龄控制[(105.4±8.8)ka BP和(106.1±10)ka BP],上限仅有TC1一个年龄控制[(99.4±4.1)ka BP],均值为(102.4±9.7)ka BP;第二次事件在TC2中缺少年龄数据,仅在TC1中分别有一个下限年龄[(92.1±6.1)ka BP]和上限年龄[(79.0±3.3)ka BP]控制,均值为(85.5±6.9)ka BP

左右;第三次事件在 TC1 中分别有一个下限年龄[(76.3±6.5)ka BP]和上限年龄[(60.0±3.8)ka BP]控制,在 TC2 中有一个上限年龄[(57.2±4.1)ka BP]控制,均值为(68.1±7.5)ka BP 左右;第四次事件在 TC1 中有一个下限年龄[(60.0±3.8)ka BP]控制,在 TC2 中分别有一个下限年龄[(52.0±4.8)ka BP]和上限年龄[(50.1±3.0)ka BP]控制,在 TC3 中也分别有一个下限年龄[(69.5±5.2)ka BP]和上限年龄[(39.3±2.1)ka BP]控制,按控制范围较小的TC2 下限和上限取平均值为(51.1±5.7)ka BP;第五次事件在 TC2 中有一个下限年龄[(39.2±2.6)ka BP]控制,在 TC3 中分别有一个下限年龄[(39.3±2.1)ka BP]和上限年龄[(26.9±1.6)ka BP]控制,按控制最小时限范围取平均值为(33.1±3.1)ka BP。

5 次古地震事件间隔为:第一次、第二次间隔 16.9ka BP,第二次、第三次间隔 17.4ka BP,第三次、第四次间隔 17.0ka BP,第四次、第五次间隔 18.0ka BP,平均 17.3ka BP。根据古地震的同震位错、发生地表破裂的最小震级以及震例的对比分析,古地震震级估计为 7 级左右。

2. 断层活动速率

关马湖断层上揭露的单次古地震事件的垂直位移量为 0.9~2.8m,多数在 1.0~1.5m 之间,按古地震事件的平均重复间隔 17.3ka 估算,其滑动速率为 0.057~0.086mm/a,平均值约为 0.07mm/a。按照扁担沟洪积台地顶部 3 个年龄样品的均值(123.16±3.8)ka BP、台地高度 15m 估算,中更新世末至晚更新世以来断层的平均垂直滑动速率为 0.12mm/a,代表了断层垂直位移的下限。另外,探槽揭露的古地震事件有遗漏,由此估算的 0.07mm/a 的垂直位移速率亦较小,综合分析认为关马湖断层中更新世末期以来的平均垂直滑动速率为 0.12mm/a。

三、吴忠断层

高精度重力结果揭示,在吴忠地区获得 3 个不连续的北西向隆起异常,3 个隐伏隆起区总体呈北西走向,由北向南依次命名为:望洪镇-叶盛镇隆起异常区、小坝镇-金积镇隆起异常区和高闸镇隆起异常区,以此,我们推测沿隆起区可能存在一组北西向断裂。

2015 年,吴忠市城市活断层在该区开展了多条深、浅地震反射剖面,其中有 3 条东西向剖面穿过小坝镇-金积镇隆起异常区,两条北东向剖面穿过高闸镇隆起异常区。

(一)穿过小坝镇-金积镇隆起异常区地震反射剖面

1. WZ-1 深地震反射剖面

该剖面布设在盆地南端,呈近东西向布设,东端起点位于灵武市以东的台地上,剖面全长 73.24km。剖面内除了反映出该区壳内界面展布特征、反射带特征和反射界面形态,还揭露出两组逆冲构造和两组地堑系。其中 F_1、F_2 和 F_3 构成了东侧灵武凹陷,分别为东边界的黄河断裂、西边界的新华桥隐伏断裂和中部的崇兴隐伏断裂。F_4 构成了西侧半地堑东边界,为银川隐伏断裂。F_5 为无名断裂,F_6 为柳木高断裂,F_7 推测为黄河西岸断裂(图 5-69)。

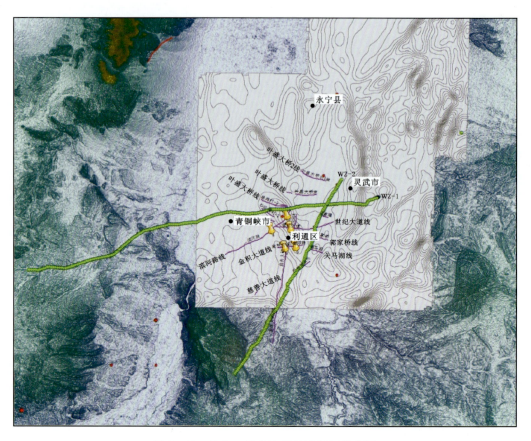

图 5-69 吴忠—灵武地区地震剖面分布图

另外,剖面穿过小坝镇-金积镇隆起异常区北端,未见相对应异常显示(图 5-70)。

2. 滨河路浅层

该剖面在吴忠市沿黄河东岸的滨河路布设,测线长 18 200m。该测线发现两条逆断层,北部的一条位于 2250m 处,可分辨的上断点埋深 135～142m,南部的逆断层位于剖面桩号 6893m 处,上断点埋深 348～353m。这两条逆断层形成一个隆起区,如图 5-71 所示,隆起区两侧断层为小坝镇-金积镇隆起异常区边界断层。

3. 世纪大道测线

沿利通区近东西向的世纪大道布置了一条近东西向浅层地震测线,测线长 11 600m,其时间剖面示于图 5-72。

第五章　断裂活动性研究

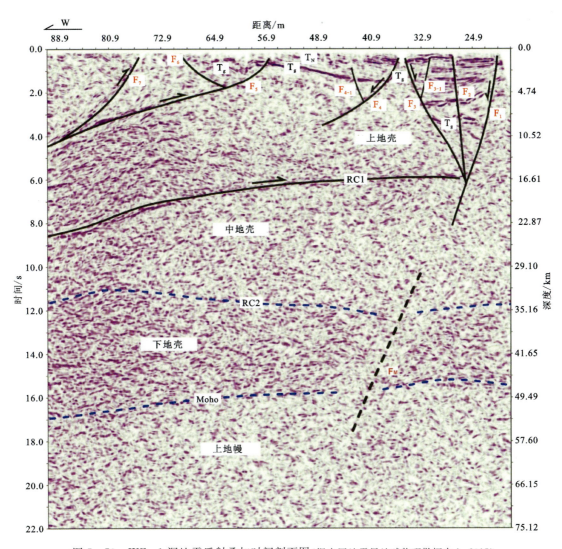

图 5-70　WZ-1 深地震反射叠加时间剖面图（据中国地震局地球物理勘探中心，2015）

该剖面上解释了 4 个断点，分别标识为 FP12～FP15。在剖面桩号 2748m 解释的断层 FP12 视倾向西，从错断各层位的关系来看，T_Q 以浅具有正断层特征，断点向上错断 T_{02} 23～28m，可分辨上断点埋深为 60～65m，而 T_Q 以深，断点附近断层上盘界面显示出明显的挤压隆起特征，断层下盘界面以近水平状分层展布，具有压性错断性质，认为该断层为上正下逆断层；在剖面桩号 5057m 处解释了一个正断层，标识为 FP13，断层错断 T_3 3～5m，上断点埋深为 343～347m；在剖面桩号 6836m 附近，也解释了 1 个正断层 FP14，其错断 T_1 界面，断距为 3～8m，可分辨上断点埋深为 175～181m；FP15 位于剖面桩号 9708m，为西倾正断层，断层错断 T_{02} 3～7m，可分辨上断点埋深为 72～77m。从断点近地表位置和运动性质看，FP12 为小坝镇-金积镇隆起异常区东侧边界断层。

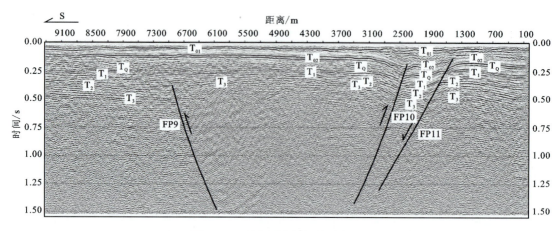

图 5-71 滨河路测线时间剖面图

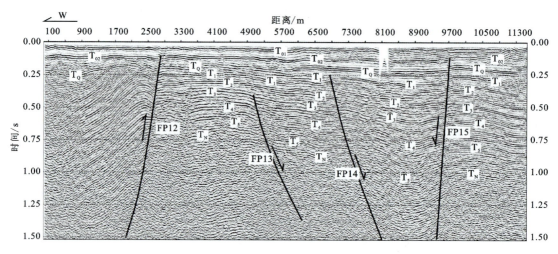

图 5-72 世纪大道测线时间剖面图

4. 金积大道测线

在金积大道沿北东东向布置了一条长 5092m 的测线,其时间剖面如图 5-73 所示。根据该测线时间剖面反射震相特征和同相轴横向展布形态,在剖面桩号 1564m 两侧,T_{02} 及以下各反射界面展布特征差异较大,西侧反射界面呈近水平状展布,而东侧反射界面则显示为隆起形态,反射同相轴错断明显,解释为 1 个视倾向东的逆断层,标识为 FP20,向上错断 T_{02} 6～12m,可分辨上断点埋深为 68～75m;在剖面桩号 3134m 和 3624m 附近,解释了 2 个"Y"字形组合的逆断层,分别标识为 FP21 和 FP22,其分别错断 T_Q 6～12m、T_{02} 3～5m,可分辨上断点埋深分别为 55～58m、42～46m。FP20 和 FP22 两个反向逆冲断层,将剖面中部分割为一个挤压隆起区。

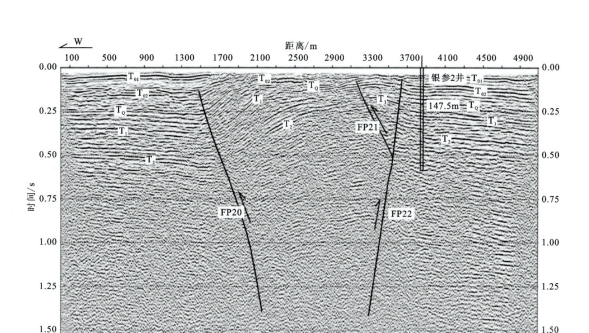

图 5-73 金积大道测线时间剖面图

综合以上信息，根据该区杨洪桥钻孔联合剖面地层测年结果，该组北西向断层西南侧断层上断点埋深较大，东北侧断层上断点埋深较浅，活动时代为晚更新世早—中期。

(二) 穿过高闸镇隆起异常区地震反射剖面

1. WZ-2 深地震反射剖面

该剖面是布设在南端的北东向剖面，剖面中除了同样揭示出 RC1、RC2、Moho 三个明显反射界面外，还揭露出两组断裂系，一组为 $F_8 \sim F_{12}$ 组成的北西向断裂系，该组断裂系从剖面上分析，由早期的挤压逆冲转为晚期的拉张，其中 F_8 为牛首山山前断裂，表现为自西南向北东的逆冲，野外地质调查，为中更新世活动断层。F_{11} 为关马湖断裂，剖面上显示为北倾的正断层，野外地质调查，为高角度晚更新世活动断层。F_{12} 取名为巴浪湖断层，该断层控制高闸镇隆起异常区的西南边界，剖面上表现为南倾的正断层。F_{13} 为高闸镇隆起异常区的北东边界，表现为北东倾的正断层，控制灵武凹陷的南边界（图 5-74）。

2. 郭家桥测线

大致平行于北东向深反射测线布施的郭家桥 4m 道间距的测线，显示有两条断层，北部的断层埋藏较浅，上断点深 70~75m；南部断层埋藏较深，上断点深 232~237m（图 5-75），根据上断点埋深深度，初步判断该断层在中更新世以来有过活动。

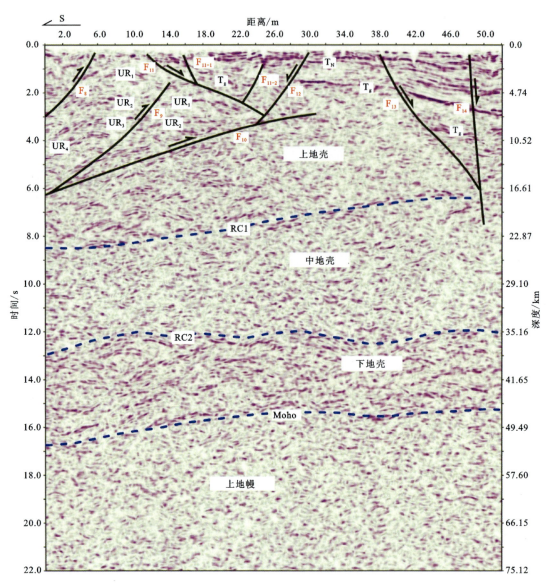

图 5-74 吴忠 WZ-2 深地震反射叠加时间剖面及其解释图
(据中国地震局地球物理勘探中心,2015)

综合上述信息,如果 3 组北西隆起区为同一个北西向断裂系,结合区域北西构造特征,该断裂系应早期为挤压逆冲,晚期转为右旋走滑,成一个正花状构造,其中西南侧断层活动较老,东北侧断层活动较新,为一条晚更新世早—中期活动断层。

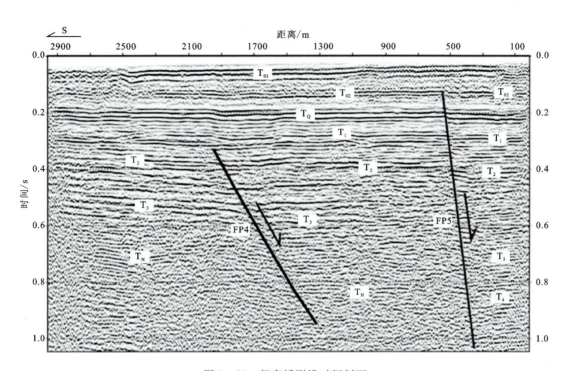

图 5-75 郭家桥测线时间剖面

主要参考文献

白云来,王新民,刘化清,等,2006.鄂尔多斯盆地西部边界的确定及其地球动力学背景[J].地质学报,80(6):792-813.

柴炽章,2001.灵武断裂晚第四纪古地震及其破裂特征[J].地震地质,23(1):15-23.

柴炽章,孟广魁,马贵仁,等,2011.银川市活动断层探测与地震危险性评价[M].北京:科学出版社.

陈进宝,苏金宝,陈娟,等,2014.物探方法在江苏赤山湖地热井勘探中的应用[J].物探与化探,38(6):1173-1185.

陈墨香,汪集旸,1994.中国地热研究的回顾和展望[J].地球物理学报,37(1):320-338.

陈石,2005.利用重力异常进行三维断层参数反演方法研究[D].西安:长安大学.

邓起东,程绍平,闵伟,等,1999.鄂尔多斯块体新生代构造活动和动力学的讨论[J].地质力学学报,5(3):13-21.

邓起东,汪一鹏,廖玉华,等,1984.断层崖崩积楔及贺山山前断裂全新世活动历史[J].科学通报,29(9):557-560.

杜鹏,柴炽章,廖玉华,等,2009.贺兰山东麓断裂南段套门沟—榆树沟段全新世活动与古地震[J].地震地质,31(2):256-264.

范高功,王利,2002.银川盆地地下热水形成的地质条件分析[J].西安工程学院学报,24(3):28-31.

方盛明,赵成彬,柴炽章,等,2009.银川断陷盆地地壳结构与构造的地震学证据[J].地球物理学报,52(7):1768-1775.

付微,徐佩芬,凌苏群,等,2012.微动勘探方法在地热勘查中的应用[J].上海国土资源,33(3):71-75.

高亮,陈海波,李向全,等,2013.综合电磁法在银川盆地地热资源勘察中的应用[J].山东理工大学学报(自然科学版),27(3):63-66.

顾心如,1994.倾斜断层 V_{zz}、V_{zzz} 的联合反问题[J].物探与化探,18(5):353-362.

国家地震局"鄂尔多斯活动断裂系"课题组,1988.鄂尔多斯周缘活动断裂系[M].北京:地震出版社.

国家地震局地质研究所,宁夏回族自治区地震局,1990.海原活动断裂带[M].北京:地震出版社.

胡宁,张良红,高海发,2011.综合物探方法在嘉兴地热勘查中的应用[J].物探与化探,35(3):320-324.

黄力军,1988.物探方法在地热调查中的应用效果[J].物探与化探,12(2):130-133.

霍福臣,潘行适,尤国林,1989.宁夏地质概论[M].北京:科学出版社.

雷启云,2016.青藏高原东北缘弧形构造带的扩展与华北西缘银川盆地的演化[D].北京:中国地震局地质研究所.

雷启云,柴炽章,孟广魁,等.2008.银川隐伏断层钻孔联合剖面探测[J].地震地质,30(1):250-262.

雷启云,柴炽章,孟广魁,等.2011.隐伏活断层钻孔联合剖面对折定位方法[J].地震地质,33(1):45-55.

李攻科,王卫星,李宏,等,2014.河北汤泉地热田地温场分布及其控制因素[J].中国地质,41(6):2099-2109.

李华强,2013.大地电磁测深在地热资源勘查中的应用效果[J].勘查科学技术(6):61-63.

李辉,2013.大地电磁(MT)方法在黑龙江省双鸭山地区地热资源勘察中应用[J].黑龙江国土资源(9):55-56.

李宁生,冯志民,朱秦,等,2016.宁夏区域重磁资料开发利用研究[M].北京:地质出版社.

李鹏,2014.天然源大地电磁法在天津静海地热勘查中的应用效果[J].资源节约与保护(6):53-55.

李学云,刘百红,陈浩辉,等,2014.遵化市汤泉地热资源综合评价[J].工程地球物理学报,11(6):893-900.

李玉森,2006.活动断层的基本理论与常用研究方法[J].安徽地质,16(1):20-35.

李媛媛,杨宇山,2009.位场梯度的归一化标准差方法在地质体边界定位问题中的应用[J].地质科技情报,28(5):138-142.

李志红,2014.银川平原浅层地温场和水化学特征及其影响因素研究[D].北京:中国地质大学(北京).

林畅松,张燕梅,1995.拉伸盆地模拟理论基础与新进展[J].地学前缘(3):79-88.

刘长生,2008.陈家凹陷MT法地热勘探实践[J].特种油气藏,15(增):328-329.

刘城,杨宇山,刘天佑,等,2019.根据重力资料定性与定量解释银川平原断裂体系[J].物探与化探,43(1):28-35.

刘和甫,1992.中国沉积盆地演化与联合古陆的形成和裂解[J].现代地质(4):480-493.

刘时彬,2005.地热资源及其开发利用保护[M].北京:化学工业出版社.

刘天佑,2007.地球物理勘探概论[M].北京:地质出版社.

刘远,2008.地微动探测与大地电磁测深联合使用的研究[D].北京:中国地质大学(北京).

马伟斌,龚宇烈,赵黛青,等,2016.我国地热能开发利用现状与发展[J].中国科学院院刊,31(2):199-207.

孟广魁,1994.银川平原地震区划研究[M].银川:宁夏人民出版社.

闵伟,1998.区域古地震研究[D].北京:中国地震局地质研究所.

宁夏地质局研究队地质力学编图组,1980.宁夏回族自治区构造体系图(1:500 000)[M].

银川:宁夏人民出版社.

宁夏回族自治区地震局,1988. 宁夏回族自治区地震历史资料汇编[M]. 北京:地震出版社.

宁夏回族自治区地质矿产局,1996. 宁夏回族自治区岩石地层(全国地层多重划分对比研究)[M]. 武汉:中国地质大学出版社.

申文静,2012. 微动勘测:前景广阔不仅在深层地热构造勘探[N]. 中国矿业报,2012-11-15 第 B06 版.

宋桂桥,马玉春,刘传川,等. 1999. 巴彦浩特盆地构造样式分析及其意义[J]. 河南石油(4):8-14.

孙党生,雷炜,李洪涛,等,2002. 高分辨率地震勘探在地热资源勘查中的应用[J]. 勘察科学技术(6):55-59.

汤锡元,郭忠铭,陈荷立,等. 1992. 陕甘宁盆地西缘逆冲推覆构造及油气勘探[M]. 西安:西北大学出版社.

汪琪,2015. 宁夏地热范围圈定与资源量评价[D]. 北京:中国地质大学(北京).

王万银,2010. 位场总水平导数极值位置空间变化规律研究[J]. 地球物理学报,53(9):2257-2270.

王万银,2012. 解析信号振幅极值位置空间变化规律研究[J]. 地球物理学报,55(4):1288-1299.

王万银,邱之云,杨永,等,2010. 位场边缘识别方法研究进展[J]. 地球物理学进展,25(1):196-210.

王万银,张瑾爱,刘莹,等,2013. 利用重磁资料研究莺-琼盆地构造分界及其两侧断裂特征[J]. 地球物理学进展,28(3):1575-1583.

王亚军,2014. 基于三维地质建模的银川平原地热资源储量评价[D]. 北京:中国地质大学(北京).

韦乖强,2015. 勘探方法在济宁某地地热井勘查中的应用[J]. 山东煤炭科技(1):173-175.

魏伟,刘天佑,2005. 台阶重力异常的梯度解释[J]. 石油地球物理勘探,40(2):238-242.

武斌,2013. 松潘甘孜地区地热资源的地球物理勘探研究[D]. 成都:成都理工大学.

许闯,2014. 多尺度重力反演方法及其在城市活动断层探测中的应用研究[D]. 武汉:武汉大学.

薛宏运,鄢家全,1984. 鄂尔多斯地块周围的现代地震应力场[J]. 地球物理学报,27(2):144-152.

严烈宏,王利,2002. 银川盆地地热系统[M]. 银川:宁夏人民出版社.

杨振德,潘行适,杨易福,1988. 阿拉善断块及邻区地质构造特征与矿产[M]. 北京:科学出版社.

曾昭发,陈雄,李静,等,2012. 地热地球物理勘探新进展[J]. 地球物理学进展,27(1):0168-0178.

张风琴,张凤旭,刘财,等,2005. 利用重力归一化总梯度及相位法研究断裂构造[J]. 吉林大学学报(地球科学版),35(1):123-127.

张金华,魏伟,2011.我国地热资源分布特征及其利用[J].资源经济(8):23-28.

张进,马宗晋,任文军,2004.贺兰山南部构造特征及其与固原-青铜峡断裂的关系[J].吉林大学学报(地球科学版)(2):187-192,205.

张立恩,陈少锋,姜继莲,等,2004.MT法在地热勘探中的应用[J].石油地球物理勘探,39(增):67-70.

张毅,徐如刚,余勇,等,2015.高精度重力测量在隐伏断层探测中的应用[J].国际地震动态:6-7.

张宇,刘峥,2009.综合方法圈定银川盆地地热田范围[J].宁夏工程技术,8(3):247-249.

张岳桥,廖昌珍,施炜,等.2006.鄂尔多斯盆地周边地带新构造演化及其区域动力学背景[J].高校地质学报(12):285-297.

赵苏民,孙金成,林黎,等,2013.沉积盆地型地热田勘查开发与利用[M].北京:地质出版社.

赵卫明,张学辉,盛菊琴,等,2007.银川盆地个活动断裂分段地震危险性研究[J].自然灾害学报,16(B12):79-83.

赵重远,1990.华北克拉通盆地天然气赋存的地质背景[J].地球科学进展(2):40-42.

朱家玲,2006.地热能开发与应用技术[M].北京:化学工业出版社.

左丽琼,王彩会,荆慧,等,2016.综合物探方法在南通小洋口地区地热勘查中的应用[J].工程地球物理学报,13(1):122-129.

AKI K,1957. Space and time spectra of stationary stochastic waves with special reference to microtremors[J]. Bulletin of the Earthquake Research Institute, University of Tokyo,35:415-456.

BUTLER D K,1984. Interval gravity-gradient determination concepts[J]. Geophsics,49:828-832.

BUTLER D K,1995. Generalized gravity gradient analysis for 2-D inversion[J]. Geophysics,60(4):1018-1028.

MILLER H G,SINGH V,1994. Potential filed tilt: A new concept for location of potential field sources[J]. Journal of Applied Geophysics,32(2-3):213-217.

PAMUKCU O A,AKCIG Z,DEMIRBAS S,et al.,2007. Investigation of crustal thickness in Eastern Anatolia using gravity, magnetic and topographic data[J]. Pure and Applied. Geophysics,164(11):2345-2358.

STANLEY J M,GREEN R,1976. Gravity gradients and interpretation of the truncated plate[J]. Geophsics,41(6):1370-1376.

TIKHONOV A N,YANOVSKY B M,LIPSKAYA N V,1965. Some results of deep magneto-telluric investigations in the U.S.S.R.[J]. Tectonophysics,1(6):537-540.

WANG W Y, PAN Y, QIU Z Y,2009. A new edge recognition technology based on the normalized vertical derivative of the total horizontal derivative for potential field data[J].

Applied Geophysics,6(3):226-233.

WRIGHT P M,WARD S H,ROSS H P,et al.,1985. State-of-the-geophysical exploration for geothermal resources[J]. Geophysics,50(12):2666-2699.

ZAHIRA S,ABDERRAHNAME H,MEDERBAL K,et al.,2009. Mapping latent flux in the western forest covered regions of algeria using remote sensing data and a spatialized model[J]. Remote Sensing,1(4):795-817.

内部参考资料

长庆石油管理局地球物理勘探公司研究队,1987.宁夏回族自治区银川地堑永宁-平罗地震概查报告[R].西安:长庆石油管理局地球物理勘探公司研究队.

宁夏回族自治区地球物理地球化学勘查院,1993.宁夏回族自治区1:20万区域重力调查工作成果报告[R].银川:宁夏回族自治区地球物理地球化学勘查院.

宁夏回族自治区地球物理地球化学勘查院,2010.宁夏全区物化探基础图件编制[R].银川:宁夏回族自治区地球物理地球化学勘查院.

宁夏回族自治区地球物理地球化学勘查院,2016.宁夏区域重磁开发利用研究报告[R].银川:宁夏回族自治区地球物理地球化学勘查院.

宁夏回族自治区地质调查院,2013.宁夏大地电磁测深剖面测量报告[R].银川:宁夏回族自治区地球物理地球化学勘查院.

宁夏回族自治区地质调查院,2017.宁夏回族自治区区域地质志报告[R].银川:宁夏回族自治区地球物理地球化学勘查院.

中原油田分公司勘探开发科学研究院,2000.银川盆地地震资料解释及评价目标报告[R].濮阳:中原油田分公司勘探开发科学研究院.

后 记

本专著以宁夏回族自治区重点研发计划项目"吴忠—灵武地区活动断裂及地热资源调查研究"子课题研究成果为基础,重点对银川平原南部的深部地质构造及断裂活动性进行了较为深入的分析,在前人取得成果的基础上形成了新的认识。通过研究,全面分析了吴忠—灵武地区的断裂展布特征,精细厘定了"黄河断裂系""银川断裂系""吴忠断裂系"与"宁东断裂系"之间的发育期次及相互关系,详细解译了3种类型、36个次一级局部构造形态,合理构建了"黄河断裂系"深部三维地质构造模型,针对性研究了四大断裂系统典型断裂的活动性,科学推断了吴忠地区的发震构造动力学模型。

在本专著编纂成书的过程中,教授级高级工程师李宁生作为总负责人确定了主要内容及技术思路;博士生导师刘天佑教授与高级工程师杜鹏作为技术顾问,对章节编排的合理性及行文逻辑的严谨性提出了大量建设性的建议;中级工程师虎新军作为"吴忠—灵武地区活动断裂及地热资源调查研究"项目技术负责人,将本专著统筹成文。具体地,前言由仵阳、虎新军编写,第一章和第二章由虎新军、陈涛涛编写,第三章和第四章由陈晓晶、虎新军编写,第五章和第六章由杜鹏、王银编写,全书由虎新军负责统稿与修改。所有附图由虎新军编制,单志伟负责整理与清绘成图。

本专著能够顺利出版,不仅是宁夏回族自治区重点研发计划项目与宁夏回族自治区青年拔尖人才培养计划项目共同资助的结果,同时也是宁夏重磁资料开发利用技术创新中心、宁夏深部探测研究中心、宁夏深部探测方法研究示范创新团队与宁夏地质矿产资源勘查开发创新团队强有力的技术支撑的典型示范。此外,本专著所涵盖的大量研究成果,离不开项目组其他技术人员的辛勤付出,离不开宁夏回族自治区科技厅社发处、宁夏回族自治区地质局科技处及宁夏回族自治区地球物理地球化学勘查院各位领导的指导与关怀,在此一并表示诚挚的感谢。

由于本专著的研究基础资料是吴忠—灵武地区1∶5万重力资料,资料覆盖范围有限,且研究领域涉及地球物理、地质构造及断裂活动性等多个方面,鉴于著者的水平所限,书中难免出现错误与疏漏之处,敬请读者批评指正。

著 者
2021年6月

附 图 册

编　　图：虎新军[1]　李宁生[1]　陈晓晶[1]　杜　鹏[2]
制　　图：仵　阳[1]　单志伟[1]　倪　萍[1]　王　静[2]
修　　图：张　媛[1]　田进珍[1]

1. 宁夏回族自治区地球物理地球化学勘查院
2. 宁夏回族自治区地震局

附图目录

附图 1	银川平原中南部地质构造图	211
附图 2	银川平原中南部剩余重力异常图	212
附图 3	银川平原中南部航磁异常图	213
附图 4	吴忠—灵武地区水平总梯度模量图	214
附图 5	吴忠—灵武地区斜导数图	215
附图 6	吴忠—灵武地区垂向二阶导数图	216
附图 7	吴忠—灵武地区归一化标准差图	217
附图 8	吴忠—灵武地区推断断裂特征图	218
附图 9	吴忠—灵武地区断裂体系划分图	219
附图 10	吴忠—灵武地区重力小波一阶局部场	220
附图 11	吴忠—灵武地区重力小波二阶局部场	221
附图 12	吴忠—灵武地区重力小波三阶局部场	222
附图 13	吴忠—灵武地区重力小波四阶局部场	223
附图 14	吴忠—灵武地区重力小波五阶局部场	224
附图 15	吴忠—灵武地区重力小波六阶局部场	225
附图 16	吴忠—灵武地区局部构造划分图	226
附图 17	吴忠—灵武地区活动断裂分布图	227
附图 18	王家嘴钻孔联合剖面图	228
附图 19	杨洪桥钻孔联合剖面图	229
附图 20	铁路北测线地震反射时间剖面图	230
附图 21	叶盛大桥东测线地震反射时间剖面图	231
附图 22	叶盛大桥北 2 测线地震反射时间剖面图	232
附图 23	慈善大道 2 测线地震反射时间剖面图	233
附图 24	沙渠稍子测线地震反射时间剖面图	234
附图 25	滨河路测线地震反射时间剖面图	235
附图 26	世纪大道测线地震反射时间剖面图	236

附图 27　金积大道测线地震反射时间剖面图 …………………………………… 237

附图 28　郭家桥测线地震反射时间剖面图 ……………………………………… 238

附图 29　狼皮子梁探槽(TC1)照片 ……………………………………………… 239

附图 30　马跑泉西探槽(TC2)照片 ……………………………………………… 240

附图 31　狼皮子梁探槽(TC1)剖面素描图 ……………………………………… 241

附图 32　马跑泉西探槽(TC2)剖面素描图 ……………………………………… 242

附图 33　扁担沟探槽剖面(TC-BDG)素描图 …………………………………… 243

附图 34　烽火墩探槽剖面(TC-FHD)素描图 …………………………………… 244

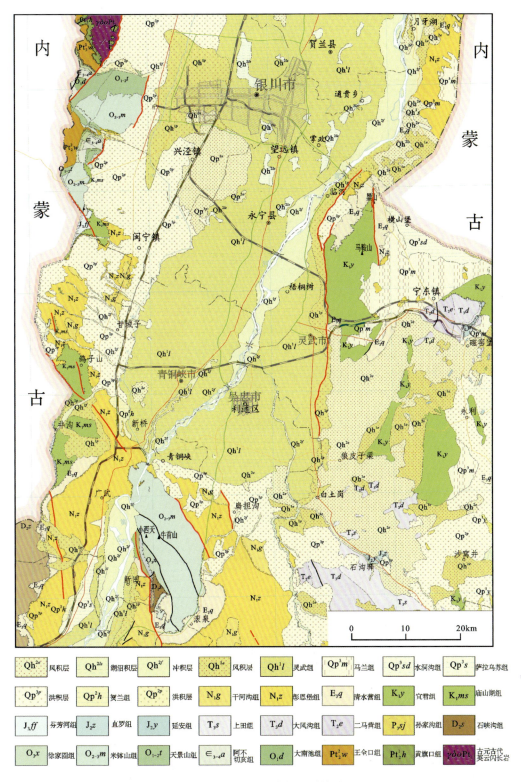

附图1 银川平原中南部地质构造图

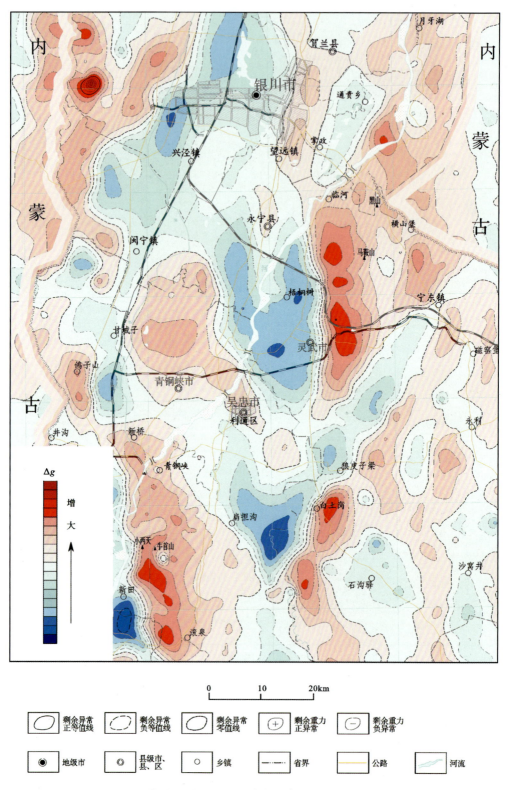

附图2 银川平原中南部剩余重力异常图

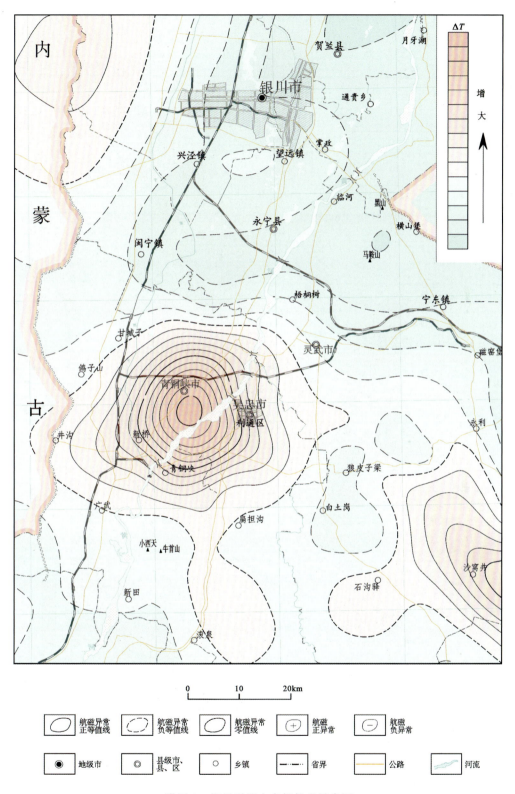

附图3 银川平原中南部航磁异常图

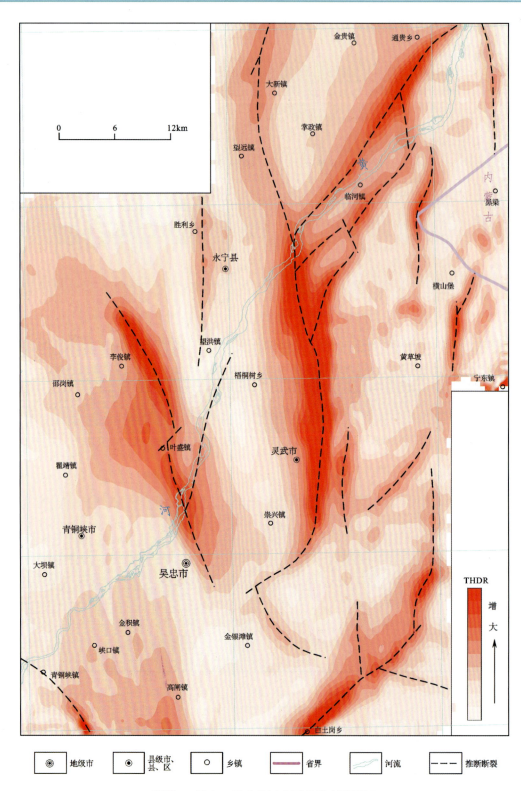

附图 4　吴忠—灵武地区水平总梯度模量图

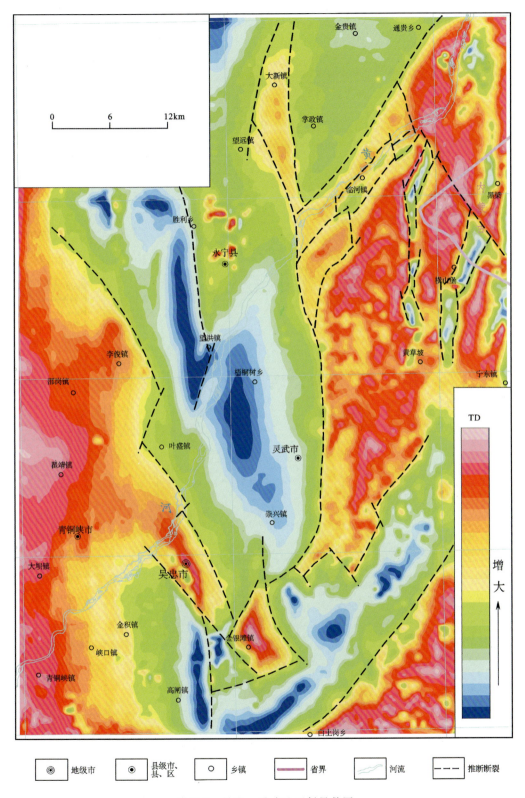

附图5 吴忠—灵武地区斜导数图

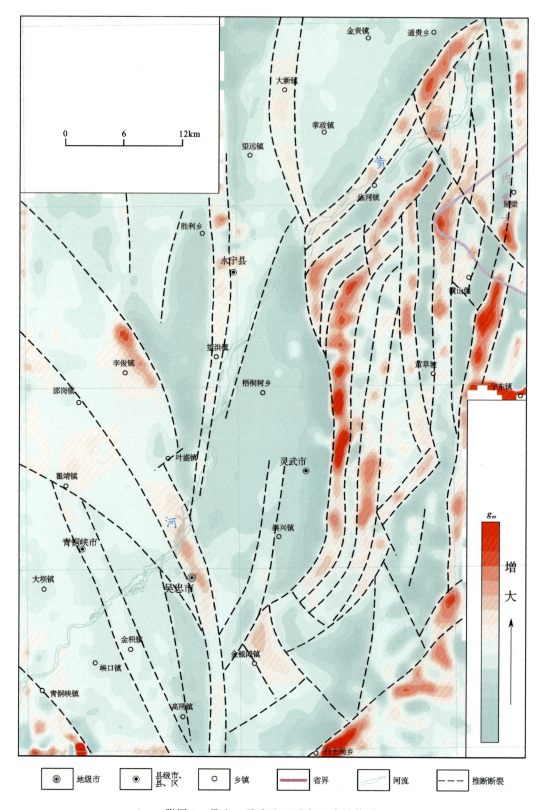

附图6 吴忠—灵武地区垂向二阶导数图

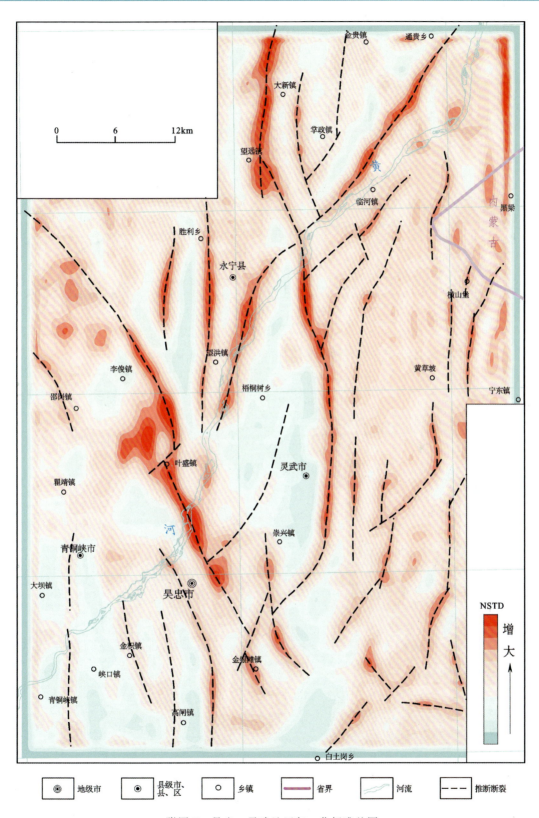

附图 7 吴忠—灵武地区归一化标准差图

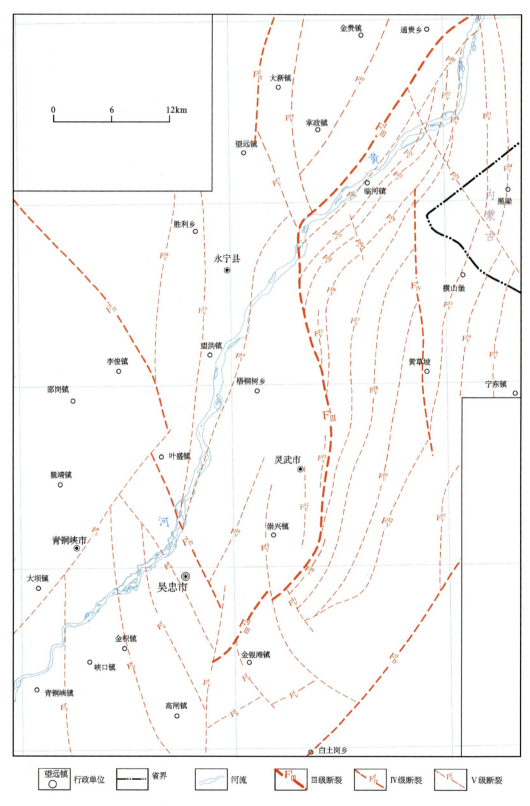

附图8 吴忠—灵武地区推断断裂特征图

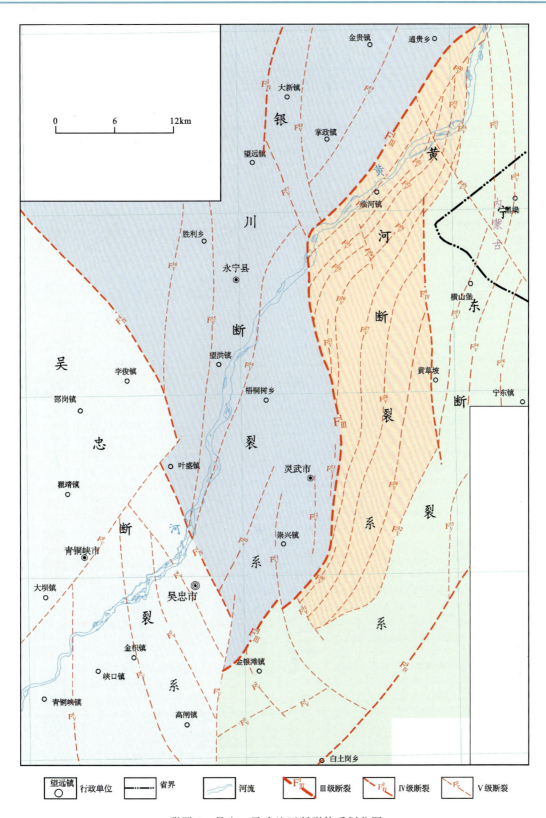

附图 9 吴忠—灵武地区断裂体系划分图

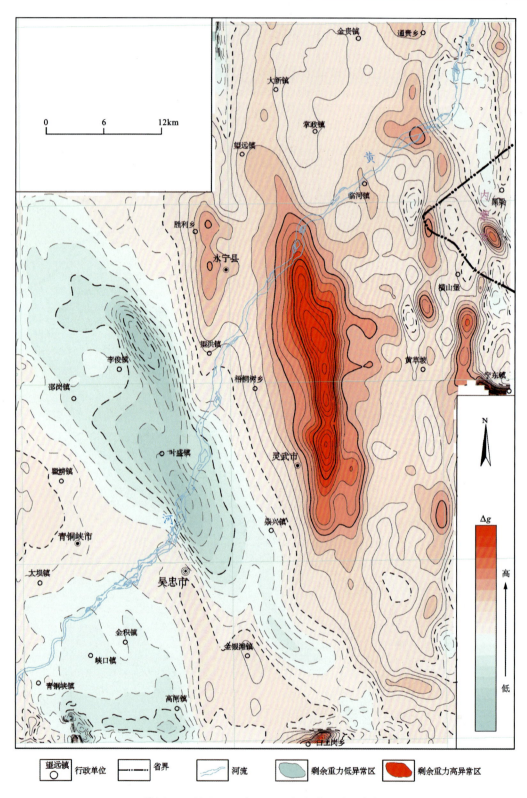

附图10 吴忠—灵武地区重力小波一阶局部场

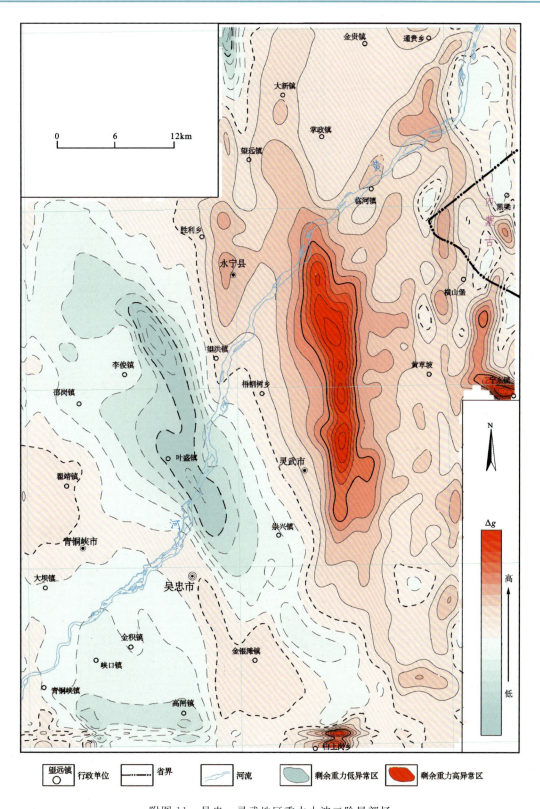

附图11 吴忠—灵武地区重力小波二阶局部场

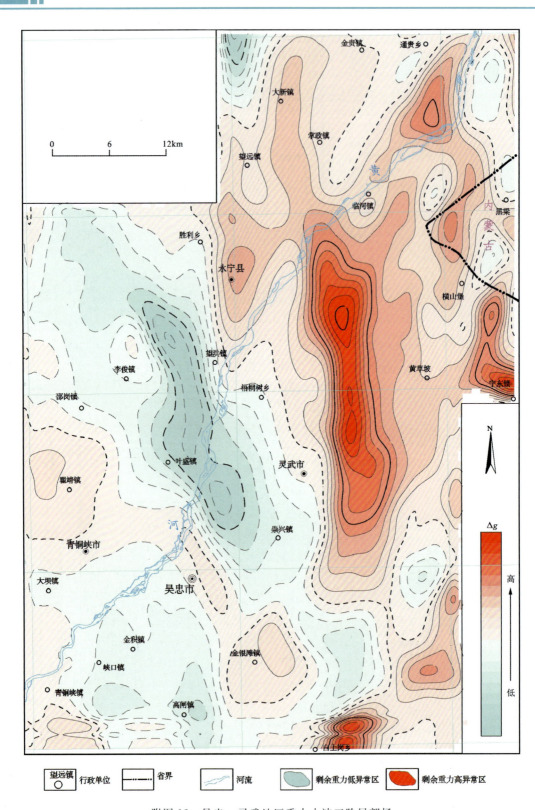

附图12 吴忠—灵武地区重力小波三阶局部场

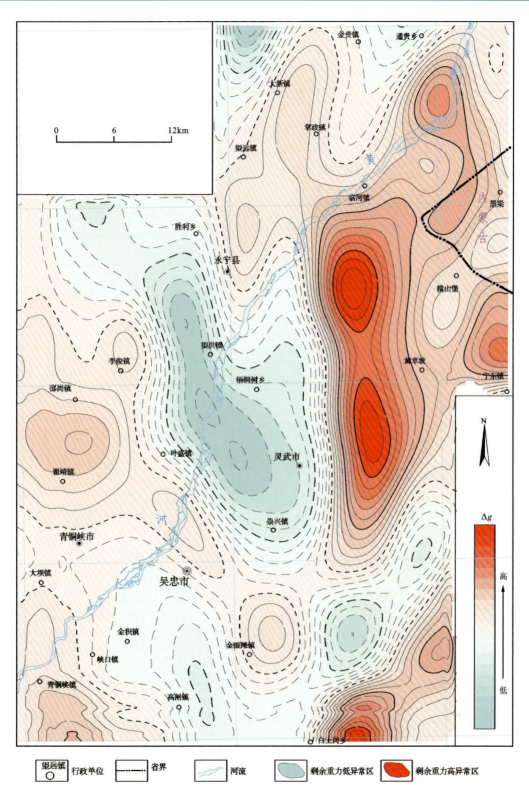

附图13 吴忠—灵武地区重力小波四阶局部场

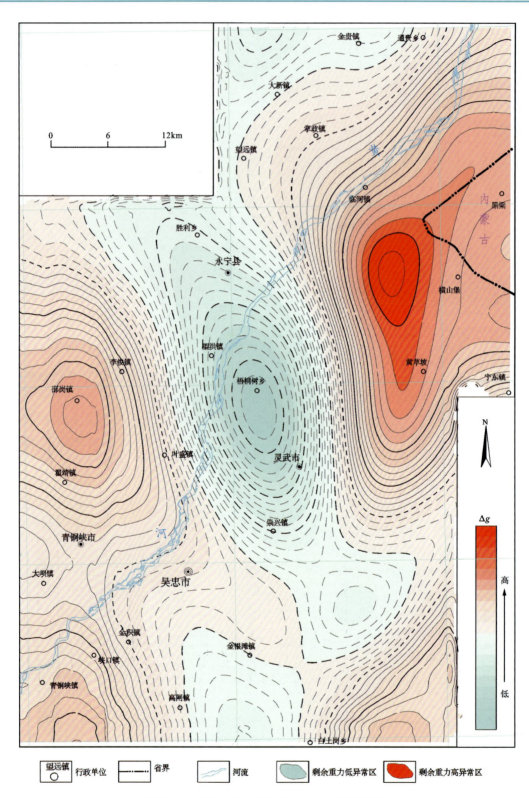

附图14 吴忠—灵武地区重力小波五阶局部场

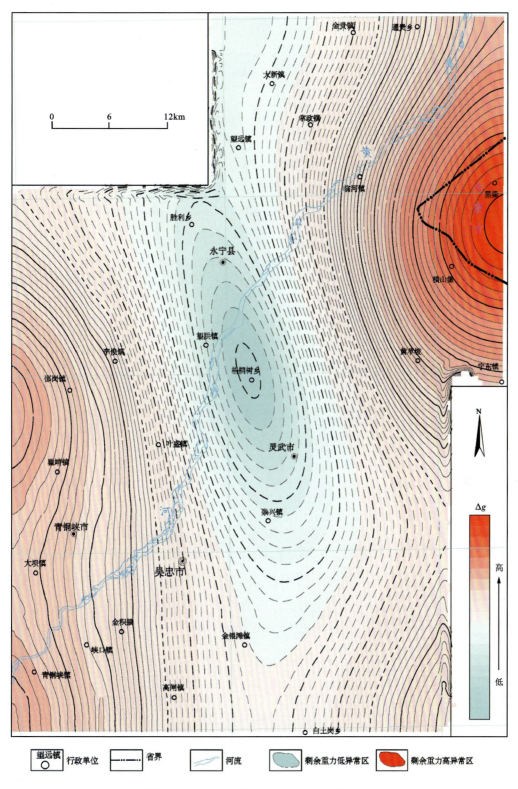

附图15 吴忠—灵武地区重力小波六阶局部场

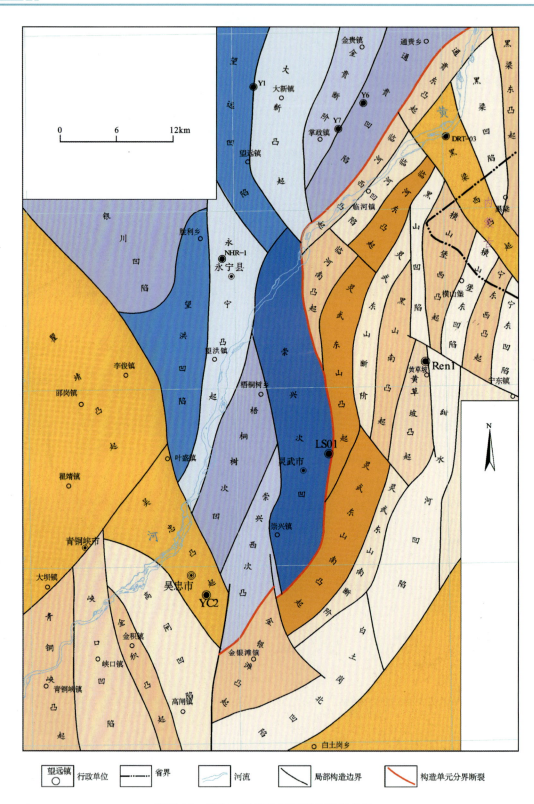

附图16　吴忠—灵武地区局部构造划分图

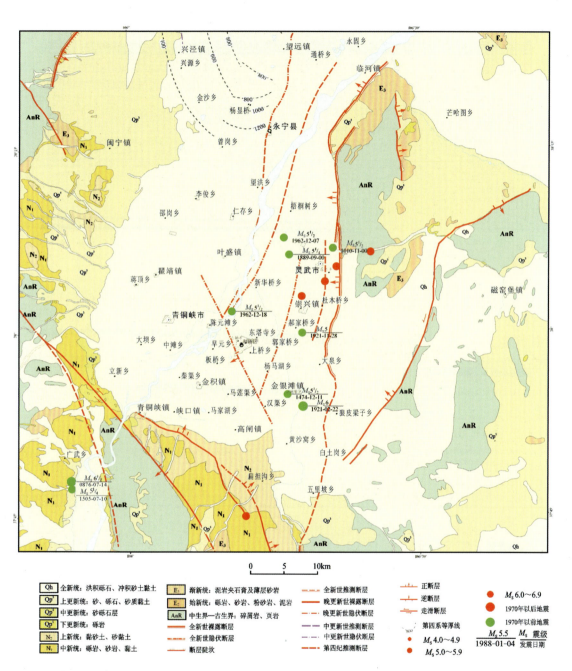

附图17 吴忠—灵武地区活动断裂分布图

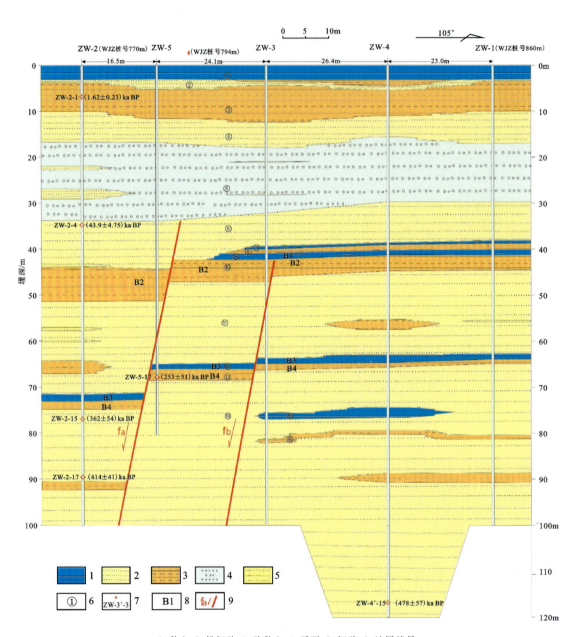

1.黏土；2.粉细砂；3.砂黏土；4.砾石；5.细砂；6.地层编号；
7.OSL 或 ESR 样品位置及编号；8.标志层编号；9.正断层。

附图18 王家嘴钻孔联合剖面图

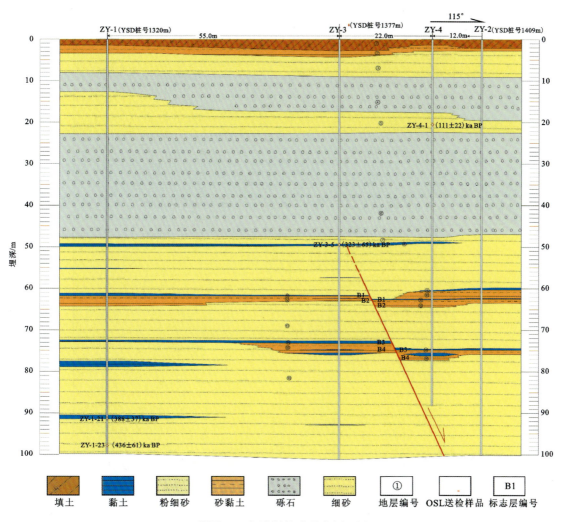

附图19 杨洪桥钻孔联合剖面图

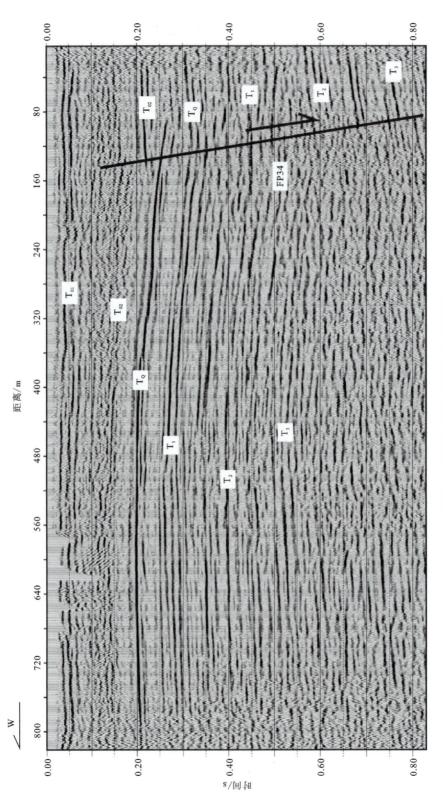

附图 20 铁路北测线地震反射时间剖面图

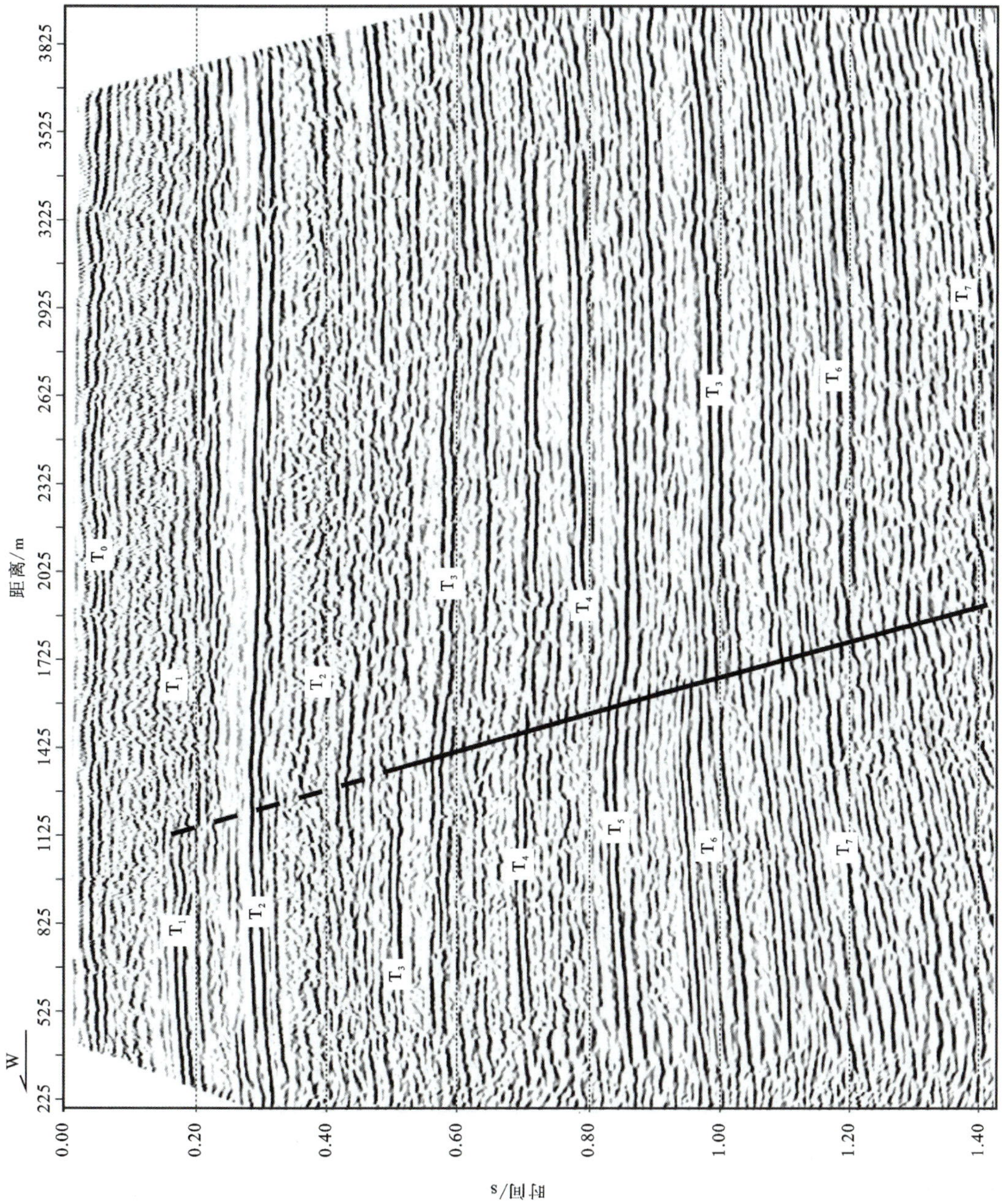

附图 21 叶盛大桥东测线地震反射时间剖面图

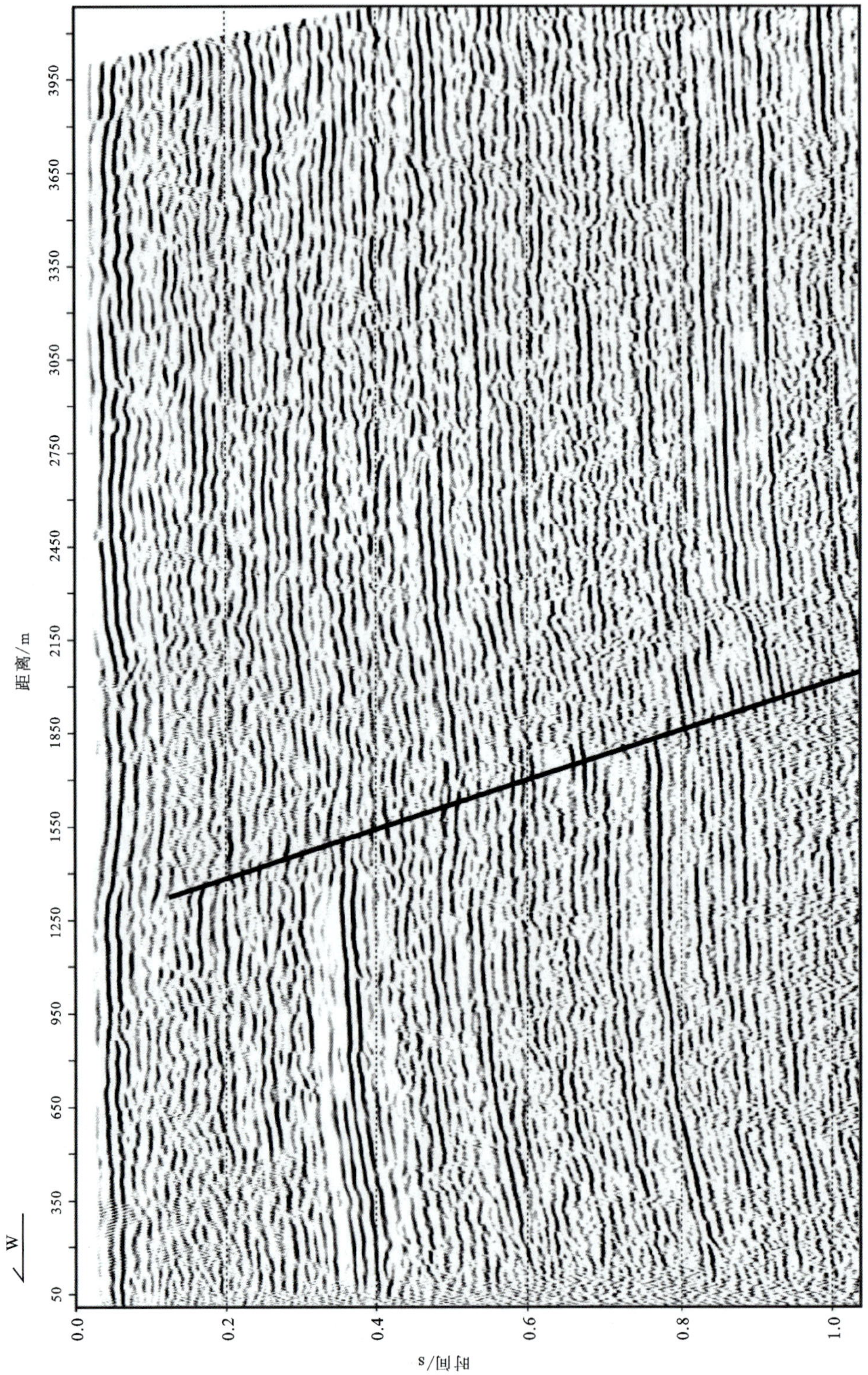

附图 22 叶盛大桥北 2 测线地震反射时间剖面图

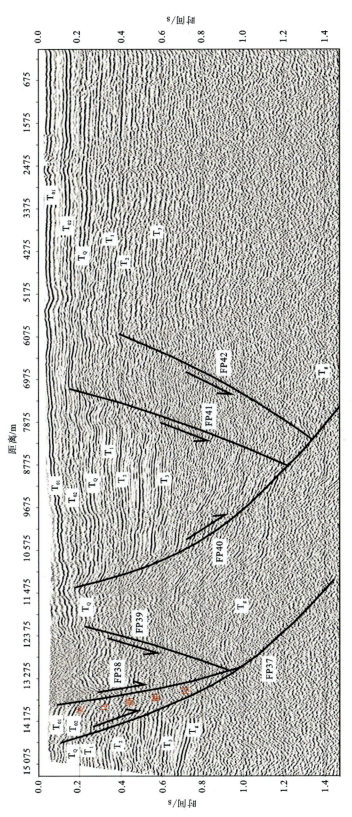

附图 23 慈善大道 2 测线地震反射时间剖面图

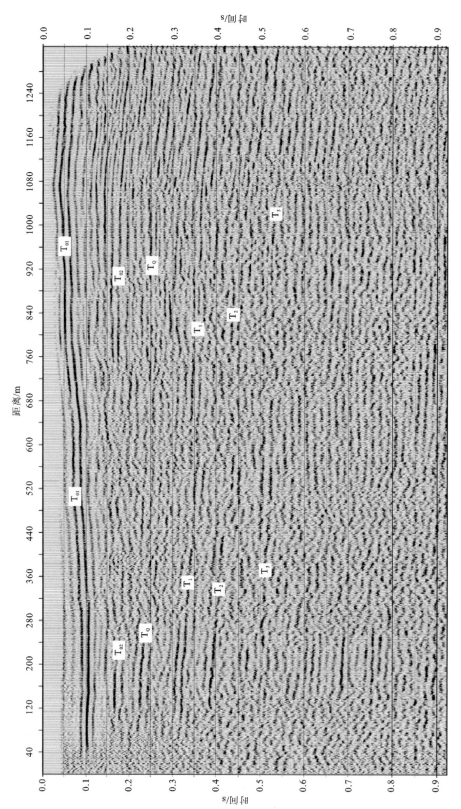

附图 2.4 沙渠稍子测线地震反射时间剖面图

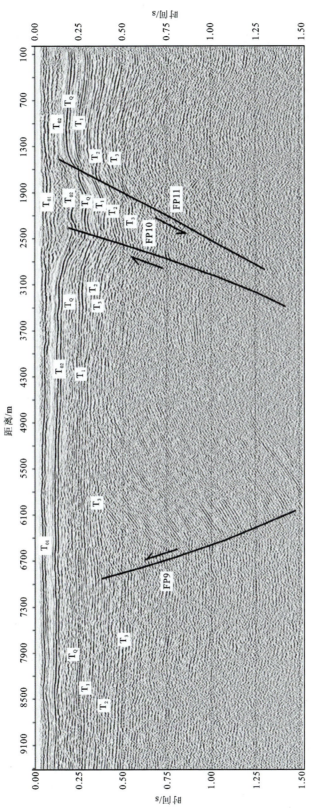

附图 25 滨河路测线地震反射时间剖面图

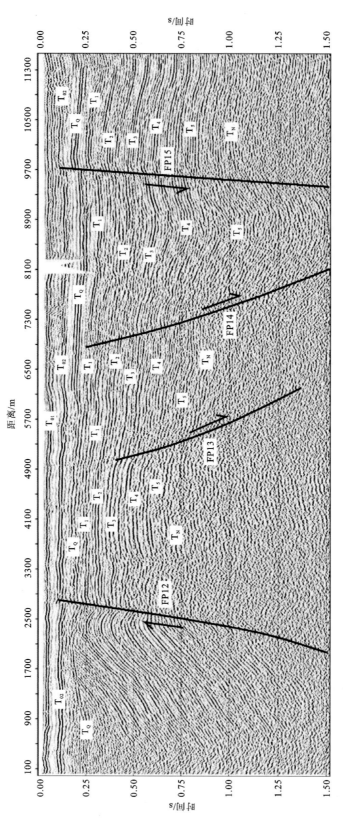

附图 2.6 世纪大道测线地震反射时间剖面图

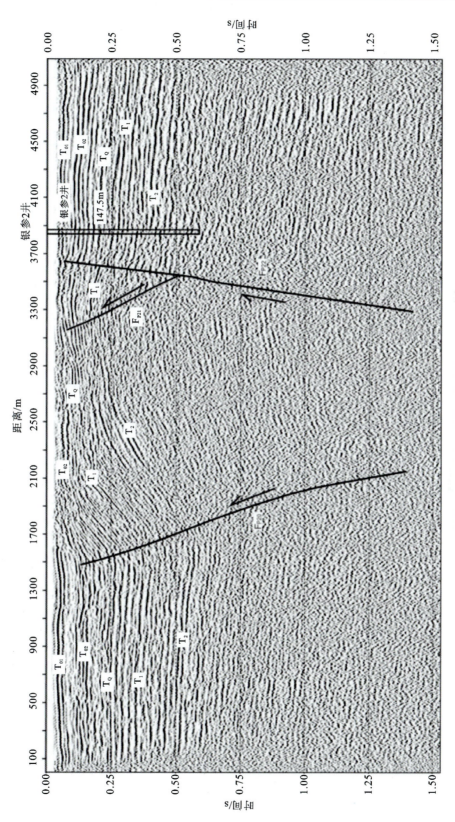

附图 27 金积大道测线地震反射时间剖面图

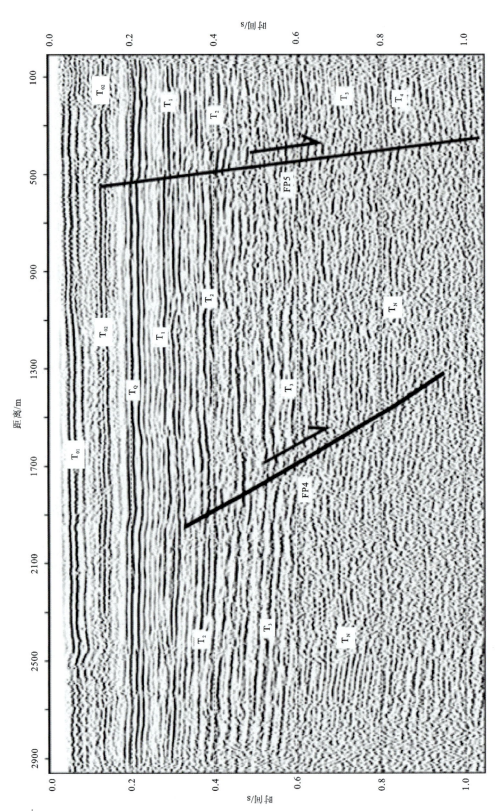

附图 28 郭家桥测线地震反射时间剖面

附图册

附图29 狼皮子梁探槽（TC1）照片（镜向：南）

附图 30 马跑泉西探槽（TC2）照片（镜向：北东）

a. 剖面位置；b. 剖面位置；c. 断层擦痕。

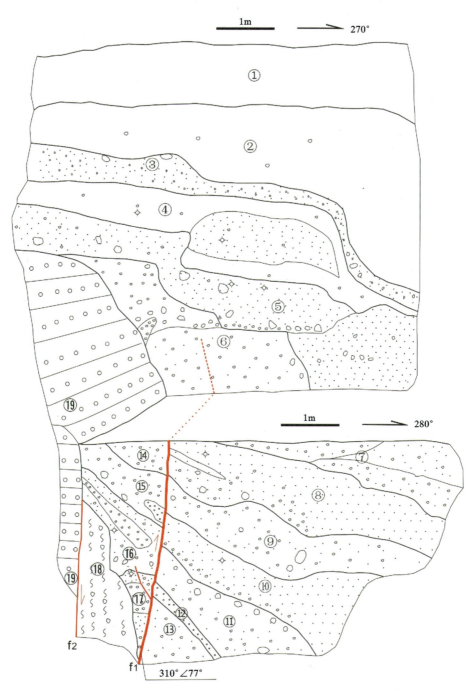

①土黄色风积砂;②土黄色粉细砂,偶含砾;③土黄粉细砂、砾;④灰白色粉细砂、粉土,质硬,偶含砾,夹黄灰色粉细砂层;⑤黄灰色、浅红色粉细砂、砾;⑥黄灰色砾砂,底部隐约可见斜层理;⑦黄灰色、灰白色砂砾石,粉细砂;⑧黄灰色粉细砂,底部含砾;⑨灰白色砾砂;⑩黄灰色粉细砂,底部夹一砾石薄层;⑪灰白色砂砾;⑫灰白色细砾;⑬黄灰色砾砂;⑭黄灰色砾砂;⑮灰白色砂砾,含细砾透镜体;⑯黄灰色含砾粉细砂,夹砾石层透镜体;⑰黄灰色、灰白色砂砾夹粉细砂;⑱灰白色砾岩破碎带;⑲灰白色、紫红色砾岩,胶结较好;✡释光采样点。

附图31 狼皮子梁探槽(TC1)剖面素描图

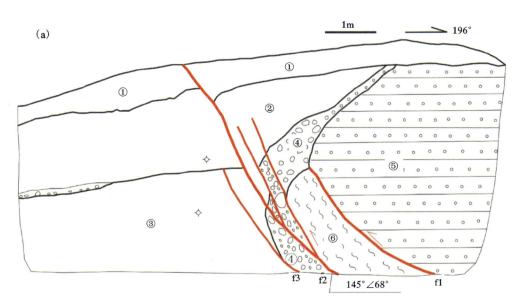

①黄灰色粉细砂;②灰白色粉细砂,北侧层底夹砾石薄层,水平层理;③灰黄色粉细砂;④坡积、洪积卵、砾石层;⑤白垩纪灰白色砾岩;⑥砖红色破碎带,原岩为清水营组泥岩;✡释光采样点。

(a)马跑泉西探槽(TC2)a剖面素描图

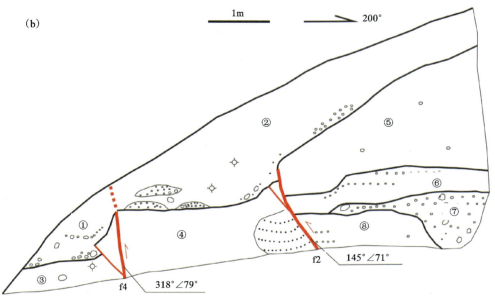

①黄灰色粉细砂、砾石;②黄灰色粉细砂,下部含砾及砂砾透镜体;③灰黄色粉细砂,含砾;④灰黄色粉细砂,含砾;⑤灰黄色粉细砂,含砾;⑥黄灰色粉细砂,夹砾石薄层,有水平层理;⑦砾石层;⑧灰黄色粉细砂,含砾;✡释光采样点。

(b)马跑泉西探槽(TC2)b剖面素描图

附图32 马跑泉西探槽(TC2)剖面素描图

(a) 扁担沟探槽(TC-BDG)南东壁 1m×1m 照片正射图

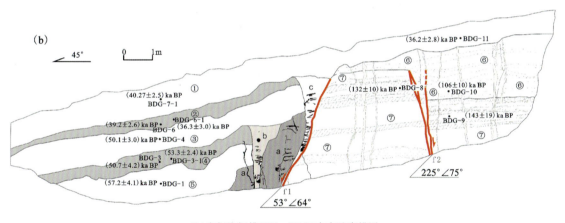

(b) 扁担沟探槽(TC-BDG)南东壁素描图

附图 33　扁担沟探槽(TC-BDG)剖面素描图

(a)烽火墩探槽(TC-FHD)西壁 1m×1m 照片正射校正图

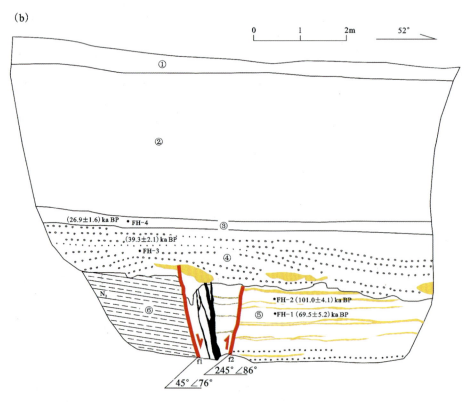

(b)烽火墩探槽(TC-FHD)北西壁素描图

附图 34　烽火墩探槽(TC-FHD)照片正射校正与剖面素描图